미묘한 전쟁

이 도서의 국립중앙도서관 출판예정도서목록(CIP)은 서지정보유통지원시스템 홈페이지(http://seoji.nl.
go.kr)와 국가자료공동목록시스템(http://www.nl.go.kr/kolisnet)에서 이용하실 수 있습니다.
CIP제어번호: CIP2017002333(양장), CIP2017002334(학생판)

THE WAR OF THE SEXES

미묘한 전쟁

— 남녀의 갈등과 협력에 관한 보고서 —

폴 시브라이트 지음
한정라 옮김

한울
아카데미

THE WAR OF THE SEXES
by Paul Seabright

Korean translation copyright © 2017 by HanulMPlus Inc.
Korean translation rights arranged with Princeton University Press, through EYA(Eric Yang Agency).

차 례

이 책의 저자는 앞으로 인간 남녀가 더 평등하고 조화로운 관계를 맺어 나가려면 인간에 대한 진화생물학적 이해가 필수적이라고 여긴다. 이 생각은 오늘날 진화생물학이 성차별과 인종차별적 의제를 벗어나 페미니즘 진영을 비롯한 여러 인문·사회과학과 비판적으로 교류하는 상황을 반영하고 있을 것이다. 경제학자인 저자는 다윈의 성선택 이론과, 성 번식하는 동물이 성적 목적을 달성하기 위해 경제 전략을 활용한다는 관점에서 여러 종의 암수가 펼치는 번식과 생존에 대한 이야기를 풀어나간다.

이 책을 옮기는 동안 두 가지 경험이 머릿속을 맴돌았다. 우선 미국 어느 책방에서 이 책을 처음 만났을 때의 일이다. '전쟁war'이라는 단어를 보고 책을 집어 드니 결혼 축하 케이크 위에 젊은 남녀 인형이 등을 맞대고 있다. 전쟁을 치러본 경험으로, 이 책이 말하는 전쟁이 뭔가 큰 것이 걸린 남녀의 협동을 말하리라는 생각이 들었다. 그러나 첫 쪽을 읽고서는 금방 책을 놓았다. 전쟁의 치열함을 기대했는데, 활기찬 청춘 남녀의 만남으로 시작하는 이야기가 너무 경쾌해 낯설었다. 이 책을 다시 만나 번역하는 동안 이 경쾌함을 자주 경험했다. 성선택은 여성의 선택성과 남성의 집요함이 추는 탱고라고 할 수 있다. 마법에 홀린 듯한 사랑으로 추기도 하고 폭력과 속임수를 알면서 추기도 한다. 그러나 어떤 정해진 규칙도 없는 이 춤의 매력은 서로가 상대의 움직임에 민감하게 대응하며 최선을 다해 함께 추는 데 있었다.

또 하나는 30년 전 미국에서 공부할 때의 경험이다. 사회철학 세미나에서 꽤 유명한 급진적 여성 법학자의 저서를 읽었다. 읽을수록 답답했다. 한국의 여성으로서 겪는 불평등의 구조는 성, 가정, 법, 국가, 세계로 이중, 삼중, 사중으로 겹겹이 싸여 도대체 출구가 보이지 않았다. 그래서 당시 여성학과 세미나 수업을 이끄는 인류학과 여교수를 찾아갔다. 그 여교수의 충고를 잊을 수 없다. "출구가 없는 이론은 버려라!" 이 책은 적어도 여기저기서 짓고 있는 출구들을 보여주고, 비교해 선택할 수 있도록 안내한다. 그리고 오늘날의 남녀 불평등과 섹슈얼리티 관련 문제들에 대한 처방이 현실적이라는 느낌도 준다. 물론 갈등이 없는 출구는 없다.

인간은 물론 동물 종 전반에 걸쳐 관찰된 성적 행동의 다양성을 생각하면, 자연선택이 성선택을 통해 풀어야 하는 문제가 무척 복잡할 것이라는 생각이 저절로 든다. 다중적인 인간의 성을 일단 확실히 구별되는 암수로 줄이고, 성 번식하는 남녀의 행동을 성선택과 비용-편익의 경제학 관점으로 밝혀본 설명은 간단해서 여기저기 쓸모가 많은 도구일 수는 있지만, 쓸 수 없는 곳도 있을 것이다. 오늘날 인간 남녀는 급변하는 세계에서 성 번식을 통해 생존해온, 진화의 자국이 깊게 박힌 두뇌로 각자의 감정과 본능을 조정하며 성선택 전략을 다시 세우는 중일 것이다. 글을 옮기는 내내 저자의 설명에서 도움을 받았음은 물론이다. 풍부하게 제공된 동물 행동에 대한 관찰과 인간의 심리에 관한 실험실 연구, 남녀의 성차에 대한 측정 자료나 통계적 자료를 보며 다른 설명은 어떤 것이 가능할지도 생각해보곤 했다.

그러던 차에 마지막 장에서 침팬지, 보노보, 고릴라가 그들의 영장류 사촌인 우리 인간을 조사한 보고서를 읽으며 웃지 않을 수 없었다.

번역을 검토하는 정경윤 편집인이 메일을 보내왔을 때 새로운 사람을 처음 만났을 때처럼, 낯설지만 즐거운 느낌을 받았다는 글을 읽고 마음이 통한 것 같아 기뻤다. 꼼꼼하게 읽으며 잘못된 곳을 찾아주고 번역 투 문장을 읽기 편한 문장으로 다듬어주신 정경윤 님께 감사드린다. 번역을 맡겨준 친구 김시원 박사와 김종수 대표님께도 감사드린다. 이 책이 남성과 여성을 넘어 모든 인간의 평등을 지향하는 사람들에게 도움이 되었으면 한다.

2017년 봄

한정라

감사의 말

이 같은 책은 엄청난 팀워크의 결실이다. 논증을 선명하게 하고 산문체를 잡아주며 초안의 많은 오류를 바로잡도록 시간과 에너지, 그리고 전문 지식으로 기여해준 많은 분께 감사드린다. 다음의 분들이 원고의 부분 또는 전체에 귀중한 논평을 해주셨다. 테리 앱터Terri Apter, 니콜레타 베라르디Nicoletta Berardi, 주세페 베르톨라Giuseppe Bertola, 샘 볼스Sam Bowles, 브라이언 보이드Brian Boyd, 웬디 칼린Wendy Carlin, 아나니시 초두리Ananish Chaudhuri, 타이커 코웬Tyker Cowen, 이자벨 다우디Isabelle Daudy, 로베르타 데시Roberta Dessi, 안나 드레베르알멘베리Anna Dreber-Almenberg, 제러미 에드워즈Jeremy Edwards, 로절린드 잉글리시Rosalind English, 존 핑글턴John Fingleton, 기도 프리벨Guido Friebel, 무나 제니키스Muna Genikis, 리카르도 구스만Ricardo Guzmán, 제프 호손Geoff Hawthorn, 페레그린 호든Peregrine Horden, 마리 랄란

Marie Lalanne, 마이크 렌트너Maike Lentner, 유네이트 메이어Eunate Mayer, 퍼트리샤 모리슨Patrica Morison, 다니엘 놀레스Danielle Nolles, 앨리스 시브라이트Alice Seabright, 다이애나 시브라이트Diana Seabright, 에드먼드 시브라이트Edmond Seabright, 잭 시브라이트Jack Seabright, 루크 시브라이트Luke Seabright, 로라 스피니Laura Spinney, 킴 스티렐니Kim Sterelny, 샤메인 탄Charmaine Tan, 지레 버메이Geeraj Vermeij, 마리클레어 필레발Marie-Claire Villeval. 남아 있는 오류에 대한 책임은 전적으로 필자의 것이다.

카미유 부도Camille Boudot, 케이티 브루이스Katie Brewis, 제바스티안 콜스Sebastian Kohls, 아델라인 로Adeline Lo는 뛰어난 연구조교로 봉사해주었다. 앨리슨 부스Alison Booth, 윌 도킨스Will Dawkins, 폴 후퍼Paul Hooper, 요한나 릭네Johanna Rickne는 특별한 질문들에 관해서 유익한 충고와 정보를 주었다.

니콜레타 베라르디, 새뮤얼 센토리노Samuele Centorrino, 엘로디 제마이Elodie Djemai, 기도 프리벨, 아스트리드 홉펜싯스Astrid Hopfensitz, 마리 랄란, 만프레드 밀린스키Manfred Milinski는 이 책에서 보고된 연구 논문들을 같이 쓴 고무적이고 관용적인 공동 저자들이다. 필자의 또 다른 공동 저자들 중 웬디 칼린Wendy Carlin, 존 핑글턴, 제프 호손Geoff Hawthorn, 티에리 마냐크Thierry Magnac, 앨리스 메나르Alice Mesnard, 밥 로손Bob Rowthorn, 마크 셰퍼Mark Scheffer, 피오나 스콧모턴Fiona Scott-Morton은 여기서 고찰된 주제들에 관한 필자의 사고방식에 중요한 흔적들을 남겼다. 필자는 이러한 주제들에 관한 몇 년에 걸친 대화를 통해 많이 배웠는데, 대화를 나눈 분들은 비나 아가왈Bina Agarwal, 샘 볼스Sam Bowles, 롭 보이드Rob Boyd, 제프 브레넌Geoff Brennan, 최정규, 파사 다섭타Partha Dasupta, 제러미 에드워즈Jeremy

Edwards, 에른스트 페르Ernst Fehr, 벤 프레이저Ben Fraser, 폴린 그로장Pauline Grosjean, 앤지 홉스Angie Hobbs, 폴 후퍼, 힐러드 캐플런Hillard Kaplan, 윌레미언 케츠Willemien Kets, 자크 르 포티에Jacques Le Pottier, 실리 오길비Sheilagh Ogilvie, 우고 파가노Ugo Pagano, 린다 파트리지Linda Partridge, 리처드 포르테Richard Portes, 카를로스 로드리게스지커트Carlos Rodriguez-Sickert, 수잰 스코치머Suzanne Scotchmer, 클라우디아 세닉Claudia Senik, 킴 스티렐니, 리비 우드Libby Wood다.

이 작업이 가능하도록 물리적·지적 조건들을 제공한 두 곳이 특별히 중요하다. 필자가 10년 남짓 근거지를 두고 있는 툴루즈 경제대학교Toulouse School of Economics는 연구와 강의, 그리고 삶을 즐기는 데 최고의 환경이었다. 그곳의 친구들과 동료들에게 진 빚은 일일이 언급할 수 없을 정도로 많다. 지난 7년 동안 거의 매년 객원으로 참여한 산타페 연구소The Santa Fe Institute의 행동과학 프로그램Behavioral Science Program은 다양한 학제 출신의 학자들을 만날 수 있는 훌륭한 곳이다. 매 방문이 새로운 발견을 위한 계기가 되었고, 필자는 전혀 예상하지 않던 발견을 자주 했다.

이 책에서 발전된 견해들의 초보적(때때로 너무 초보적인) 버전들은 2005년 왕립 경제협회Royal Economic Society 연례 강의에서 발표되었다. 2006년 처음 발표된 이후 유럽 경제협회의 20주년 기념회의인 '동물 인간의 경제학The Economics of the Human Animal', 2006년 맥마스터 대학교의 후커 방문 강의, 2006년 the BBVA 연례 강의, 2009년 케임브리지의 다윈 대학교에서 열렸던 다윈 기념일을 위한 다윈 강의들, 2011년 뉴델리 경제성장연구소 특별 강연회에서 계속 발표되었다. 강연회 때마다 청중의 반응에서 많은 것을 배웠다. 초대해주신 비나 아가월Bina Agarwal, 윌리엄 브라운William Brown, 리처드 포르테, 존 서튼John Sutton, 하우메 벤투라Jaume Ventura, 사비에르 비베스Xavier Vives에게 감사드리고 싶다. 또한 오클랜드, 캔버라, 홍콩, 뉴델리, 노리치, 옥스퍼드, 산티아고, 스톡홀름, 툴루즈의 세미나 청중에게도 감사드린다. 그들은 필자가 이런 주제들에 대한 연구 자료를 발표했을 때 귀중한 논평을 해주었다.

친구이며 대리인인 캐서린 클라크Catherine Clarke는 이 프로젝트뿐 아니라 다른 프로젝트들에 대해서도 한결같은 지지와 빈틈없는 충고를 건넸다. 프린스턴 대학교 출판부에서 필자를 담당해준 편집인 세스 디치크Seth Ditchik, 적어도 10년간 알고 지낸 피터 도허티Peter Dougherty는 단호한 엄밀성과 친절한 격려로 잘 이끌어주었다. 테리 오프레이Terri O'Prey는 피터 스트럽Peter Strupp과 프린스턴 편집위원회 동료들이 보내는 지지와 전문가적 기량을 통해 책이 출판되도록 이끌었다. 그들 모두에게 감사를 전한다.

앞서 언급한 분들에 더해 필자가 여러 방식으로 빚진 분들이 계신다. 엠마뉴엘 오리올Emmanuelle Auriol, 자크 바라트Jacques Barrat, 데이비드 베그David Begg, 글로리아 카르네발리Gloria Carnevali, 제럴드 카제Gérald Cazé, 나탈리 카제Nathalie Cazé, 사브리나 초우더Sabrina Choudar, 제니 코베트Jenny Corbett, 다이앤 코일Diane Coyle, 자크 크레메르Jacques Crémer, 크리스티안 피우푸Christiane Fioupou, 마리피에르 플랑디Marie-Pierre Flandy, 미레유 지알라지아스Mireille Gealageas, 수전 그린필드Susan Greenfield, 데이비드 하트David Hart, 수전 헐리Susan Hurley, 재클린 힐케마Jacqueline Hylkema, 마르크 이발디

Marc Ivaldi, 프리슈 라차트사레트Priscille Lachat-Sarrete, 장자크 라퐁Jean-Jacques Laffont, 알레나 레데네바Alena Ledeneva, 클로딘 르덕Claudine Leduc, 장 르덕 Jean Leduc, 지비릴라 레이뉴이Jibirila Leinyuy, 마이클 모건Michael Morgan, 다 미앵 네벤Damien Neven, 로리 오코너Rory O'Connor, 닉 롤린스Nick Rawlins, 스 테퍼니 레너드Stephanie Renard, 앤드루 슐러Andrew Schuller, 케이 색슨Kay Sexson, 장 티롤Jean Tirole, 안 방헴스Anne Vanhems, 샬럿 왕Charlotte Wang은 충고와 격려, 우정, 영감을 주었다. 이들이 아니었다면 이 책은 다른 책이 되었을 것이다.

부모님 잭 시브라이트Jack Seabright와 다이애나 시브라이트Diana Seabright 는 필자의 첫 번째 기획들을 격려해주셨고, 그것들이 오늘에 이르기까지 계속 응원해주셨다. 필자의 아이들 앨리스Alice, 에드먼드Edmond, 루크Luke 는 필자의 논증이 뚫고 나가야 하는 만만치 않은 비판적 장벽이었을 뿐 아 니라 떠오르는 생각의 한결같은 원천이었다. 아이들의 엄마 이자벨 다우 디는 가정에서 이해가 상충할 때 투명한 토의의 힘, 혹은 이성과 사랑의 양립 가능성에 대한 믿음을 결코 잃지 않았다. 이 책을 그녀에게 바친다.

이자벨에게

THE WAR OF THE SEXES

제1부
선사시대

제**1**장

서론

언젠가는 죽게 될 우리의 삶은 결합에 지나지 않는다.
나머지 모두는 등불이며 난센스다.

_ 알베르 코엔(Albert Cohen), 『영주의 애인(Belle du seigneur)』(1968)

협동과 갈등

따스한 늦봄 밤, 시카고 서쪽 외곽에서 재빠르고 멋진 구애가 펼쳐지고
있다. 몇몇 구경꾼이 감탄하며 쳐다본다. 남자는 온화하고 지갑도 두둑해
보인다. 여자는 남자가 구애에 몰입한 순간부터 그를 응시하고 있다. 분
명 서로가 감탄 중이다. 남자는 여자를 식사에 초대하는데, 반짝이는 그
의 눈은 보답을 기대하며 결코 거절을 예상하지 않는다고 말하는 듯하다.
그녀의 매력은 분명했다. 풍만한 곡선의 몸매는 밤에 놀러 나와 신나게
떠드는 그녀의 여자 친구들 사이에서 그의 눈을 사로잡았다. 첫눈에 둘은
서로가 활기 넘치는 상대임을 완벽히 이해한 것처럼 보인다. 그러나 사실
은 놀라 자빠질 정도로 서로에 대해 모르는 것이 많다. 여자는 남자가 보

기보다 부자가 아니라는 것을 알아차리지 못하고, 남자는 여자가 예뻐지려고 성형했다는 사실을 알아차리지 못한다. 곡선으로 이루어진 그녀의 몸매는 그의 생각만큼 진품이 아니다. 그는 얼마나 많은 그녀의 친구들이 예뻐지기 위해 성형했는지도 상상하지 못한다. 만약 그가 이런 문제를 잠시라도 생각할 수 있다면, 모든 구경꾼이 그에게 감탄한 것은 그가 제안한 저녁 식사와 관련된 것일 뿐 그의 체격과는 전혀 관련이 없다는 점을 조금이나마 알아챌 수 있을 것이다. 남자는 즐거움을 위해 이런 일을 벌이겠지만 여자는 이 또한 일종의 사업적 거래라는 것을 잘 안다. 그녀는 꼭 돈을 밝히는 여성은 아니지만, 영리한 여성이다.

잠깐의 통속극 같은 이런 사건들은 보이는 것이 전부가 아니다. 이제 배역은 사람이 아니라 곤충이다. 특히 긴꼬리춤파리Rhamphomyia longicauda 종에 속하는 춤파리는 인간과 침팬지를 포함한 몇몇 다른 종과 마찬가지로 먹이와 성을 강하게 연결시킨다. 수컷 춤파리는 암컷 춤파리의 관심을 끌기 위해 성관계의 뇌물로 제공할 희소한 먹이 자원을 독점하며 서로 경쟁하고, 뇌물을 실제보다 커 보이게 만드는 다양한 속임수도 구사한다. 암컷 춤파리는 그들의 육체적 매력을 부풀리며 가장 큰 뇌물을 지닌 수컷의 관심을 끌려고 경쟁한다. 실제로 암컷은 복부에 공기를 가득 채워 실제보다 더 곡선의 몸매를 만드는데, 이는 번식력을 높아 보이게 한다. 양쪽 모두 실제보다 좋아 보이는 것을 상대방에게 제시하지만, 서로가 교환을 통해 받는 것은 기대보다 덜 인상적이다. 수컷과 암컷 모두 성적 교섭의 기회를 놓치지 않으려고 경제 전략들economic stategies 을 구사한다.

인간 남성과 여성도 똑같다. 비록 춤파리와 다른 방식으로, 남녀가 서로 다르게, 이전 세기들과는 다른 21세기 방식으로 행하더라도 마찬가지다. 인류의 태동기부터 남녀는 성적 목적을 위해 경제 전략들을 활용해왔다. **경제 전략들**이란 그들이 가치 있게 여기는 것들에 대해 협상하는 체계적 방법을 의미한다. 이는 화폐나 음식처럼 명시적인 경제 재화일 수도 있고 시간, 노력, 자존감 같은 비화폐적 자원일 수도 있다. 춤파리는 우리의 성적 목표들 또한 이런 경제 전략들과 더불어 행해진다는 점, 단지 재정적으로 부유해지기 위해서만이 아니라 의식적으로나 무의식적으로 성적 목적을 추구하기 위해 협상한다는 점을 보여준다. 이러한 성적 목적과 그것이 일으키는 기회와 갈등을 이해한다면 어째서 남녀 간 경제 관계가 현재와 같은 형태를 취하는지 더 잘 파악하게 될 것이다. 그것은 남성과 여성 사이에 왜 갈등이 존재하는지, 그러한 갈등이 어떻게 남녀 간 힘의 불평등을 형성하는지 확인할 수 있도록 돕는다. 실로 이 불평등은 경제적 조건의 변화에 따라 수천 년에 걸쳐 변해왔다. 수컷 춤파리가 희소한 먹이를 독점하는 것은 자신이 먹기 위해서가 아니라 암컷 춤파리의 성선택권에 대한 그들의 통제력을 증가시키기 위해서다. 마찬가지로 인간 남성도 인간 여성의 선택권을 통제하는 수단으로 희소한 경제 자원들을 축적해왔다. 춤파리와 마찬가지로 남녀의 경제 관계에 대한 가장 흥미로운 문제들은 그들이 각각 얼마만큼 소비하는지가 아니라 얼마만큼 통제하는지에 관한 것이다.

갈등은 인간 남녀 사이에 유달리 복잡한 형태로 존재하는데, 그 이유는 인간이 지구상에서 가장 협동적인 종이라는 데 있다. 이것이 이 책의 핵심 주장이다. 이 협동은 결국 필요하기 때문에 발달해왔는데, 우리의 진화 과정은 우리가 서로 동의하는 데 실패할 경우 서로에게 입힐 수 있는 손해를 대폭 증가해왔기 때문이다. 지난 수천 년 동안 인간 선조는 가장 모험적인 진화적 틈새를 개척하기 시작했다. 긴 아동기는 모든 동물이 이전에 시도한 어느 것보다도 복잡한 형태의 협동을 필요로 한 틈새였다. 인간 어린이는 동물계에서 애지중지해온 주인공들이다. 그들은 다른 종의 자식보다 오랫동안 더 폭넓고 다양한 지원 팀의 보살핌을 필요로 한다. 많은 친척의 격려 가운데 일어서는 데만 일 년이 걸리는 보통의 인간 신생아와 비교하면, 수행원의 도움을 받으며 옷을 차려입는 데 한 시간이 걸리는 할리우드 스타들은 자립의 천재들이다. 이토록 복잡한 의존 기간은 부모 간의, 그리고 부모와 다른 친척들 간의 오해와 갈등을 부추긴다. 따라서 성적 만남과 그로 인해 자식이 생길 가능성에는 다른 동물이 직면하는 것보다 훨씬 더 복잡한 잠재적 결과들이 실려 있다. 그러나 이 모험적 사업이 작동하지 않는다면, 비싸게 생산되고 애지중지해야 할뿐더러 매우 취약한 우리의 자손들은 살아남지 못한다. 그럴 경우 자연선택은 우리의 모든 흔적을 지울 것이다. 이처럼 우리에게 성이란 단지 새로운 인간을 만들어내는 번식에 관한 것만이 아니며, 다른 어떤 종보다 훨씬 그러하다. 이는 장면에 등장하는 각각의 새로운 인간을 둘러싼 수많은 조연배우를 자극하는 모든 동맹과 경쟁에 관한 것이다.

번식을 넘어 더 많은 목적을 위해 성을 사용하는 동물은 인간만이 아니다. 예를 들어 침팬지와 보노보에게 성은 동맹 또는 우정을 맺거나 깨는 데 핵심적 기능을 한다.[1] 바로 이 때문에 동성애의 진화에는 의문의 여지가 없다. 동성애는 인간이 아닌 동물에게 만연하며, 특히 보노보의 경우에는 사회적 유대를 형성하는 데 강력한 기능이 있다(물론 성적 만남의 유일한 적응 결과가 그런 성적 만남들에 직접적으로 기인한 자손들이라고 생각한다면 의문스러워 보일 수 있을 것이다).[2] 그러나 인간은 다른 어떤 동물보다 더욱 세련된 협동의 구조들을 구축해왔으며, 성은 이 모든 것에 파급적 영향을 주므로 우리가 속임수·조작·갈등에 대한 전략들도 더욱 정교하게 발전시켰다는 것은 전혀 놀랍지 않다.

언뜻 보기에 이 주장은 매우 자기모순적이다. 인간은 자연선택에 의한 진화의 산물이며, 자연선택은 고안가가 행하는 가장 가차 없는 일이다. 자연선택으로 구축된 협동적 파트너십의 한가운데서 어떻게 이익의 충돌이 생겨나는 것일까? 많은 관찰자가 보기에 성적 갈등은 생물학이 끼어들 여지가 없는, 우리 문명의 최근 산물임이 분명했다. 그럼에도 파리, 도마뱀, 새, 보노보는 아무 문제없이 관능적 상태에서 교미하는 반면, 과잉 활동적인 두뇌와 인공적 생활 여건의 제약으로 유례없이 저주받은 인간 커플이 자신들의 관계를 불만족스러워한다는 그림은 우리가 다른 종들에 관해 알고 있는 것과 모순된다. 성적 갈등이 비록 인간에게서 가장 발달된 형태를 취하더라도 이는 인간에게만 독특한 것이 아니며 자연 도처에 널려 있다.[3] 어떤 노래의 가사처럼 새와 벌은 물론, 훈련된 벼룩도 사랑하고 간통하며 싸운다. 빈대, 개코원숭이, 돌고래, 바다코끼리, 거미, 전갈, 소금쟁이는 강간을 하는데, 수컷은 폭력, 마약, 물리적 제지, 팀워크, 또는 기발한 기계적 장치를 사용해 머뭇거리는 암컷에게 자신을 강요한다. 전갈 종 사우스 아프리칸 틱테일Parabuthus transvaalicus 수컷은 암컷이 잠자코 있도록 유도하는 데 쓰려고 특별히 '가벼운' 독성들을 발달시켜왔는데, 그것들의 평상시 독성은 위험할 정도로 강하다. 수컷 전갈과 암컷 전갈의 춤은 위험과 욕망을 넘나드는 자극적인 탱고다.

많은 종의 암컷은 그들대로 깜짝 놀랄 만큼 다양한 대응 전략을 구사한다. 정자 방벽에 대항하는 갑옷부터 암컷끼리의 연합까지 다양하다. 성에 대한 저항을 단지 빅토리아 시대적 억제의 산물에 불과하다고 한다면 종잡기 어려울 정도로 값비싼 생물학적 투자들이다. 침팬지와 춤파리 수컷은 성관계를 위한 뇌물로 암컷에게 음식을 제공하는데, 암컷은 잘 속는 수컷을 조정해 수컷이 원한 것보다 성관계를 덜 치르면서도 수컷이 애초에 의도한 양보다 더 많은 뇌물을 바치도록 유도한다. 요정굴뚝새나 살찐꼬리난쟁이여우원숭이처럼 겉보기에만 일부일처인 종의 수컷과 암컷은 은밀한 혼외 관계를 맺는다. 이는 발각되건 아니건 파트너의 위선적인 질투를 불러일으키며, 때때로 난폭한 질투도 낳는다.[4] 대다수 종의 암컷은 수컷을 유혹하고 꼬드기며 교묘히 조정해 수컷이 어린 새끼를 돌보는 데 기여하도록 만든다. 반면 수컷은 암컷이 우선 새끼부터 낳도록 설득할 때 사용한 명시적이거나 암묵적인 약속들로부터 벗어나려고 술수를 쓰며 속인다. 사자 수컷과 고릴라 수컷은 암컷이 다른 수컷의 새끼를 임신했다고 믿으면 태어난 새끼들을 학대하고 심지어 죽이기까지 한다. 암컷은 애도가 겨우 진정되기 시작했을 때 새끼의 살해범과 겉보기에만 자발적인 성관계를 갖는다.[5] 폭력, 위선, 조작에 관한 그 어떤 인간의 통속극도 전체 동물계에서 남녀 관계가 보여주는 일일 드라마를 능가하지 못할 것이다. 어째서 자연은 그렇게 작동하며, 이는 우리에게 무엇을 의미하는가?

사마귀와 다양한 종류의 거미가 보여주는 행위는 유력한 단서를 제공한다. 이들 암컷은 성교 후에 머리에서부터 아래쪽 방향으로 수컷을 잡아먹는데, 보통 수컷이 사정을 끝내기도 전에 먹기 시작한다.[6] 놀라운 점은, 이것이 암수 전쟁의 정점이 아니라 궁극적이고 조화로운 해결이라는 점이다. 그 수컷은 자신이 매우 고독한 삶을 살아간다는 그 단순한 이유 때문에 보통은 자기 운명을 피하려는 노력조차 하지 않는다. 많은 수컷이 단 하나의 암컷도 만나지 못하고 죽는다. 처음 암컷을 만나고 운이 좋아 살아남았다 해도 두 번째 암컷을 만나는 것은 거의 불가능하다. 그러므로 수컷의 번식적 이해관계는 우연히 만나는 첫 번째 암컷의 이해관계와 거의 전적으로 일치한다. 자연선택은 엄격하다. 암수가 만나 번식하는 종들의 경우 나중에 또 다른 암컷을 만날 가망이 전혀 없다면 동족을 잡아먹는 암컷을 피하려고 노력해봐야 소용이 없다. 이를 피하지 않고 수컷이 사정 후에 자기 몸을 상대 암컷에게 제공한다면 먹이가 부족한 환경에서 수컷의 몸은 수컷의 번식적 이해관계에 기여하는 것이다.

동족을 잡아먹는 거미들은 예외적이다. 대부분의 다른 동물은 전 생애 동안 하나 이상의 잠재적 짝을 만나며, 누구랑 어떻게 짝을 맺을지에 영향을 주는 선택들에 직면할 것이다. 선택이라는 요소가 바로 성적 갈등의 씨앗을 심는다. 파티에서 말을 건넬 상대가 또 어디에 있는지 보려고 당신의 어깨 너머를 훑어보는 행동을 자제하지 못하는 사람과의 대화처럼, 거의 모든 종에서 성적 관계는 양쪽 파트너 둘 다에게 지금이건 미래에건 다른 누군가와 더 잘 지낼 수 있을 가능성으로 덮여 있다. 각 파트너는 또 다른 가능한 만남을 허용하는 방향으로 교제를 몰고 가는 데 관심을 둔다. 방향키를 조종하는 두 쌍의 손과 엇갈리는 두 개의 여행 일정표 때문에 어느 정도의 갈등이 있다는 것은 전혀 놀라운 사실이 아니다.

갈등이 있다는 말이 수컷과 암컷의 이해관계가 완전히 대립한다는 뜻은 아니다. 그것과는 거리가 멀다. 여기서는 단지 그들이 완전하게 제휴하지는 않는다는 의미다. 우선순위의 근소한 차이도 막대한 불신의 가능성을 낳을 수 있다. 사실상 갈등은 결코 협동과 상반되지 않을뿐더러, 협동이 최선의 것을 제공해야만 할 때 갈등은 가장 힘들고 도전적이다. 다른 경우보다 성패에 따라 지분이 더 크게 달라지기 때문이다. 즉, 성공한다면 나눌 파이가 더 클 수 있지만, 모든 것이 잘못될 경우 서로를 비난하고 싶은 유혹도 더 크다. 따라서 인간의 성적 갈등을 다루기가 무척 힘든 것은 역설적이게도, 자연의 기준에 따르면 비범하게 협동적인 종이라고 할 우리가 그 최고 기량의 성적 파트너십으로 놀라운 공동 작업의 개가를 이루어내기 때문이다. 남녀 간 달래기 힘든 반목은 우리가 마주치는 협동과 갈등의 혼합에 비하면 비교적 다루기 쉬운 곤경일 것이다. 만약 적수에게 이득을 주는 모든 것이 당신에게 틀림없이 해가 된다는 점을 안다면, 엄격한 의무가 아닌 한 결코 어느 것도 양보하지 않겠다고 결심하기 쉽다. 그러나 당신과 당신의 성적 파트너가 될 사람은 서로 적이 아니다. 당신에게는 협동으로 얻을 매우 중요한 것이 있으며, 따라서 성적 파트너십에 많이 기여하도록 설득되기 쉽다. 그리고는 더 큰 지분을 원했거나 더 적은 비용으로 기여하려 한 자가 당신이 그렇게 행동하도록 조정했다고 느끼기 쉽다.

이런 곤경의 논리는 좀 더 탐구할 만하다. 남성과 여성 사이의 이익 갈등은 명백한 두 가지 이유로 일어난다. 첫째, 커플은 서로 교섭할 때나 공유된 프로젝트에 각자 얼마만큼의 에너지와 노력으로 기여할지 결정할 때조차 서로에게 완전히 투명하지 않다. 둘째, 비록 그들이 투명하다고 해도 많은 일에 완전히 헌신하기란 불가능할 것이다. 그리고 이는 상대에 대한 지나친 신뢰를 경계하도록 만든다. 먼저 투명성 문제를 살펴보자. 서로를 재보고 평가하는 것, 파트너십의 결실을 어떻게 나눌지 계산하는 것, 허세나 조작 없이 곧장 해결로 나아가는 것 대신에 커플들은 섀도복싱 shadow-boxing 에 개입하고 싶은 강력한 유혹에 직면한다. 각각 더 우수한 자질들을 신호하고, 상대가 당연시하지 않도록 자신을 보호하는 가면을 쓰려 한다. 가면이 그들에 대해 뭔가 참된 것을 말할 수도 있다는 사실이 가면을 덜 쓰게 만들지 않는다. 하지만 가면은 모두가 원하는 의사소통에 방해가 될 수 있다. 그것이 바로 성적이며 구애적인 만남이 놓쳐버린 기회로, 폭발하는 후회로, 불합리한 희생으로, 즉 돌이켜보면 정신 나가 보이는 선택으로 가득한 이유다. 그리고 정말로 중요한 결과가 나올 전망이 있을 때 가면은 더욱 나쁘다. 상이 커질수록 그것은 우리를 더 쉽게 마비시킬 수 있다.

서로 정말 끌렸던 두 사람이 어떻게 기회를 잡는 데 실패할 수 있는지, 혹은 기회를 잡고도 어떻게 실망만 하는지 살펴보자. 여자가 남자의 마음을 얻었다고 알게 되는 그날이 여자의 열정이 식기 시작하는 날이라는 것을 남자는 깨닫는다. 이제 모든 에너지는 결과에 큰 영향을 미치지 않는 듯 보인다. 어쨌거나 그녀는 그를 잡는 것이 얼마나 어려운지, 따라서 얼마나 바람직한 배필감인지에 대한 견해를 하향 조정할 것이다. 그녀는 그도 마찬가지일 것임을 안다. 따라서 그들이 운이 좋고 열정도 막상막하라면,

게임의 끝이라는 상상할 수 없는 일을 피하려 헛된 시도를 하면서도 무관심한 체하는 게임을 펼친다. 자신을 너무 낮은 가격에 팔기보다는 오히려 기회를 완전히 놓치는 위험도 무릅쓰고 오직 불확실성을 가능한 한 길게 연장함으로써 실망을 피해간다. 19세기의 프랑스 소설가 스탕달Stendhal 의 위대한 소설『적과 흑 The Red and the Black』은 이러한 곤경이 고통스럽게 연장된 버전을 이야기한다. 두 연인은 상대가 생각보다 보잘것없는 배필감으로 드러날까 봐 두려움에 마비되어 사랑이나 다정함을 표현하지 못한다. 그러나 흥미진진한 모든 통속극은 어떤 식으로든 그 중심부에 이러한 주제를 품고 있다. 만약 행복한 결말이 불가능하거나 불가피하다면 절대 계속 시청하지 않을 것이다. 많은 장애물이 있는 이야기의 결말은 보는 이의 넋을 빼놓는 매력이 있다. 실험적 연구들은 소설가와 극작가가 이미 알고 있던 것을 이제야 입증한다. 타인이 우리에게 느끼는 불확실성 이야말로 성적 매력의 강력한 강화제이며, 유혹에 능숙한 사람은 되도록 예측 가능한 출현을 피한다.[7]

결혼 당사자가 자신의 기여가 과소평가된다고 느낌으로써 결혼이 어떻게 무산될 수 있을지도 생각해보라. 그녀는 그를 보며 한숨짓고, 그는 마땅치 않은 표정을 지으며 인정하지 않으려 한다. 함께하며 즐기곤 했던 소통에서 벗어나고 기쁨도 없기에 그들의 결혼은 악화의 길로 들어선다. 만약 그 커플에게 잃을 것이 많지 않다면 각자의 기여를 표시하는 일에 대해 훨씬 덜 걱정할 것이다. 그들의 더 큰 걱정은 획득할 수도 있을 모든 것이 위태로워지면 어쩌나 하는 점이다.

투명성이 허세를 무의미하게 만들어 갈등의 문제를 해결할 것이라 생각하고 싶을 수도 있다. 그러나 허세가 무의미해진 사람도 두 번째 종류의 갈등에 직면한다. 그들의 의도가 아무리 진심 어려도 마음이 변치 않으리라고 약속할 수는 없기 때문이다(이는 커플만의 문제가 아니다. 알다시피 미국 의회는 그 후임 의회를 구속할 수 없다). 이 같은 불확실성은 커플이 관계를 위해 준비한 희생의 본성을 선천적으로 제약한다. 그러나 사실 이러한 희생도 관계의 지속을 확신할 수 있을 때만 기쁘게 행했을 것이다. 또한 이는 그러한 희생이 그들 자신에게 매우 큰 상처를 줄 수 있다는 것도 의미한다. 여성은 아이를 양육하기 위해 경력을 포기하는데, 결혼이 깨지고 나서야 비로소 자신에게 시장에 내놓을 만한 전문적 기술이 거의 없다는 사실을 발견한다. 남성의 경우 아이를 안락한 환경에서 양육하는데 충분할 정도로 돈을 벌려고 장시간 일하는데, 이혼할 때가 되어서야 양육권을 잃었음을 알게 된다. 아이가 좀 더 컸더라면 남성은 아이를 더 자주 보고 싶어 했을 것이다. 관계에 지속될 만한 가치가 없다면 관계 결렬은 그다지 심각한 손상을 주지 않을 것이며, 관계 결렬의 두려움이 상호 신뢰에 그토록 냉혹한 결과를 불러오지도 않을 것이다.

그러므로 성적 갈등은 협동이 드리운 그림자다. 나눌 것이 그리 많지 않거나 나눔의 과정에서 착취당한다는 두려움이 그렇게 크지 않다면, 그다지 고통스럽지는 않을 것이다. 인간 커플이 싸우는 것은 인간의 협동 실험이 자연의 기준에서 매우 생산적이고 야심적이기 때문이다. 또한 협동이 파트너로 하여금 협동을 결정하기 전후에 각자의 필요와 재능을 서로에게 신호하도록 요구해도, 신호 행위는 조작할 기회와 조작당할 두려움을 만들기 때문이다. 이런 두려움은 정당화될 때도 관계를 좀먹을 것이며, 정당화되지 않을 때는 훨씬 더 그럴 것이다. 나아가 협동은 커플에게 각자의 능력을 넘어서는 더 지속적인 헌신을 희망하도록 요구한다. 그리고 이런 (성격의) 헌신의 취약함에 대한 두려움은 나중에 사건들로 입증되건 안 되건 관계를 좀먹을 것이다.

이 책의 대부분은 인간 실험human experiment의 특별한 점들을 다루며, 특히 엄청난 경제 자원들에 대한 통제가 어째서 양성 간에 불평등하게 분배되어왔는지 묻는다. 또한 남성과 여성의 협동이 직장이나 정치 생활 같은 또 다른 상황에서의 협동에 대해 무엇을 가르쳐주어야 하는지 질문한다. 그러나 우선은 자연의 나머지 종과 우리가 무엇을 공유하는지 이해할 필요가 있다. 성적 갈등은 인간이 특히 다루기 힘든 것일 수 있지만, 이는 자연계에 걸쳐 다양한 형태로 존재한다.

내기에 건 것이 다른 남성과 여성

성적 갈등은 남성과 여성 모두에게 어쩔 수 없는 삶의 현실이다. 그러나 이에 대해 양성은 매우 다르게 반응하는데, 각 성이 내거는 것이 서로 다르기 때문이다. 적어도 두 개로 구별되는 확실한 성으로 암수 번식하는 종이 그렇다.[8] 간단히 말하면 대부분의 종에서 번식적 이해관계는 남성의 경우 자손의 수에, 여성의 경우 자손의 질에 더 기울어 있다. 몇몇 중요한 예외가 있기는 하다. 이렇듯 다른 우선순위는 여성과 남성의 생식세포 간에 단순하지만 의미 있는 차이로 생긴 결과다. 난자는 크고, 만드는 데 비용이 많이 들며, 희소하다. 반면에 정자는 작고, 싸며, 풍부하다. 실제로 더 큰 생식세포를 생산한다는 사실이 여성을 남성과 완전히 다른 것으로 **규정한다.** 풍부함이라는 측면에서 대조는 극적이다. 예를 들어 인간 여성은 한 달에 단 하나의 새로운 난자를 내놓는데, 남성은 1초에 약 1000개의 정자를 만든다(그 정도라면 이론적으로 한 달에 세상 모든 가임기 여성을 수정시킬 수 있다). 정자의 풍부함은 여성이 정자의 주인에 대해 선택적일 수 있으며 반드시 선택적이어야만 한다는 것을 의미한다. 여성의 난자는 희소성이 있으며 귀중하다. 여성은 한 달에 오직 하나의 난자를 배출할 뿐 아니라 난자가 수정될 경우 태아를 몸에 품은 채 적어도 1년은 자식을 더 낳는 것이 불가능하다. 또한 여성의 곁에는 몇 년 동안 먹이고 보호해야 하는 어린아이가 있다. 남성은 자신이 아이와 상관없다고 확실히 위협할 수도 있겠지만, 여성은 그럴 수 없다.[9] 이렇듯 여성의 임신 기회는 너무나 귀중하므로 부적절한 남성에게 쓸데없이 그 기회를 낭비할 수 없다.

그러나 여성의 선택성이 남성에게는 도전이다. 남성은 가임 여성이 어디 있는지 찾아내야 할 뿐 아니라 그가 제공해야만 하는 것을 받아달라고 그녀를 설득해야 하며, 똑같이 노력하는 다른 모든 남성과도 경쟁해야 한다. 여성의 선택에서 살아남고 다른 남성들과의 경쟁을 이겨낼 기술이 있으면 실패한 자들보다 훨씬 많은 아이를 가질 수 있다. 성공한 남성을 기다리는 특권적 접근 때문에, 패배한 경쟁자들은 사실상 한 아이의 아버지가 되는 데도 실패할 것이다. 짝짓기가 거의 모든 남성에게 위험할 정도로 끈질긴 충동이 될 수밖에 없었다는 사실은 전혀 놀랍지 않다. 결국 지구상의 모든 것은 적어도 한 번은 성공한 일련의 남성들로부터 나온다.

그러한 도전의 절박함이 모든 남성을 다른 모든 남성의 잠재적인 치명적 경쟁자로 변하게 한다.

　남녀 모두에게 가해진 이런 압박감은 서로 중화되지 않는다. 그것은 서로를 강화하며 나선 형태를 띠고 있다. 여성의 선택성은 남성의 집요함을 북돋우며, 남성의 집요함이 강해질수록 여성은 더욱 선택적이게 된다. 우리는 이 나선이 다른 종에서 정교하고 때때로 섬뜩한 방식들로 작동하는 것을 볼 수 있다. 소금쟁이 Rheumatobates rileyi 는 수컷의 교미 시도를 거부하는 암컷의 진화된 저항과, 저항하는 암컷을 움켜잡고 진압하려는 수컷의 무기 사이에서 벌어지는 진화론적 '군비경쟁'을 보여준다. 수컷은 정교한 갈고리 모양의 더듬이가 있다. 이 더듬이는 암컷을 제압하는 데 쓰이며, 다른 목적은 알려지지 않았다. 사막풀거미 Agelenopsis aperta 의 경우, 수컷은 강력한 독소로 암컷을 마취하고 암컷이 무의식일 때 짝짓기를 한다. 많은 수컷 전갈은 세련된 짝짓기 춤을 출 때 암컷을 찌르는 것처럼 보인다. 전갈 사우스 아프리칸 틱테일은 두 가지 유형의 독을 생산하는데, 짝짓기에서는 약한 유형의 독을 사용해 암컷을 움직이지 못하게 만든다. 아마 가장 끔찍한 무기는 온대 지방에 서식하는 빈대 키멕스 렉툴라리우스 Cimex lectularius 가 지녔을 텐데, 단검 같은 돌기로 암컷의 복부를 찌른 다음 직접 정자를 주입한다. 감염 위험, 출혈, 장기 손상의 측면에서 암컷의 희생이 클 수 있다. 그러나 암컷이 살아남아 새끼를 배면 수컷의 폭행은 암컷의 장기적長期的 건강에 끼친 손실에도 불구하고 적응에 이점으로 작용한다.

　여성의 선택성과 남성의 집요함이 추는 탱고는 다른 종들보다 **호모 사피엔스** Homo sapiens 에서 훨씬 더 정교하며, 흔히 더 섬세한 형태를 취한다.

이 단순한 논리의 힘은 실로 대단하다. 남녀의 생식세포들에 존재하는 세포 건축양식의 기본적 차이(하나는 크고 희소하며 다른 하나는 작고 풍부하다)와, 그 결과 임신과 양육에 대한 남녀의 비대칭적 투자로부터 비롯된 모든 것을 생각해보라. 트로이 전쟁, 로마제국, 윌리엄 셰익스피어William Shakespeare의 소네트, 그리고 아마 인간의 문명 전체는 선사시대에 번식적으로 성공한 선조들이 자기주장을 할 수 있게 만든 커다란 두뇌를 기반으로 한다. 코 하나로 세상을 바꿀 수 있다는 주장은 과장일지도 모른다. 하지만 갱단, 강도단, 군단, 군대와 제국, 그리고 그것들이 동반하는 모든 거창한 의식과 쇼는 자신의 유전적 흔적을 미래에 남기려는 충동에서 추진되며, 미래의 문지기가 여성이라는 사실을 아는 남성의 필살의 경쟁성을 기반으로 구축되었다.[10]

남성은 춤파리처럼 희소한 경제 자원들을 독점해 이 같은 여성의 희소성에 대응했다. 이러한 희소성은 현대사회에 그 자국을 남겼는데, 첫째로는 선조에게 물려받은 두뇌와 신체에, 둘째로는 변화하는 자연적·사회적 환경을 항해하는 데 우리가 그러한 두뇌와 신체를 사용하면서 남기게 되었다. 변화하는 자연적·사회적 환경은 선사시대의 환경과 엄청나게 다르다. 우리는 대중 도시 사회에 살고 있다. 먼 거리를 여행하며 낯선 사람들과 교제하고, 피임을 하며, 단지 출산의 수단으로서가 아니라 예술과 게임으로서 성에 대해 말하고, 쓰며, 공상을 펼친다. 우리는 서로를 보거나 만지지 않고도 통신할 수 있으며, 사진이나 영상물과 같이 타인에 대한 인공적 또는 허구적 재현에 둘러싸여 있고, 그것들에 관한 인공적이거나 허구적인 감정적 반응을 끊임없이 빚어낸다. 그러나 이렇듯 순전히 인공적인 환경에서도, 오늘날 모든 남녀는 정자와 난자의 단순하고 자연적인 비대칭성에 의해 부분적으로 형성된 감정과 지각을 지닌다.

자연선택은 수십억 년 전 생명의 여명기까지 거슬러 올라가는 터널에 비교될 수 있다. 이 터널은 어떻게든 그것을 통과한 선조를 둔 모든 사람을 형성해왔다. 과거 여러 시대의 환경적 열악함과 생존경쟁의 어려움으로 본다면 그 터널은 때로 편안할 만큼 넓었고, 때로는 고통스러울 정도로 좁았다. 성 번식이 수억 년 전 처음으로 진화한 이래 남성과 여성은 각 상대가 남겨놓은 자리에 맞춰 적응하고, 상대가 반드시 통과해야만 하는 자리를 형성해가며 함께 그 터널을 지나야 했다. 당신은 이것이 경련을 일으키고, 옥죄며, 숨 쉬기 어렵게 함으로써 우리가 혼자 움직일 수도 없게 만들었을 것이라고 생각할 수 있다. 하지만 그 터널은 현대 세계에서 극적으로 열렸다. 인간은 그들이 처음 진화한 아프리카 삼림지대의 사바나와는 매우 다른, 엄청나게 다양한 자연적·사회적 조건 속에 살고 있다. 그러한 터널을 통과하는 여정에서 경련을 느낄 수도 있지만, 지금은 다리를 쭉 펴고 신선한 공기를 마시며 여기저기로 이동할 수 있다. 우리의 섹슈얼리티sexuality가 진화의 터널을 거쳐 그러한 긴 여정을 형성해온 방식이 흥미진진하듯, 그것이 새롭고 더 널찍한 우리의 사회 세계에 적응하기 시작한 방식도 흥미롭다.

진화의 터널을 통과하는 동안 경제 자원을 획득할 수 있었던 남성은 그들의 방식으로 성 번식을 강요하거나 뇌물로 매수할 수 있었고, 자원을 획득하지 못한 남성보다 더 많은 후손을 남겼다. 오늘날 그러한 조건들은 알아볼 수 없을 만큼 변했다. 남녀 간 경제적 불평등을 과거의 것으로 만들려 한다면 그 터널이 남긴 심리적 흔적을 이해할 필요가 있다. 우리가 물려받은 성 심리의 핵심은 간단하다. 하지만 그 세부사항은 미묘하며 가끔씩 엄청 놀랍다.

여성의 희소성이 인간의 심리에 끼친 영향

진화적 역사에서 여성의 성 심리는 남성에 대한 그들의 반응이 선택적이어야 할 필요에 의해 형성되어왔다. 마찬가지로 남성의 성 심리도 여성에 대한 그들의 접근이 집요해야 할 필요에 따라 형성되어왔다. 이처럼 지극히 단순하다. 우리는 이 과정을 이해하지 못할 수도 있는데, 남녀 간의 어떤 협상은 의식적 수준에서 행해지는 반면, 대다수의 협상은 감정과 본능의 작동으로 행해지기 때문이다. 어째서 그렇게 행동하는지 정확히 인식하지 못하더라도 감정과 본능은 우리의 선택에 영향을 미친다. 감정은 오늘날 환경과 매우 달랐던 후기 홍적세 시대의 물리적·사회적 환경에서 자연선택에 의해 여러 방식으로 빚어졌다. 비록 그러한 환경이 다른 동물 종의 심리보다 현저하게 유연한 심리를 선택했더라도 그 유연성은 무한하지 않다. 우리는 기원전 2만 1000년 이전에서 온 수단들로 기원후 21세기를 항해하고 있다.

이러한 단순한 진리들 너머에는 여러 놀라운 결과로 가득한 풍경이 있다. 이 풍경 안에 "화성에서 온 남성"과 같은 유의 통속 심리학이 말하는 수많은 상투적 일반화가 설 자리는 없다. 남성에 대한 여성의 반응이 선택적인 것은 여성이 여러 다른 상황에서 그들 자신에 관한 심리적 반응을 발견·수집한 많은 양의 목록과 양립한다. 남성은 구제 불능일 정도로 문란하고 여성은 근본적으로 일부일처라는 전통적 관념을 고찰해보자. 이제 사람들이 그것을 믿으려 하지 않아서 많은 사람이 실제로 그것을 어떻게 믿었는지도 불분명하다. 어쨌든 이러한 관념은 오늘날 생물학의 지지를 거의 받지 못한다. 진화심리학의 초기, 그리고 1980년대와 1990년대에 들어서도 일부 연구원은 여성의 선택성과 남성의 집요함에 관한 대조로부터 성급한 결론을 내렸다. 남성의 번식적 이해관계가 양적인 면에서 더 크다는 것은 곧 문란성이 남성의 뇌에 선천적이라는 것을 의미했다. 마찬가지로 선택성은 여성의 일부일처 본능을 시사하는 것으로 추정되었다.

그러한 결론은 커다란 논란을 불러일으켰고, 진화심리학자는 반동적이고 성차별적인 의제를 퍼뜨린다고 자주 비난받았다. 그들이 부분적으로는 여성을 제한된 리비도libido*를 지닌 수동적 피조물로 간주하는, 달갑지 않은 빅토리아 시대적 그림에 찬동하는 것처럼 보였기 때문이고, 부분적으로는 남성의 불륜을 묵인하고 여성의 불륜은 비난하는 흔한 이중 잣대에 찬동하는 듯 보였기 때문이다. 그러한 결론을 좋아하지 않은 사람들은 흔히 우리의 심리가 상당 부분 자연선택으로 형성되었을 것이라는 생각이나 자연선택이 여성과 남성에게 각각 다르게 작용했을 것이라는 생각을 거부하려 했다. 이는 부당한 추론이다. 자연선택은 우리에게 아첨하거

---

* 이 관점의 극단적 견해는 1857년 윌리엄 액턴(William Acton)에 의해 표현되었다. 그는 "대다수의 여성은 (행복하게도 그녀들을 위해서) 어떤 종류의 성적 감정에도 동요되지 않는다"라고 주장했다(Acton, 2009: 112).

나 우리를 비하하는 데 관심이 없다. 행동의 공통적 양식을 정당화하거나 비난하는 데도 마찬가지다. 자연선택은 폭력을 행사할 수 있는 능력처럼 개탄스러운 특성뿐 아니라 이타주의처럼 매우 감탄할 만한 특성도 형성해왔다고 생각할 만한 타당한 이유들이 있다. 실제로 타당성 있는 한 이론은 두 종류의 특성이 각각 상대를 도와가며 함께 진화했다고 주장한다.[11] 그렇다면 우리의 진화론적 기원에 관한 이론을 판단하는 방법은 그것이 우리를 불편하게 만드느냐 아니냐 하는, 찰스 다윈Charles Darwin 당대의 초기 비평가 다수가 빠진 함정을 따르지 않는 것이다. 그런데 자연선택이 남성을 문란하게 만들었고 여성을 일부일처로 만들었다는 견해는 사실상 틀렸다. 이는 우리가 그 과학적 논증의 결론이 싫다는 이유로 어떤 과학적 논증을 거부하는 것이 정당화될 수 있다 해도 틀린 것이다. 많은 종에서 수컷의 성적 파트너가 대단히 많다는 사실은 전혀 놀랍지 않을 것이다. 그러나 이는 암컷도 마찬가지다.

야생에서의 신중한 동물 관찰, DNA 연구, 다양한 행동 양식의 진화론적 논리에 대한 더욱더 조심스러운 추리 덕분에 우리는 이제 조류와 포유류를 포함한 수많은 종의 암컷이 성적으로 진취적이고, 강한 리비도를 지니며, 사회적으로 일부일처의 한 쌍으로 살고 있을 때도 성적으로는 흔히 일부일처가 아니라는 사실을 알고 있다.[12] 이것이 암컷을 무차별적으로 만들지는 않는다. 집단생활을 하는 종의 경우, 암컷이 다수의 성적 파트너를 둘 만큼 수컷은 늘 충분히 많다. 그럼에도 암컷은 누구를 파트너로 삼을지에 대해 여전히 매우 선택적이다. 또한 이것이 암컷의 성욕과 수컷의 성욕이 똑같다는 사실을 의미하지는 않는다. 수컷과 암컷 모두 고품격 섹스에 대해 분명한 열의를 보이겠지만, 암컷이 시시한 섹스보다는 노 섹스no sex를 선호할 가능성이 큰 반면, 많은 종의 수컷은 대안이 노 섹스라면 시시한 섹스라도 기꺼이 받아들일 가능성이 많다는 점에서 대조적이다.[13] 그러나 동물행동학 또는 진화심리학의 최근 연구가 밝히는 여성 섹슈얼리티 개요에 대해 부끄러워하거나 꺼려 할 것은 전혀 없다. 그런 것이 있다면 여성 섹슈얼리티 개요는 여성이 속임수로부터 얼마나 많은 것을 얻어내야 하는지 보여주기 때문에 남성 섹슈얼리티 개요보다 훨씬 더 복잡하며 마키아벨리적이라고 할 수 있다.

  남성이 속임수에서 얻는 이득은 그리 크지 않은데, 그 이유가 흥미롭다. 속임수의 기원이 여성은 자식을 돌봐야 하지만 남성은 그렇지 않다는 데 있기 때문이다. 짧은 기간에 많은 여성과 성교한 남성에게는 어쩌면 생존 가능한 수많은 자식이 생길 수 있다. 여성은 그 아버지의 습성에 관해 무엇을 알고 있든지 자기가 낳은 자식을 보살피는 데 관심을 둔다. 이는 남성이 성관계 이후 적어도 여성에게 자취를 감추려는 노력을 많이 하지 않도록 만든다. 물론 경쟁하는 남성들에 대해서는 이야기가 달라진다.

  짧은 기간에 다수의 남성과 성관계를 맺은 여성은 사정이 다르다. 이러한 유형은 선사시대 여성에게 상당히 일상적이었을 것이다(이에 관해서는 제4장을 보라). 그러한 여성의 경우 일부는 DNA의 형태로, 일부는 음식과 보호의 형태로 서로 다른 남성들의 기여를 얻을 수도 있다. 그러나 빽빽이 이어지는 성적 만남이 있었다 해도 보통은 오직 한 명의 아이가 있을 것이며, 그 남성들 중에서 오직 한 명만 아이의 아버지다. 따라서 태아 발육과 아이 양육에 기여하려는 남성 다수의 번식적 이해관계는 누가 진짜 아버지인지에 대한 그들 입장의 불확실성에 근거할 것이다. 이는 다른 한편으로 혼동이기도 한데, 여성은 이득을 얻는 유일한 방법으로서 남성에게 아버지일 것이라고 다독거리기 때문이다.[14] 내숭이 선천적으로 여성의 전략은 아니겠지만 남성 스스로 아버지라고 생각하도록 만들려는 여성의 이해관계에 때때로 포함되며, 특히 이따금씩 행해지는 남성의 난폭한 질투에 반응할 때 나타난다. 만약 빅토리아 시대적 도덕주의자들이 여성의 성욕은 선천적으로 제한적이라 생각한다면, 이는 여성의 셀 수 없이 많은 후손에 의해 그들이 얼마나 효과적으로 속아왔는지 보여주는 것이다.

일부일처제가 흔히 보이는 것이 전부가 아니라면 일부일처제의 대안들은 서로 다른 환경 속에서 현격하게 상이한 형태를 취할 수 있다. 인간 사회는 물론 동물 종 전반에 나타나는 성적 행동의 명백한 다양성은 자연선택이 어떻게 성적 관계들에 영향을 주는지에 대해 일반화하기 어렵게 만든다. 예를 들어 화장과 패션 산업이 여성을 남성에게 더 매력적으로 보이도록 만들어준다고 약속하며 전 세계적으로 매년 수백억 달러의 매출을 올리는 마당에, 여성의 성적 추구가 선택적인 반면 남성은 무차별적이라고 누가 생각할 것인가? 그러나 종들 사이는 물론 사회들 간의 이 모든 다양성에는 이유가 있다. 동물의 환경이건 인간의 환경이건, 모든 환경에서 수컷과 암컷은 의식적이든 아니든 다른 쪽 성의 전략으로 창출된 환경의 맥락에서 그들의 전략을 발전시킨다. 다들 그렇게 하고 있기에 나도 오른쪽으로 차를 몰 수 있지만, 다들 바로 **그것을** 하고 있기에 나는 왼쪽으로 차를 몬다는 것과 비슷하다. 마찬가지로 어떤 종에서건 암컷의 성 전략은 수컷의 전략에 의해 조율되고, 그 반대도 마찬가지다. 이와 같이 조율되지 않았다면 비슷했을 여러 나라에는 어느 길로 통행할지, 그리고 두 성이 서로 어떻게 행동해야 하는지에 관한 상이한 규칙들이 있다. 파리의 거리에서 남성과 여성은 장난치듯 추파를 던지는 시선을 교환할 수 있지만, 워싱턴 D.C.의 거리에서 그랬다면 외설적이고 공격적이며 모욕적인 표현으로 여겨질 것이다.* 암수의 전략이 서로를 통해 조율되지 않았다면 비슷했을 종들, 예컨대 고릴라, 침팬지, 보노보도 두 성 사이에 매우 다른 관계 모형을 이루어왔다. 그러나 이것이 성적 행동의 진화를 환경에 대한 적응이라는 관점에서 이해하려는 노력을 쓸모없이 만들지는 않는다. 오히려 한쪽 성의 행동에 의해 다른 쪽 성에게 창출된 조건들은 환경에 포함되어야 함을 일깨워준다.

인류가 진화하면서 남성은 값싸고 풍부한 그들의 정자를 보상한 방법들을 찾았다. 가장 강력한 방법 중 하나가 사회에서 희소한 경제 자원을 독점하는 것이었고, 여성은 그들대로 이에 대한 경쟁을 배웠다. 이는 남녀 관계에 흥미진진한 전환을 낳았는데, 이러한 전환은 우리 친척인 유인원을 포함한 대부분의 다른 동물에서 보는 것과 상당히 다르다. 이 관계들은 어떻게 발전했으며, 인간이 진화했던 곳보다 경제 자원에 대한 접근성이 훨씬 덜 불평등한 현대사회에서 이러한 관계들은 무엇을 의미하는가?

---

* 프랑스와 미국은 흥미를 끄는 또 다른 문화적 차이들이 많이 있다. 하나만 살펴본다면, 프랑스어에는 영어의 '데이트(date)'에 해당하는 단어가 없다. 이는 서로를 재보고 평가해보는 잠재적 연인 간의 만남을 의미한다. 프랑스어에서 '재보기(sizing up)'는 그렇게 하리라는 사전 동의가 있건 없건 일어나는 것처럼 보인다.

이 책의 구성

이 책은 우리의 생물학적 유산을 이해하는 것이 21세기에 남성과 여성의 관계를 형성하는 요인들을 어떻게 밝혀낼 수 있는지 묻는다. 제2장은 이러한 생물학적 유산에 초점을 맞추면서, 성 번식하는 일반 종, 특히 다른 영장류들과 우리가 무엇을 공유하는지 검토한다. 구체적으로는 신호 행위, 아울러 그와 함께 오는 조작의 기회들이 어떻게 구애 활동을 지배하는지 탐구한다. 또한 남성이 여성을 조종하기 위해 사용하는 상이한 전략들을 살핀다. 남성은 궁핍한 성으로서, 굶주린 그들의 정자는 세상 속으로 돌진한다. 여성은 음식과 보호라는 지참금이 따라오는 난자를 지녔고, 누구와 그 지참금을 공유할지에 대해 매우 선택적이어야 한다. 그다음으로는 남성을 조종하기 위해 여성이 사용하는 전략들을 살핀다.

제3장은 성적 신호 행위에서 우리의 감정이 의식적 합리성과 어떻게 상호작용하는지 탐구한다. 감정을 의식적으로 통제하기란 거의 불가능하다. 감정에 관한 이 이상한 사실은 잠재적인 성적 파트너들에게 우리의 신뢰성을 보여주는 데 강점이 된다. 이는 합리적 계산에만 기초한 헌신보다 더욱 견고한 헌신을 만들어낸다. 성적 구애의 특성, 즉 잡히지도 않고 격분케 하며 마법에 홀린 듯 만드는 성향의 대부분은 우리가 무엇을 어째서 느끼는지에 대한 참모습을 자신에게 숨기는 방식에서 나온다. 이는 분장을 잘못해서가 아니라 우리가 성 번식을 다룰 수 있도록 하기 위해 자연선택이 풀어야 했던 문제들의 복잡성을 보여주는 증거다.

제4장에서는 영장류 유산을 다루며 우리가 그것을 어떻게 표현해왔고

변화시켰는지 자세히 살핀다. 그리고 무엇이 우리를 다른 영장류와 차이나도록 만들었는지 탐구하며, 특히 우리 선조들이 남성과 여성의 전쟁the sex war에서 자원의 희소성을 무기로 사용한 방식들을 탐구한다. 인간은 양육하는 데 오랜 세월이 걸리는 아이를 가진다는 점에서 보통 영장류와는 다르다. 이는 여성 선조가 성공적 번식을 위해 남성이 기여하는 경제 자원을 포함한 집단생활의 자원을 필요로 했다는 것을 의미한다. 남성에 대한 이러한 의존성은 나름의 대가가 있었는데, 남성이 자신의 아이들과 아이들을 임신한 여성에 대해 더욱 소유권을 주장하게 되었기 때문이다. 남성의 소유욕이 사소한 골칫거리로 느껴지는지, 아니면 억압으로 느껴지는지는 관련된 사회의 물리적·경제적 환경에 기인한다. 예를 들어 농경 사회에서는 수렵·채집 사회에서보다 여성을 훨씬 더 괴롭히고 제약할 수 있었다. 집중적 양육으로의 이러한 전환이 불러온 하나의 놀랄 만한 장기적 결과는 인류에게 커다란 두뇌를 발달시킬 기회를 주었다는 점이다. 이 커다란 두뇌는 인간을 융통성 있게 만들고 적응할 수 있게 했으며, 하나의 환경을 위해서만 진화한 행동 유형들을 초월해 그것들을 다른 환경에 적합하도록 개조할 수 있는 능력을 주었다.

제5장부터 제7장은 사회적·경제적 조건이 우리 두뇌가 진화한 수렵·채집 공동체 때에 비해 알아볼 수 없을 만큼 변해버린 오늘날의 남녀 관계를 살핀다. 우리는 21세기에 일어난 성별 혼합이라는 거대한 실험을 살피며 시작한다. 21세기의 산업화된 대부분의 나라에서 여성의 참여를 막던 이전의 장애물들은 경제생활의 거의 모든 분야에서 제거되었다. 또한 남성이 독점해온 기존의 광범위한 경제·사회 생활의 분야로 진입하는 유능

하고 활력 있는 여성이 넘쳐나면서 선사시대부터 존재한 성별 분업도 붕괴되었다. 그런데 어째서 이 흐름은 모든 곳에 도달하지 않았는가? 어째서 여성의 봉급은 남성 봉급의 약 80%에 정체되어 있는가? 그리고 다른 것들이 그토록 빠르고 복잡함 없이 혼합될 때도 어째서 어떤 직업들과 영향력 있는 자리들은 이토록 끈질기게 남성적인 것으로 남아 있는가? 제5장과 제6장은 가능한 두 개의 설명들을 살핀다. 즉, 차별적인 재능과 차별적인 동기부여다. 하지만 어느 것도 그 사실들을 실제로 해명하지 못한다. 특히 재능과 적성에서 정말로 남녀 간에 평균적 차이가 있더라도 이런 차이는 너무 작아 놀랄 만하다. 이렇듯 작은 차이들이 현대사회에서 경제적 영향력이 있는 자리의 여성 대표성과 관련해 여전히 지속되는 커다란 차이들을 얼마나 부적절하게 설명하는지도 놀라울 정도다. 여성은 평균적으로 남성과 다른 선호도를 지니며, 평균적으로 다소 다른 적성들도 갖는다. 여성이 이런 차이들에 대해 여전히 치르는 듯 보이는 경제적 대가가 얼마나 큰지는 풀어야 할 퍼즐이다. 이 대가는 현대 세계의 요구에 부적절해 보인다.

　제7장은 다른 설명을 개진한다. 제7장은 특별히 남성과 여성이 연합과 연결망networks 을 형성하는 서로 다른 방법들을 살핀다. 이러한 활동은 집단생활을 하는 모든 영장류의 삶에서 핵심적이다. 우리는 모두 관계와 친밀감의 거미줄을 짓는다. 이 거미줄은 우리의 행복과 번영이 달린 사람들에게는 우리를 더 가까이 데려가고, 그 밖의 다른 사람들로부터는 멀어지게 한다. 남녀의 연결망 사이에 일치되는 부분이 거의 없다는 사실은 대등한 교류를 어렵게 만든다. 남성의 연결망은 경제적 영향력을 지닌 자리

에 접근하는 데 중요한 기능을 하지만, 여성의 연결망은 동일한 효과를 갖지 못한다는 증거가 있다. 그것이 여성이 연결망을 배치하는 방법 때문인지, 남성이 여성의 연결망에 반응하거나 그 둘의 미묘한 상호작용에 반응하기 때문인지는 말하기 어렵다. 어쨌든 그토록 명백히 작은 선호도나 적성의 차이가 어째서 경제적 영향력이 있는 자리에서 여성을 끊임없이 배제하는 결과를 낳는지에 대한 설명을 더욱 미묘한 이런 교류 안에서 찾을 수 있다.

제8장에서는 인간의 협동을 더 폭넓게 살피려고 한다. 남녀 간 협동과 갈등은 특히 우리의 지성과 감정을 다급하게 끌어당길 것이다. 그러나 현대적 삶의 전 체계는 비슷한 도전들을 바탕으로 건설된다. 과학기술적 진보가 인류를 위한 경제적 가능성을 아무리 많이 증진해도 그런 가능성의 실현은 우리에게 효과적 협동을 방해하는 광범위하고 원시적인 몇몇 장애를 해결하도록 요구할 것이다. 특히 오늘날 직장 생활은 단지 과학기술과 맞물려 효율적으로 일하는 방법을 배우는 것이 전부가 아니다. 이는 함께 일을 잘해낼 집단 안에 우리 자신을 정렬하는 것도 포함한다. 제8장은 이러한 정렬을 더욱 효과적으로 이루도록 과학기술이 어떻게 우리를 도울 수 있는지 논의하며, 과학기술 능력의 몇몇 근본적 한계도 지적할 것이다.

성적인 삶에서 가장 큰 곤경은 우리가 파트너로 원하는 사람이 우리를 원치 않을지도 모른다는 두려움이다. 이러한 두려움은 때때로 충분한 이유가 있지만, 근거가 전혀 없을 때조차 자주 소모적이다. 어떤 이들과의 협동이 가장 높은 평가를 받을 경우 그런 협동에서 배제된다는 것은 크나 큰 곤경이며, 이런 곤경은 사회·경제 생활 도처에서 많은 방식으로 발생한다. 이는 분명 여성에게만 국한되지 않는다. 사실 경제적으로 영향력 있는 자리에서 왜 여성이 체계적으로 배제되는가에 대한 의문과 더불어, 어째서 남성이 사회 상류층뿐 아니라 무교육자, 실업자, 노숙자, 구금자 사이에서도 그토록 심하게 부각되는지 의문이 생긴다. 이러한 남성의 위기는 때때로 여성 배제를 둘러싼 여성의 불만을 약화한다고 여겨진다. 그러나 이는 오산이다. 남성이 사회 밑바닥으로 몰리는 것과 여성이 사회 상층부에서 배제되는 것은 둘 다 우려할 일이다. 또한 더 포괄적이며 정신이 번쩍 드는 결론이 있다. 사회적 삶과 직업적 삶에서 협력을 가능케 하는 정보기술의 약속이 무엇이든, 협력 상대로 선호되지 않는 사람들의 곤경을 해결해줄 수 있는 것은 아무것도 없다는 점이다. 가장 세련된 매칭 방법들은 모든 종류의 사회적·성적·경제적 파트너십을 위해 우리에게 가장 알맞을 듯한 파트너들을 찾아줄 수 있다. 하지만 그런 파트너가 정말로 우리와 기꺼이 협동하려 한다는 것을 보장해줄 기술은 세상에 없다.

제9장은 이런 발견들로부터 우리의 윤리적·정치적 선택을 이끌도록 도울 수 있는 결론들을 도출한다. 경제적 변화가 전통적인 농업 사회에서 여성의 대대적 종속을 가능케 한 조건들을 약화한다고 생각할 만한 좋은 이유들이 있다. 따라서 생물학에 대한 이해가 때때로 우리를 유산의 희생자로 느끼게 한다면, 경제학에 대한 이해는 미래를 형성해가기 위해 우리가 이러한 유산에 적응할 수 있다는 점을 보여준다. 이를 위한 우리의 능력은 한편으로 선조에게 물려받은 몸과 마음, 다른 한편으로는 인류가 그 안에서 살아가는 방식을 배워온 광범위한 자연적·사회적 환경, 그리고

그 둘 사이의 민감한 상호작용에 기인한다. 인류는 생존 전략들을 비범하게 유연하며 창조적인 방법으로 개선하는 데 커다란 두뇌를 사용하는 법을 배웠다. 이러한 능력이 모든 것이 가능함을 의미하지는 않는다. 커다란 두뇌는 만들고 유지하는 데 비용이 많이 들며, 자연선택도 커다란 두뇌를 고안하면서 모험적인 지름길들, 즉 우리가 살아갈 수 있는 방법을 제한하는 지름길들을 택해왔기 때문이다. 우리의 모든 감정과 욕구는 값비싼 두뇌 조직을 절약하며, 과거에 유익하다고 증명된 방향으로 우리를 조정해가는 지름길이다. 예를 들어 설탕에 대한 우리의 취향이 홍적세 시대에는 그 시대에 잘 적응하는 식사를 위한 신뢰할 만한 지침이었지만, 현대적 삶이 처한 상당히 다른 환경에서는 비만과 당뇨로 우리를 위협한다.

그런데 생물학이 과연 남성과 여성은 그런 지름길 중 어떤 길을 선조로부터 물려받았는지 가르쳐준다면, 경제학은 그런 지름길들이 현대의 환경에서 얼마나 지성적이고 유연하게 활용될 수 있을지에 감탄하도록 우리를 초대한다. 오늘날 우리의 경제적 상황은 과거의 많은 갈등에서도 그랬지만, 현재의 많은 갈등을 해소하는 데 훨씬 더 호의적이다. 하지만 그러한 결과를 얻기 위해 우리는 감정과 본능에 대한 어떤 독창적 조정에 관여할 필요가 있다. 감정과 본능이 어떻게 구성되는지 배움으로써 우리가 창조했던 세계를 더욱 유연하게 항해할 수 있을 것이다.

그러나 생물학의 메시지가 전적으로 고무적인 것은 아니다. 성은 갈등하는 이해관계의 충돌을 통해 진화해왔고, 우리 삶의 격동적인 부분으로 남아 있으며, 쉬운 규칙도 거의 없다. 개개인은 성관계를 맺기 위해 거짓말을 하고 속이며 유혹하고 협박하며 죽이기까지 했던 셀 수 없이 많은 남성의 후손인 동시에, 몸에 접근하게 해준 대가로 경제적 특권을 빼내려 유혹하고 꼬시며 거짓말하고 조작했던 셀 수 없이 많은 여성의 후손이다. 그런 남성과 여성 모두가 우리 안에 그들의 씨앗을 심었다. 그들의 후손인 우리 안에서 그 꽃이 곧게 자라는 데 어떤 문제가 있을 수밖에 없다는 사실은 전혀 놀랍지 않다. 번식에 성공하지 않았다면 그들이 행한 모든 것, 모든 야망과 꿈은 우리에게 어떤 흔적도 남기지 않았을 것이다. 그들을 형성한 성적 경합을 이해하지 못하는 한 우리는 그러한 야망과 꿈을 전혀 이해하지 못할 것이다.

만약 진단이 우리가 바란 만큼 고무적이지 않다면 현실적 처방은 기대보다 더욱 온건해야 할 것이다. 차별과 불평등을 제거하기 위해 전적으로 법만 믿는 것은 변호사만 웃게 만들 뿐 개혁가의 울적함은 계속 증가시킬 것이다. 물론 법도 해결에 한몫을 하지만, 최근의 부정의에 담긴 복잡한 원인들을 해명할 필요가 있다. 강력한 욕구·감정·태도가 우리 내부에서 자주 끓어오르며, 이를 길들이려는 점잖은 사회의 노력을 당혹스럽게 만들고 있다. 아울러 우리는 모든 상황에서 정직과 솔직함을 추천하는 정책에 너무 많이 기대하면 안 될 것이다. 성 또한 속임수와 과장, 그리고 우리가 성에 관해 전적으로 노골적이게 만드는 조작에 뿌리박고 있다. 만약 개방성을 시끄럽게 요구하고 얻을 수 있는 듯 가장한다면, 성적인 삶이 불가피하게 던지는 그림자를 다루는 데 제대로 준비할 수 없을 것이다. 더욱 온건한 희망은 우리가 분명히 마주칠 혼란과 속임수를 투명하게 알고 두려워하지 않는 것이다.

만약 남성과 여성이 완전히 의식적으로 협상한다면 적어도 우리는 실망에 대해 투명하게 알 수 있을 것이다. 그러나 감정이 거래를 인도할 때 그 실망들은 전혀 예상치 못한 직격탄을 날린다. 그의 21세기 이성적 뇌는 그녀가 자기를 좋아한다는 것을 확인했는데도, 그녀는 어째서 그의 성적인 서곡들에 저항하는지 의문이다. 이토록 즐겁고 비용도 전혀 들지 않는데 말이다. 그의 21세기 이성은 위험투성이의 엄청난 헌신을 표명한 그의 진술을 그녀의 홍적세 감정이 평가하는 중일 수도 있음을 이해하지 못한다. 그녀의 21세기 이성적 뇌는 어째서 섹스가 그에게 그렇게 대단한 문제인지 의문이다. 그녀의 21세기 이성은 그의 홍적세 감정에서 섹스가 대단한 문제 정도가 아니라 유일한 문제임을 이해하지 못한다. 그의 이성적 뇌는 그녀가 섹스에 관심이 없다면 그가 다른 여성에게 성적 관심을 보이려 할 때 왜 그렇게 화를 내는지 궁금하다. 그녀의 이성적 뇌는 그가 자신의 방랑적 욕구에는 그렇게 느긋하면서 왜 그녀의 욕구가 방랑을 시작하면 갑자기 그렇게 불안해져야 하는지 궁금하다. 그들의 호르몬은 그들이 함께하는 장면을 소리, 냄새, 두려움과 꿈으로 채운다. 이는 섹슈얼리티가 단지 생활 방식의 문제가 아니라 삶과 죽음의 문제이기도 했던 후기 구석기 시대 전반의 감정적 기상학이다.

투명성은 사회적 생활과 공적 생활에서도 얻기 힘들다. 언젠가 정치나 직장 같은 공적 생활의 모든 분야는 우리가 성과 무관한 일꾼이거나 시민인 듯 작동할 수 있으리라는 희망은 헛되다. 생물학은 여성의 평균적 행동이 남성의 평균적 행동처럼 커지지 않을 것임을 분명히 경고한다. 남성의 더 큰 폭력 성향이 확대되지 않으면 정말 다행이다. 평균적으로 남성과 여성은 서로 다른 것들을 계속 원할 것이다. 자신의 야망을 추구하기 위해 상이한 전략들을 계속 사용할 것이다. 또한 남성이건 여성이건 모든 개인은 모순된 것들을 원할 것이다. 출세하면서도 보호받기 원하고, 파트너를 선택하면서 파트너에게 선택되길 원하며, 열정적이면서 이성적이기 원하고, 단호하면서 다정하기를 원하며, 영리한 선택을 하면서 현혹되기를 원한다. 그렇게 모순된 충동들을 품은 채 우리 모두는 때때로 후회하는 선택을 할 것이다. 성은 다정함뿐 아니라 위험에 관한 것이기도 하다. 양자는 서로 떨어질 수 없으며, 그것들이 우리를 다정하면서도 위험한 종으로 만들었다.

제2장

성과 판매술

틀림없이 그녀는 지금 비누칠 중이겠지, 그는 욕조에서 생각한다. 당장 그녀를 보고 싶다고 갈망하면서도, 어떤 장면을 준비하는 배우들처럼 서로가 같은 시각에 3킬로미터나 떨어진 곳에서 상대를 즐겁게 해주려 수많은 더러운 접시를 닦듯 문지르며 씻고 있다는 것이 얼마나 우스꽝스러운지 느끼지 않을 수 없다.

_ 알베르 코엔, 『영주의 애인(Belle du seigneur)』(1968)

거리의 신호들

이것은 DNA 광고다. 세계 최고 품질의 디옥시리보핵산Deoxyribonucleic acid: DNA 배송물이 23쌍의 하부 배송물 안에 담겨 이쪽으로 오고 있다. 나는 그중 디옥시리보핵산 두 개가 만든 XX 조합에 무척 감탄하고 있다. 더 좋은 일은 그중 일부가 감수분열을 겪었고 번식에서 자기 역할을 분담할 준비가 되어 있다는 점이다. 여기 이 분주한 거리를 따라 전진하면 배송물은 선물로 완전히 포장되어 나온다. 눈부신 대칭은 완벽한 생산조건을 과시하거나, 건강하지 않은 상태에서의 임신일지라도 구조적으로 어떤 결점도 허용하지 않고 살아남게 만들 만큼 청사진이 탄탄하다는 사실을 과시하는 듯하다. 자신의 완벽한 균형을 강조하며 또 하나의 유전자 세대를 개시할 엉덩이를 돋보이게 하려고 살살 흔들거리며 오는 중이다. 꾸러미 전체를 유명 브랜드의 원단으로 비싸게 포장해 내용물을 감추고 보호하는 듯 가장하지만, 실제로는 세상을 향해 엄청나게 과시하고 있다.

그녀는 이 대담한 유전학적 마케팅의 승리에 웃고 있다. 회색 죽 같은 두개골 속 컴퓨터는 내가 의식하기도 전에 체크리스트를 검토하기 시작한다. 그녀의 눈가에 잔주름이 잡힌다. 이는 기분이 편안해지고 친근해져서 협동할 마음이 있음을 보여준다.[1] 치아는 날카롭고 강하며 건강미 넘치게 빛난다. 피부에는 흠이 없다(기생균도 없다). 숨겨진 열성 돌연변이도 눈에 띄지 않는다. 목숨과도 바꿀 수 있을 듯한, 아니 오히려 그러고 싶지 않은 면역 체계다. 눈이 반짝거린다(각막 위에는 희미한 구름조차 없다). 머리카락은 완벽한 영양의 광채를 보여준다. 우아한 다리는 가장 복잡한 리듬과 가장 위험천만한 지형 위에서 균형 맞춰 춤출 수 있을 듯하다. 또 나를 포함한 대부분의 포식자를 앞질러 달릴 수 있는 듯 보인다.[2] 얼굴빛은 나보다 조금 짙고, 볼은 매력적으로 타오르며, 향은 매혹적인 홍취를 자아낸다(혹은 내가 이것을 상상하고 있나?). 그녀는 나의 무미한 게놈genome 에 생기를 불어넣기 충분할 만큼 이국적 정취를 지녔지만, 그녀의 혈육과 내 혈육이 사이좋게 지내지 못할 정도는 아니다.[3] 이는 내가 지금까지 알고 있던 것보다 더 많이 신경수용체를 자극하는 성분들의 칵테일이다.

나는 이 DNA의 일부를 몹시 원한다. 우리는 가장 괜찮은 후손 몇몇을 같이 만들 수 있을 것이다. 이는 적어도 내 두뇌의 과학적 부분이 나에게 말하는 것이다. 하지만 그녀는 과학자들이 통제하는 듯 보이지 않는 내

안의 어떤 단추들을 누르고 있다. 물론 효과적인 모든 광고는 그 진짜 목적에 베일을 씌운다. 그녀는 자신의 유전자를 광고하는 중이겠지만, 그 충격에 나는 갑자기 숨이 막힐 지경이며, 결국 현재의 나를 이렇게 만든 것이 그녀의 유전자들이라고 생각하지 못한다.

당신이 허락하기만 한다면 나는 당신에게 상당히 많이 투자할 수 있다고, 나의 눈이 그녀에게 간청 중이다. 물론 소용은 없다. 그녀의 광고에는 내가 결코 사지 않을 다이아몬드나 스포츠카 광고에서 공통적으로 나타나는, 어렴풋이 공손한 체하는 태도가 보인다. 그러나 이를 제외하면 광고는 나를 목표로 삼은 것이 아니라 전반적으로 우수한 남성을 표적 집단으로 삼고 있다. 그녀와 깍지 낀 그의 손가락들은 또 다른 광고를 내보내는데, 이는 우리에게 옆으로 비켜서라고 경고할 뿐 남성을 겨냥하지 않았다. 그 남자는 최고로 적합해 보이며 나 같은 놈들보다 확실히 우월한 듯하다. 이 두 광고의 세계 최상급 마케팅 담당자들은 각자 표적 관중을 찾아내 일단 맞춰본다. 가슴 아픈 순간이지만, 내 두뇌의 컴퓨터는 내가 비탄에 잠기도록 허용하지 않을 것이다. 이미 끝났다. 그녀가 나를 지나쳐가고 나는 그녀를 지나쳐가는 중이다. 이 거대한 도시의 거리들은 몇몇의 세계 최고 DNA로 북적거리고 있으며, 곧 어딘가에는 좀 더 많아질 것이다.

광고가 필요한 성

성은 광고와 불가분적 관계다. 성 번식하는 종들의 모든 구성원은 광고를 하고, 또 타인의 광고에 비판적 시선을 던지도록 만들어졌다. 그렇더라도 많은 종에게 광고 예산은 생존과 번식을 위한 유기체의 전반적 투자에서 크지 않은 부분이다. 특히 암컷의 경우는 성적 파트너를 찾기 쉬워서 그렇다. 주위에 수컷이 많을 테고 유인하기도 쉬워, 자신이 생생하고 상당히 건강하다는 기본적인 신호 그 이상을 투자할 필요가 없다. 또한 수컷은 성적 호의를 얻기 위한 싸움이 자신을 광고하는 것보다 더 의미 있는 경우가 많기 때문에 그렇다. 경쟁하는 수컷들에게 강한 인상을 주는 광고는 때때로 그들이 싸우지 않고도 물러서도록 설득할 수 있다. 그러나 또한 많은 종에서 적어도 한쪽 성은 상대방의 호의를 구하는 광고에 막대한 자원을 퍼부을 것이다. 수컷 공작의 화려한 꼬리, 수컷 바우어새의 세련된 둥지, 수컷 나이팅게일의 지저귐은 잘 알려진 예 중 일부다. 광고하는 새들 대부분은 한쪽 성이 과시하면 상대가 반응한다. 암컷 공작은 칙칙하기로 유명하며, 암컷 나이팅게일은 음악성이 없기로 악명이 높다. 인간의 가장 특이한 점들 중 하나는 남성과 여성 모두 광고에 집착한다는 것이다. 어떤 이는 거의 강박이라 할 수 있을 정도다. 어째서 그런가?

해답의 실마리는 제1장에서 살펴본 춤파리의 구애 행위에 있다.[4] 모든 종의 수컷과 마찬가지로 수컷 춤파리도 암컷을 얻기 위해 경쟁한다. 그러나 색다른 반응을 유발하는 기발한 방법들을 사용한다. 암컷 춤파리는 떼지어 모인다. 수컷은 더 작은 파리나 절지동물을 미끼 삼아 경쟁한다. 수컷은 암컷 무리 안으로 들어가 선뜻 받아들이는 암컷에게 이런 먹이를 선물로 제공하고, 이를 받은 암컷은 짝짓기를 하면서 먹는다.

수컷의 유혹 전략에서 이 단순한 변화의 결과는 놀랄 만하다. 가장 우수한 수컷은 표면상으로는 풍부한 정자가 아니라 공급이 한정된 먹이를 제공하므로, 암컷은 이 희소한 먹이를 놓고 서로 경쟁한다. 한 암컷에게 호의를 베푼 수컷은 다른 암컷에게 제공할 것이 적기 때문에 이는 암컷들이 앞줄에 서려고 치열하게 노력하도록 만든다. 그래서 암컷은 늘 수컷에게 더 잘 발견될 수 있도록 하는 전략에 기댄다. 그러나 암컷의 광고에는 속임수가 들어 있다. 그들은 자신의 복부에 빈 공기 주머니를 진화시켰고, 알이 가득 찬 생식력 있는 모습을 모방하기 위해 공기로 부풀린다. 이러한 전략이 통하는 것은 수컷이 암컷의 출산 능력을 나타내는 표시에 유혹되기 때문이다. 이와 비슷한 식으로 여성의 실리콘 유방 확대는 실제로 일부 남성에게 작동한다. 과거에는 큰 유방이 정말로 출산 능력과 연관되었기 때문에 남성의 호르몬 체계는 이 신호에 반응하는 자연선택에 의해 훈련되었다. 춤파리는 값싼 공기를 사용하고 인간은 비싼 실리콘을 사용하지만 그 원리는 똑같다.

암컷만 속임수에 관여하는 것이 아니다. 수컷 춤파리는 암컷에게 제공할 먹이를 실크로 포장한다. 알다시피 실크 막은 전부 숨기거나 아무것도 숨기지 못할 수 있다. 즉, 어떨 때는 비어 있다. 만약 늘 비어 있다면 분명 자연선택은 빈 꾸러미에 유혹되는 암컷을 선호하지 않았을 것이다. 자연선택은 먹이와 실크에 유혹되는 암컷을 선호해왔는데, 대체로 먹이와 실크는 실제로 암컷이 적응성을 향상시킬 기회를 제공하기 때문이다.

인간의 성적 신호 행위는 춤파리보다 더욱 정교하다. 남성은 자신의 자동차부터 대화 양식까지, 보석을 베푸는 관대함에서 재즈 솔로의 기교에 이르기까지 거의 모든 것을 성적 신호로 바꿀 수 있다. 그들이 광고 중인 자질은 지성, 건강한 유전자, 친절, 충성심, 아이를 대하는 재능을 포함해 다양하다. 여성은 그들대로 의상, 화장, 대화, 춤, 노래 안에서 광범위한 여러 신호를 활용하며 남성과 똑같이 폭넓은 자질을 선전한다.

더욱 복잡한 문제는 인간의 모든 광고가 잠재적 또는 실제 짝들을 목표로 하지 않는다는 점이다. 우리는 동료, 친구, 적, 고객, 사업 파트너와 경쟁자에게도 광고한다.[5] 선택 방법의 미묘함과 이중성은 실로 놀랄 만하다. 예컨대 상당수의 위생 관련 의례는 감염 위험을 줄이려는 어떤 행동도 하지 않으면서, 더구나 때로는 감염 위험을 증가시키기까지 하며 위생에 대한 우려를 나타낸다.[6] 앞서 말한 또 다른 당사자들을 향한 몇몇 광고는 잠재적 짝들에게 관찰된다. 당연히 그들은 우리가 친구를 끌어당기고 적을 물리치는 데 얼마나 성공하는지 관심을 둘 이유가 있다.[7] 흔히 우리는 다양한 청중에 직면해 역효과를 낳지 않도록 신호가 일부에게만 직접 향하게끔 광고의 수위를 낮춘다. 어빙 고프먼Erving Goffman은 소수집단이 실제로는 정체성을 숨기려고 노력하지 않으면서 눈에 띄지 않도록 만들려는 실천을 '커버링covering'이라 부른다. 최근 겐지 요시노Kenji Yoshino는 동성애자, 소수인종, 전통적으로 남성 중심적인 환경에서 일하는 여성을 포함한 상당수의 또 다른 소수집단이 커버링의 끈질긴 압박감에 직면한다는 점을 환기시켰다.[8] 우리의 신호는 직선으로 나아가는 레이저가 아니다. 그것들은 승인, 의심, 홍분, 호기심, 경고를 불러일으키며 우리의 사회 세계를 통해 퍼져나간다. 주목받으려는 주장들의 불협화음 속에서 이러한 신호가 정말로 무엇을 의미하는지 어느 누가 어떻게 해석할 수 있을까? 신호를 무언가에 대한 신뢰할 만한 지표로 만드는 것은 무엇인가?

신뢰성을 필요로 하는 광고

춤파리가 우리에게 보여주는 것은 광고가 속임수일 때조차 완전히 거짓은 아니라는 점이다. 공기로 꽉 찬 주머니가 속임수이더라도 계속 수컷을 유혹하는 까닭은 부풀린 복부를 지닌 암컷의 실제 생식력이 평균적으로 더 큰 데 있다. 실크로 싼 꾸러미도 때때로 비어 있겠지만 그것이 계속 암컷을 유혹하는 이유는 희소한 먹이를 충분히 자주 포함하고 있기 때문이다. 거리의 광고판에서 보는 광고는 결코 전적으로 정직하지 않다. 언제나 제품의 질과 스타일, 또는 신뢰도를 과장한다. 하지만 결코 뻔한 거짓말도 하지 않는다. 설득력을 유지하려면 또한 반드시 그럴듯해야 하기 때문이다. 만약 광고 게시판이나 텔레비전에서 광고하는 제품이 경쟁 제품들보다 체계적으로 더 우수하지 않다면, 우리는 광고 예산을 훨씬 적게 쓰는 더 저렴한 제품을 선호하면서 광고 제품들을 피해가는 방법을 배울 것이다. 광고는 잘 훈련된 조작이다. 신뢰성의 요구에 따라 적어도 부분적으로 정직성의 표준들은 지키지만, 조작이라고 하는 것이 더 나은 표현일 것이다. 광고는 광고주의 이해관계에 포함된 방식들로 우리에게 영향을 주려고 시도한다. 그러나 우리는 지성적으로 반응할 수 있으므로 광고의 조작이 효과적이려면 특정 규칙들을 존중해야 하며, 조작되는 사람들도 그들대로 광고주를 조작할 수 있다. 있는 그대로의 진실을 말하는 일이 광고주에게 필수적으로 요구되지는 않는다. 그러나 그들의 홍보는 우리에게 의미 있어야만 하며, 그렇지 않다면 노력은 허사가 된다.

상업광고의 역사는 풍부한 사례를 보여준다. 19세기 미국에서 대중 소비를 목표로 한 첫 번째 광고들의 표적은 특허 의약품을 사려는 사람들이었다.[9] 상당수 특허 의약품의 형편없는 질은 신문이나 광고에 나오는 모든 것을 믿는 풍토에 맞서 구독 대중을 빠르게 교육시켰다. "창조적 광고의 아버지"로 알려진 카피라이터 존 E. 파워스John E. Powers는 광고주의 홍보가 조금이라도 가치를 지니려면 광고주가 정직하다는 평판을 얻을 필요가 있다는 것을 깨달았다. 언젠가 그는 "우리는 파산 상태다. 이 발표는 채권자들이 우리 목줄을 죄어오게 할 것이다. 그러나 당신이 내일 와서 구매한다면 우리는 그 돈으로 그들을 만날 수 있을 것이다. 아니면 우리는 궁지에 빠질 것이다"라는 문구를 어떤 피츠버그 의류업체 광고에 실었다.[10] 그 결과는 도산 직전의 기업을 회생시킬 즉각적인 매출 급증이었다. 짐작건대 이는 이타적 소비자가 아니라 싸게 나온 물건을 덥석 살 기회를 감지한 소비자에 의해 증가했을 것이다. 연인에게 버림받은 사실을 한탄하는 가수의 노래들이 얻는 인기에도 비슷한 동기가 깔려 있다(당신은 누군가를 차버리는 가수의 노래를 들어본 적이 있는가?). 노래의 목표는 그 가수가 러브마켓에서 겪은 실패에 주목하도록 만드는 것이 아니다. 오히려 새로운 구혼자들의 폭발적 관심을 불러일으키기 위해 갑작스럽고, 아마 일시적일 그녀의 이용 가능성을 광고하는 정직한 쇼를 목표로 한다. 더욱 더 미묘한 조작은 부적절하거나 학대하는 한 남자를 향한 어느 여자의 충실한 연모를 광고하는 노래에서 나온다. 그 노래는 내가 **그에게** 정말로 흔들림 없이 충실하지는 않지만, 만약 당신이 그 남자보다 조금이라도 더 낫다면 **당신에게** 흔들림 없이 충실할 수 있다고 암시하는 듯 보인다.

광고주의 조작과 소비자의 의심이 추는 탱고는 현재 우리 시대까지 계속되었다. 1950년대 텔레비전에 방영된 가루비누 광고들은 순진성 측면에서 오늘날 매력 있게 보인다. 그 광고들이 순진해 보이는 것은 자신이 좋아하는 가루비누가 어떤 경쟁 브랜드보다 정말로 더 하얗게 빨아준다고 말하는, 가정주부인 척하는 여배우를 시청자가 그냥 믿을 것이라고 추정하기 때문이다. 이후 광고들은 점진적으로 수정되었다. 가정주부는 하얀 가운을 걸친 과학자로 대체되었는데, 이 또한 오직 시청자가 그들 역시 배우에 불과하다고 알아챌 때까지였다. 그다음에는 비용을 많이 들여 시나리오를 매우 세련되게 발전시켰다. 당황한 시청자는 그 가루비누가 틀림없이 좋을 것이며, 그렇지 않다면 판매 촉진을 위해 그토록 골머리를 쓰거나 많은 돈을 들이지 않았을 것이라고 결론 내려야 했다. 수년 전 어떤 중형자동차 광고에 슈퍼모델 클라우디아 시퍼 Claudia Schiffer 가 출연했다. 대부분의 시청자는 그녀를 풍부한 기계적 전문 지식의 소유자와 연관 짓기 어려웠을 것이며, 더구나 포르셰보다 싼 차를 몬다는 사실과 결코 관련 짓지 않았을 것이다. 그러나 시청자는 모델 비용이 엄청나다는 점을 알고 있다. 따라서 시청차가 내릴 수 있는 합리적 결론은, 제조자가 자기 제품이 그토록 큰 예산으로 지원할 만한 가치가 있을 만큼 우수하다고 생각하고 있음이 틀림없다는 것이다. 광고는 낭비겠지만, 정확히 그 낭비성이 핵심이다. 광고 캠페인이 신중할수록 제품의 가치에 대한 제조자의 믿음이 덜 열광적이라는 신호일 것이다.[11] 작전 향상의 단계마다 광고주는 시청자가 영원히 속을 수 없다는 것을 안다. 성공적인 캠페인은 시청자도 어떤 의미에서 스스로를 향한 조작의 공범자라는 것을 알게 만든다.

모든 광고가 신뢰성을 걱정해야만 하는 것은 아니다. 공공 헬프라인의 전화번호를 제공하는 홍보용 포스터, 도시의 관광 부서가 전시한 거리 지도, 또는 24시간 서비스를 광고하는 배관공은 저자세의 차분한 맞춤형 접근 방식을 취할 수 있다. 광고주가 거짓으로부터 얻을 것이 전혀 없으므로 아무도 정보의 신뢰도를 의심하지 않는다. 비슷한 맥락에서 사람들이 일상적으로 사용하는 전시물들도 거짓말이 너무 무의미해 보이기 때문에 의심을 막아낸다. 실제로 민주당원이라면 공화당원임을 선언하는 범퍼 스티커를 왜 붙이겠으며, 정말로 첼시를 응원한다면 맨체스터 유나이티드 목도리를 왜 두르겠는가? 신호 행위의 핵심이 당신과 취향을 공유하는 타인과 소통하는 것일 때, 속임수로 어떤 이득도 생기지 않는다.

하지만 그렇게 명백한 경우는 드물다. 내가 요트 클럽에 속해 있다는 것을 알려주는 배지를 단다고 가정하자. 같은 축구 클럽을 응원하는 사람들이 그렇듯, 취향을 공유하는 타인과 더 쉽게 만날 수 있도록 나는 취향을 그저 중립적인 방식으로 신호하고 있는가? 아니면 요트 조정자나 풋내기 선원을 막론하고 취미 항해가 얼마나 비싼 취미인지 알기에 자신이 굉장히 부유하며 성공한 사람이라고 짐작할 사람들에게 인상을 남길 마음이 있었는가? 후자의 경우라면 그들도 내가 배지를 구멍가게에서 단지 몇 센트에 사지 않았다고 믿어야만 한다. 요컨대 당신이 명문 대학 티셔츠를 입었을 때 그러한 티셔츠를 샌프란시스코나 상하이의 길모퉁이에서 몇 달러에 살 수 있다면, 티셔츠를 입었다는 이유로 당신을 명문 대학 출신이라고 믿을 사람은 아무도 없다. 배지는 얻기 어려워야만 한다. 오직 요트 클럽의 멤버만 얻을 수 있거나, 가짜 배지라도 원하는 사람이라면 가짜를 만드는 데 드는 비용이 엄청나서 어쨌든 그 요트 클럽에 속할 만큼 충분히 부유해야 할 것이다. 그러나 역설적으로 이는 더욱 열심히 일해야 하고 번 돈의 대부분을 요트 클럽 멤버로 보이기 위해 써야 하는 사람들이 진짜 요트 클럽 멤버들이라는 것을 의미한다. 신호가 신뢰할 만하다면 타인들이 신호를 의심하거나 귀찮게 하지 않을 것이다. 케리 그랜트Cary Grant가 유명하게 표현했다. "누구나 케리 그랜트가 되길 원한다. 나조차도 케리 그랜트가 되고 싶다." 자기 자신을 연기하는 것에 대한 그의 재능과 열정은 할리우드 민속학의 전설이 되었다.[12]

인류학자 제프리 밀러Geoffrey Miller는 사람들이 자신의 성격 유형에 대해 보내는 신호의 종류에 관해서 즐겁고 조리 있게 서술했다.[13] 예를 들어 성실한 사람은 흔히 또 다른 성실한 유형과 어울려 놀기 좋아하며, 성실하지 않은 사람과는 대체로 어울리지 않으려 한다. 성실함에 대한 신호를 내보내는 것이 정치적 범퍼 스티커를 부치는 행위처럼 단지 취향을 공유하는 타인과 공조하는 것에 관한 문제일까? 꼭 그렇지는 않다. 문제는 성실하기가 힘들다는 것이며, 우리 대부분은 정말로 성실해서라기보다는 성실하다고 여겨짐으로써 이득을 얻으려 한다. 더욱더 중요한 것은 우리가 성실성을 정말로 인정받는 관계를 확립하려고 노력할 경우다. 따라서 성실성에 대한 참으로 신뢰할 만한 신호는 비용이 많이 들어야 한다. 그렇지 않다면, 누구든 편리할 때마다 성실한 척 가장할 수 있을 것이다. 당신은 엄청난 돈과 관심을 쏟아야 하는 병약한 강아지나 고양이 희귀종에게 왜 어떤 이들이 아낌없이 돈을 쓰는지 한 번이라도 궁금했던 적이 있는가? 밀러의 책은 그 비용이 이런 반려동물들을 키워서 생기는 부수적인 손해가 아니라고 말해준다. 이것이 전체 핵심이다. 그 비용은 당신이 보기 드물게 성실한 유형의 인간이라는 점을 바깥 세상에 알리는 신뢰할 만한 신호다. 거리에서 독신 남성과 독신 여성이 만나 대화를 트는 가장 쉬운 방법은 그들의 강아지들과 걷는 것이다. 종자가 더 희귀할수록, 그리고 양육비 부담이 더욱 클수록 강아지 주인이 성실한 사람이라는 신호는 더욱더 분명해진다. 물론 성실한 사람을 만나 얻는 직무상 재난은 그 강아지를 돌봐야 하는 것으로 끝날 수 있다는 점이다. 케리 그랜트이기에 얻은 직무상 재난이 케리 그랜트이기 위해 계속 힘들게 애써야만 하는 것과 마찬가지다.

낭비를 조장하는 신뢰성 부족

광고의 실제 메시지가 때때로 그 특정 내용이 아니라 클라우디아 시퍼가 출연한 자동차 광고처럼 순전한 낭비일지도 모른다는 생각은 오래되어 익숙하다. 『유한계급 이론The Theory of Leisure Class』에서 '과시적 소비' 개념을 발전시킨 소스타인 베블런Thorstein Veblen의 서술에 따르면 몇몇 부자의 구매동기는 특정 물건의 과시가 아니라 순전히 지출 정도의 과시를 위한 것이다.[14] 프랑스의 역사학자 폴 벤Paul Veyne은 어째서 로마 황제들이 시민들을 진정시키려 "빵과 서커스"를 악명 높게 활용했는지에 대한 설명을 발전시켰다. 그런데 이런 매수에 들어가는 비용은 시민 자신이 종속으로 치르는 대가에 비하면 부스러기 정도였으며, 더욱이 보통은 그들 자신의 돈으로 매수되고 있었다. 벤은 시민들이 매수되지 않았다고 지적

했다. 그들은 협박당했다는 것이다. 성나서 다루기 힘든 시민들에게 빵과 서커스의 사치스러운 지출은 "황제가 당신들을 사랑한다"라는 신호가 아니다. 이는 "황제가 엄청 부유해서 돈을 내다 버릴 정도이며, 가장 철저하게 조직된 반란을 진압할 필요가 있을 때마다 아직도 수많은 용병을 충분히 고용하고 남을 정도로 돈을 가지고 있다"라는 뜻이다.[15]

사례는 역사와 전설에 풍부하게 널려 있다. 한때 사라센의 거점이었던 프랑스의 요새 도시 카르카손Carcassonne이 9세기에 샤를마뉴Charlemagne 대제에게 포위당했을 때의 이야기다. 그 도시의 왕비인 카르카스Carcas 부인은 조금 남은 식량으로 돼지 한 마리를 잔뜩 먹인 후 그 돼지를 흉벽 너머로 던지자는 아이디어를 냈다. 그녀가 의도한 대로 샤를마뉴 대제는 돼지에게 곡식을 먹여 키울 정도의 도시라면 상당히 장기적인 작전을 끌어가기에 충분한 식량 재고가 있는 것이 틀림없다고 결론 내린 뒤, 포위 작전을 접고 카르카스 부인이 내건 조건으로 평화협정을 받아들였다.*

만약 당신이 낭비성을 단순한 과실로 여기고, 그것이 발생하지 않았다면 우리가 지금보다 덜 낭비하고 살 수 있을 것이라 생각한다면 현대의 소비지상주의적 생활양식이 지닌 가장 낭비적인 여러 측면을 이해하기 어렵다. 예를 들어 자동차의 연료 소비량을 줄이는 녹색 기술에 투자를 촉

---

* 물론 카르카스 부인의 행동은 엄청난 비용이 드는 신호를 성공적으로 모방한 사례로서, 신호가 보통 신뢰할 수 있을 만큼 충분히 비쌌기 때문에 작동한 모방으로 간주된다. 포커게임에서 블러핑 올인(Bluffing all-in)은 또 다른 사례다. 이 일화에 대해 더 알고 싶으면 카르카손 시청과 관광 안내소 사이트 www.carcassonne.org/carcassonne_en.nsf/vuetitre/DocPatrimoineDame Carcas(검색일: 2011.5.18)에서 "카르카스 부인(Dame Carcas)" 참조.

구하는 목소리가 여기저기서 들린다. 그러나 거의 모든 차 주인은 새로운 과학기술 없이, 운전을 덜 하지 않고도, 덜 강력한 자동차를 구입하는 단순한 방편만으로 연료 소비량을 줄일 수 있다. 우리가 필요 이상으로 더 강력하고 비싼 자동차를 구입하는 것은 타인에게 보내는 신호다. 기술혁신의 도전은 친환경 자동차를 더 저렴하게 생산하는 과학기술을 발전시키기보다는, 성공한 사람의 신분에 관한 신호를 제공하기 충분할 만큼 값비싼 자동차를 환경오염의 야기 없이 생산하는 아이디어를 고안하는 것이다. 현재는 환경 규제를 피력하는 할리우드 배우들까지 환경보호의 특징을 내세운 하이브리드 자동차를 구매하는 경향이 있다. 그런데 저널리스트 조너선 포어먼Jonathan Foreman 이 2009년에 보고했듯, 하이브리드 자동차는 그들의 스포츠 유틸리티 차량을 대치하기보다는 그들의 차량에 추가된다.[16] 어떤 할리우드 에이전트에 따르면 도요타 프리우스는 "아무에게도 당신의 경력이 시들어간다고 생각하게 만들지 않으면서, 3만 5000달러 이하의 비용으로 운전할 수 있는 유일한 차"다. 도요타 프리우스는 독특한 외양 때문에 세평이 특별히 좋다. 다른 자동차들의 하이브리드 버전은 전통적인 가솔린 모델과 그렇게 많이 달라 보이지 않는다. 경제학자 스티브 섹턴Steve Sexton 과 앨리슨 섹턴Alison Sexton 은 수요 데이터를 사용해, 프리우스 소비자는 환경적 책임감을 즉각 인정받을 수 있는 차를 운전한다는 사실을 남에게 보여주려고 몇백에서 몇천 달러를 기꺼이 더 지불한다고 평가했다.[17]

또한 포어먼의 논문에 따르면 보잉 707을 포함해 다섯 대의 제트기를 소유한 존 트래볼타John Travolta 부터 제트기 한 대, 프로펠러기 네 대, 헬리

콥터 한 대를 소유한 해리슨 포드Harrison Ford에 이르기까지 환경문제에 대해 가장 거침없이 말해온 배우들의 상당수가 민간 항공기를 소유했다고 지적한다.[18] 개인 전용기가 성공적인 할리우드 경력의 신호인 한, 이목을 끌지 않고 지구에 발을 디디라는 권고는 결코 작동하지 않을 것이다. 지구를 구하는 일은 폼 나 보여야 할 뿐 아니라 정말로 비싸 보여야 한다. 누구나 여유 있게 할 수 있는 제스처라면 결코 할리우드에서 유행할 수 없을 것이다.

현대 기업에서 중역직의 삶에 대한 큰 의문들 중 하나는 성공한 수많은 중역이 어째서 비행기 일등석에 흥분하느냐는 것이다. 상당히 지성적이고 성공한 사람들인데도 대화는 하찮은 것에 관한 이야기로 가득 찬 사람들이 꽤 있다. 만약 해외여행에 대한 당신의 생각이 주말 신문의 컬러판 부록에 근거한다면, 당신은 여행 중인 중역들이 빼어나게 아름다운 곳의 한적한 리조트에서 일광욕 의자에 몸을 뻗고 누운 채로 대접받는 일상을 즐기는 모습을 상상할지도 모른다. 놀랍게도 그들 중 거의 아무도 그렇지 않다. 이런 신분 상승적인 성취자들의 단골 장소는 줄곧 부자였던 이들이 찾는 단골 장소와 상당히 다르다. 해외 체류지에서 그들은 자기 나라 호텔이나 사무실과 똑같은 호텔과 사무실밖에는 아무것도 볼 시간이 없다. 무엇보다 가장 어두운 비밀은 일등석에서의 장거리 비행이 그럭저럭한 별 두 개짜리 호텔에서 하룻밤을 지내는 것보다 소음도 더 많고 더 불편하다는 사실이다. 음식이 준비되고 제공되는 환경을 보면 음식조차 평범한 레스토랑보다 나을 것이 없다. 그러나 단골 일등석 여행자들은 그들의 지난 여행을 신이 나 이야기하고 미래의 여행을 몹시 기다린다. 이제 이유가 분명해진다. 별 두 개짜리 어떤 호텔도 당신의 하룻밤 잠에 대해 5초마다 1달러씩 매기지는 않을 것이며, 지상의 어떤 레스토랑도 의자에 부착된 피크닉 쟁반에 놓인 재가열 음식에 수백 달러를 받게 되길 기대하지 않을 것이다.[19] 잘 운영되는 기업들은 아끼는 직원들에게 일등석 티켓을 사준다. 최고 경영진이 버스 정류장에서 청했을 만한 밤잠을 자고 난 후보다는 별 두 개짜리 호텔에서 누릴 수 있을 종류의 밤잠을 잔 후 계약을 협상하는 편이 더 낫기 때문이다. 하지만 직원들은 편안함과 전혀 관계없는 이유들로 그 경험을 즐긴다. 굽실거리는 승무원들의 관심이 그들에게 끊임없이 주지하는 바와 같이, 이는 모두 당신이 얼마나 성공적인지 보여주는 투사에 관한 것이며, 평범한 한 번의 밤잠에 수천 달러를 지불한다는 사실은 다른 경험들이 거의 할 수 없는 방식으로 성공을 드러내준다.

만약 개인 전용기와 일등석 여행이 개인적 사치일 뿐 아니라 직업적 성공의 좀 더 암암리 한 신호라면, 우리가 성적인 이용 가능성과 성공을 알리기 위해 사용하는 신호는 무엇일까?

광고와 유혹

성과 광고가 세상에서 가장 오래된 직종이라는 생각이 진부하듯, 상업 광고가 유혹의 기술을 사용한다는 생각도 진부하다(최초로 알려진 상업적 로고는 사창가로 가는 길을 벽들에 새긴 폼페이의 광고다). 그러나 이 사실에 대한 설명은 진화생물학의 중요한 통찰이다. 유혹 그 자체는 광고의 한 형태다. 그것은 생물학적 적응도biological fitness에 대한 광고, 또는 더 정확히 말하면 유혹하는 자가 유혹당하는 자의 진화적 적응도evolutionary fitness에 얼마나 많이 기여할 수 있는가에 대한 광고다. 예를 들어 수컷 멧종다리의 지저귐은 그 종류가 다섯 개에서 열다섯 개에 이른다. 암컷 멧종다리는 더 많은 종류의 지저귐을 지닌 수컷에게 분명 더 흥분한다.[20] 끈기 있는 연구원들의 발견에 따르면, 더 많은 종류의 지저귐을 지닌 수컷이 암컷의 번식적 성공에 더 많이 기여한다는 사실을 암컷의 두뇌가 어떤 의미에서 이미 '안다'. 그들은 새끼를 더 많이 가지며, 그다음에 그런 새끼들도 많은 새끼를 갖는다.[21]

노래 목록이 어째서 적응도와 연관될까? 더 많은 노래를 지저귄다는 사실이 특별히 더 많은 에너지나 체력의 부담을 요구하는 것 같지는 않다. 새들은 더 많은 노래를 지저귈 수도 있고, 그렇지 않을 수도 있다. 그 대신 더 많은 목록은 더 발달된 두뇌에 대한 신호로 보인다. 먹이 부족에 직면한 어린 새들은 고위 발성피질로 알려진 두뇌 부분에 손상을 입으며, 나중에 지저귈 능력이 제한되기 때문이다.[22] 물론 암컷 참새가 자기 파트너의 해부적 구조에 관한 이러한 사실들을 말 그대로 알고 있다고 아무도 생각하지는 않는다. 그녀는 단지 그가 섹시하다는 것을 발견하는데, 그녀의 암컷 선조들 역시 다양한 지저귐을 섹시하게 여기도록 만들어졌기 때문이고, 이것이 더 많은 후손을 남기도록 그녀들을 도왔기 때문이며, 그녀가 그런 후손들 중 하나이기 때문이다. 멧종다리의 감수성을 조롱하려 했던 사람이라면 록 스타들의 잘 알려진 성적 매력에 대해 곰곰이 생각해봐야 할 것이다.[23]

그러므로 수컷의 노래 목록은 암컷에게 유전자의 자질을 신호하는 것으로 보인다. 만약 암컷이 수컷에게 난자를 수정시키도록 허락한다면 그녀는 자신의 유전자와 그 유전자의 결합을 희망할 수 있다. 인간의 유혹은 더욱 복잡하다. 성적 파트너들은 그들의 유전자보다 파트너십에 훨씬 더 많이 기여해야 한다. 이에 상응해 그들의 성적 신호 발송은 더욱 복잡하고 명백히 해독해내기가 더욱 어렵다. 적어도 수십만 년 동안, 그리고 아마 수백만 년 동안 우리 모두가 그것을 무의식적으로 해독하고 있을지라도 그렇다. 인간의 자녀 양육은 양쪽 부모가 적어도 수년간 그 수고에 전념한다면 더욱 성공할 것으로 보이는 기획이다. 전체 동물계에서 가장 정교하고 장기적인 출산 후 보살핌을 필요로 하는 자녀의 잠재적 부모들로서, 인간의 성적 파트너들은 어려운 도전이 따르는 자연선택에 직면한다. 판매원처럼 그들의 제품이 얼마나 좋은지 확신시켜야 할 뿐 아니라, 제품에 문제가 생긴다면 애프터서비스는 물론 수리 직원이 얼마나 성실하게 대우할지에 대해서도 확신을 주어야 한다. 오늘날 성적 신호자는 자신의 유전자 가게에 있는 것들을 전시해야 할 뿐만 아니라 미래에 관한 의향서도 작성해야 한다. 이는 자식의 보살핌에 기여할 자신의 계획에 관한 의향서다. 우리가 이미 보았듯이 그 기여를 행하는 도중에 그들의 이해관계들이 다소 갈라지는 것은 어쩔 수 없다. 당신은 성적인 신호 행위가 대체 어떻게 모든 종류의 신뢰할 만한 약속들을 신호화할 수 있었을지 궁금할 것이다. 이곳이 감정이 들어오는 자리다.

제**3**장

유혹과 감정

자그마한 하얀 뱀

싱싱한 몸에 사랑스러운 줄무늬

정글 코끼리를 괴롭히네

　한 소녀의 이 같은 미끄러짐

　갓 오른 벼의 새싹 같은 그녀의 이빨

　팔찌들이 포개진 그녀의 손목

　나를 괴롭히네

　　　　_「그 남성이 한 말(What He Said)」, 『사랑과 전쟁(Poems of Love and War)』,
　　　　　　A. K. 라마누잔(A. K. Ramanujan) 번역(Ramanujan, 1985)

감정을 겨냥하는 유혹

　유혹은 합리적 두뇌를 우회할 수 있는 과정이며, 의식적 사고와 관련된
메커니즘이 아닌 다른 심리적 메커니즘에 호소한다. 이는 좋은 이유로 발
생한다. 동물이 합리적 두뇌를 성장시키고 유지하려면 비용이 많이 들어
가므로 많은 종류의 문제를 해결할 때 무의식적이고 감정적인 두뇌 과정
에 의지하는 것이 더 효율적이다. 멧종다리가 만약 진화론을 이해하고 어

느 상황에서건 짝을 찾는 데 적응도를 최대화하는 선택을 계산할 만큼 커다란 두뇌를 가졌다면 작은 목으로 그 커다란 머리를 지탱하기가 불가능할 것이다. 그 대신에 멧종다리는 지름길을 만들 수 있는 조그맣고, 비교적 공간 효율적인 뇌를 발달시켰다. 그 지름길이란 멧종다리가 세상을 합리적으로 잘 헤쳐나가도록 만드는 단순한 행동 규칙들이다.

인간은 튼튼한 목을 가졌지만, 그 원리는 동일하다. 감정은 우리에게 필요한 행동 규칙의 일부를 체현하는 자연선택의 방법으로 간주될 수 있다. 행동의 어떤 측면들에 대한 이러한 이해 방식은 '신체표지 가설somatic markers hypothesis'로 알려져 있다. 인지적 반응과 감정적 반응을 연결하는 우리의 능력은 뇌의 특정 영역, 즉 '복내측 시상하핵 전전두엽 피질'에 집중된 것으로 밝혀진 기능들에 의존한다.[1] 또한 사회적 관계들을 매개하는 내분비 시스템의 역할을 탐구한 과학적 연구도 방대하다.[2]

뇌가 지름길을 암호화하는 유일한 수단이 호르몬만은 아니다. 구름에서 모양과 얼굴을 보는 경향성처럼, 우리는 잘 알려진 순전히 인지적인 편향들을 지녔으며, 이는 비슷한 제약들 아래에서 진화했다. 그리고 신체표지 가설의 최초 제안자인 안토니오 다마시오Anntonio Damasio가 자신의 책 『데카르트의 오류Descartes' Error』에서 주장하듯, 우리의 일상적인 인지적 의사 결정 능력들조차 감정과의 통합에 의존한다.[3] 그러나 감정은 자주 발생하는 중요한 곤경들에 대한 심사숙고의 범위를 최소화하는 동시에, 이성적으로 신뢰할 수 있는 반응을 만들어내도록 설정한다. 무서운 일이 생기면 몸은 아드레날린이 솟구치는 경험을 하고, 두려움을 느끼며, 따라서 도망간다(모든 것이 너무 빨리 일어나기 때문에 이 중 어떤 것이 원인이고 결과인지 말하기가 쉽지는 않을 것이다). 이것이 모든 상황에서 절대적으로 최선의 반응은 아니겠지만, 선조들에게서는 충분히 잘 작동했다.

그러나 감정이 환경에 대한 행동적 반응을 지휘하는 것의 큰 장점은 단순성과 예측 가능성이다. 하지만 환경이 변할 때는 이 장점들이 감정을 덜 신뢰할 만한 것으로 만들 뿐 아니라 타인의 조작에 쉽게 걸려들게 할 수도 있다. 수렵·채집 환경에서는 잘 통한 경험의 법칙a rule of thumb 이 우리의 현대적 환경에서는 매우 부적절할 것이다. 섹시한 전사를 찾는 것이 한때 어떤 여성에게는 생존과 번식적 성공 기회를 증대하는 방법이었지만, 이제 많은 도시에서는 마약 거래자를 남자 친구로 주는 것과 같을 수 있다. 더욱 중요한 점은, 우리를 예측 가능하게 만드는 단순한 행동 규칙은 타인이 우리의 예측 가능성을 악용하게 만드는 것이기도 하다는 사실이다. 그 조작자들은 주로 광고주다. 그들은 우리가 어떤 종류의 광고에 반응하는지 알아채면 그것을 더 많이 만든다.

그렇다면 예측 가능성은 문제를 일으키는 골칫거리일지도 모른다. 하지만 그것은 또한 특정 거래들을 용이하게 한다. 우리에게 광고하는 사람들은 대개 우리를 악용하려는 것이 아니다. 비록 그들이 자신의 이해관계를 더 선호하더라도 자신은 물론 우리의 이해관계에도 들어 있는 것을 행하도록 설득한다. 그러한 교환은 상호 이익적일 수 있다. 그러나 각 진영이 시간, 에너지, 자원을 교환에 투자하는 것은 오직 상대편이 믿을 수 있을 만한 경우일 때다. 예측 가능성은 때때로 신뢰도를 나타낼 수 있다. 이는 경제학자 로버트 프랭크Robert Frank가 처음 개진한 주장이며, 지금은 이러한 주제의 과학 문헌이 늘어나고 있다.[4] 따라서 감정 표시는 의식적으로 계산하는 우리의 두뇌 능력을 능가하는 방식으로 타인에게 우리가 믿을 만하다는 점을 설득할 수 있다. 예를 들어 당신이 나를 믿도록 설득하는 것이 이익이라고 계산했기에 내가 당신에게 우호적으로 제안한다는 것이 당신의 생각이라고 가정해보자. 당신은 우리가 공통적인 이해관계를 가진다고 생각한다면 긍정적으로 반응할 것이다. 그러나 당신이 신중한 태도를 견지하는 것은 바람직하다. 우리 상황에서 일어나는 어떤 변화도 그 계산을 뒤엎을 수 있으며, 그럴 경우 모든 것이 원점으로 돌아간다. 그 대신 내가 진정으로 당신을 좋아하고, 잘되기를 바라며, 같이 시간을 보내고 싶어 우호적 제안을 한다고 생각한다면 당신은 나를 신뢰한다는 사실에 대해 더욱더 자신감이 생길 것이다. 우리의 합리적 능력이 감정에 정통하는 것은 좌절감을 느낄 만큼 어려울 수 있다. 인정한다. 그러나 때때로 바로 그 이유에서 여우 같은 계산적 두뇌에게 감정은 끊임없이 엄청 낯설다.

감정이 의식적 통제를 벗어난다는 사실은 역설적으로 타인이 나를 신뢰하도록 설득할 때는 강점이다. 만약 이 점이 일상적 우정에 해당된다면, 협동을 통한 막대한 이득을 제안하는 인간의 성적 관계에는 더더욱 해당될 것이다. 그러한 이득은 양쪽이 행한 투자들에 근거할 것이며, 약속에 대한 어떤 보증도 없다면 관계를 시작할 가치조차 없을 것이다. 파트너가 눈에 띌 정도로 당신에게 보여주는 감정적 애착은 성관계 후에도 당신 곁에 머무를 것이라는 사실에 대한 신뢰할 만한 보증일 수도 있다. 그리고 이는 그가 조리 있는 주장을 얼마나 많이 하건 그보다 훨씬 더 신뢰할 만할 것이다. 피임이 발명되기 전에 여성이 남성의 약속 보증 없이 성적 관계를 시작한다는 것은 임신 위험이라는 상당한 희생을 감수한다는 의미였다. 남성은 그들대로 자신이 아이 아버지라는 여성의 보증 없이는 약속을 망설였다. 따라서 감정은 약속의 신호로서 강력한 적응적 가치가 있었을 것이다.

감정을 관리함으로써 그것을 우리와 협동하려는 사람들에게는 신뢰받을 만큼 충분히 단순하게, 우리를 속이려는 사람들에게는 손쉽게 조작되지 않을 만큼 복잡하게 만드는 것은 자연선택이 맞추기 어려운 균형이다. 그 균형점은 속이는 자들과 정직한 신호수들 간의 무기 경쟁이 시간이 지나며 점점 더 복잡해졌던 것처럼 변해왔을 것이다. 그 결과 우리의 수많은 감정적 반응은 확고함solidity과 불가해성inscrutability이 마구 뒤섞인 혼합물이 되었다. 확고함은 우리가 어째서 신의 있고 충성적일 수 있는지 설명할 뿐 아니라, 어째서 성적으로 끌리는 사람들에게 암암리에 그토록 자주 반복적인 행동을 하고 있는지, 그리고 어째서 그만 정리할 시간이 왔다는 것을 배우는 데 그렇게 느린지도 설명한다. 불가해성은 우리 자신을 있는 그대로보다 더 우수하게, 즉 더 강하고 영리하게 투사하려는 끊임없는 노력의 결실이다. 이는 그토록 많은 성적 신호의 교환에서 일어나는 매혹과 좌절을 설명하며 그 교환의 재미난 특성, 즉 아무것도 당연시할 수 없다는 사실도 설명한다. 어째서 그녀는 그를 성적으로 유혹하고 나서 뒷걸음만 치는가? 그는 자기의 꾸준함과 충성을 신호하는 듯했는데 어째서 그런 다음에는 완전히 신뢰할 수 없는 방식으로 행동하는가? 양쪽 다 그들의 끌림을 신호하고 싶은 듯 보인다. 그러나 동시에 잘못된 선택일까 봐 걱정하며, 스스로를 너무 싼값에 파는 것처럼 보일까 봐 전전긍긍한다.

우리의 성적 신호 상당수가 지닌 불가해성은 우리 행동에 영향을 미치는 문화적 모델들에게 이상적인 환경을 창출한다. 그리고 이는 타인이 우리에게 신호하고 있을지 모를 것에 대한 몇몇 해석에는 다가가게 하며, 다른 해석들로부터는 멀어지게끔 안내한다. 스탕달은 『적과 흑』에서 그의 젊은 영웅 쥘리앵 소렐과 그의 애정의 대상인 순진한 레날 부인의 혼란을 서술한다. 레날 부인은 프랑스 서부 작은 지방 도시의 시장 아내이고 소렐은 그녀의 아이들을 가르치고 있다.

파리에서 그들의 상황은 급격히 단순해졌을 것이다. 그러나 파리에서, 사랑은 소설이 낳은 아이다. 젊은 가정교사와 그의 수줍은 정부는 서너 편의 소설과 학교에서 배운 시에서조차 그들이 처한 위치에 대한 해명을 찾았을 것이다. 그 소설들은 역할을 마련했을 테고, 그들에게 모방할 모델을 보여주었을 것이다. 그리고 쥘리앵의 허영심은 그가 모델에서 즐거움을 느꼈건 아니건 간에 그 모델을 따라 하도록 조만간 그를 압박했을 것이다. …… 아베롱이나 피레네 산맥의 조그만 도시에서, 가장 작은 사건은 불타는 듯한 기후 때문에 결정적인 것으로 드러났을 것이다. …… 그러나 이렇게 흐린 북쪽 하늘 아래에서 무일푼인 젊은 남자는 돈이 가져다줄 수 있는 조금의 기쁨을 그의 마음이 필요로 한다는 오직 그 이유로 야심에 차서 매일매일을 30세 여성과 함께 지내고 있다. 그 여성은 참으로 정숙하고 아이들을 키우는 데 바쁘며, 따라할 수 있는 본보기로서 소설을 한 번도 사용해본 적이 없는 여자다. 시골에서는 모든 것이 느리게 일어나며, 모든 것은 더욱 자연스럽다.[5]

19세기 가정에서 소설은 젊은 숙녀가 읽기에 위험한 것으로 간주되었다. 정확히는 허구적 이야기조차 순진한 여성을 빗나가게 할지 모르는, 성적 신호의 해독 방법을 제공할 수 있었기 때문이다. 오늘날 작은 지방 도시에서는 소설을 거의 읽지 않은 사람도 영화에서 그들의 본보기를 가져오는 것 같다. 디에고 감베타Diego Gambetta는 이탈리아 마피아가 그들의 신호화 행동과 관련해 영화 〈대부Godfather〉에서 상당한 영향을 받았으며, 삶과 예술의 상호 모방이 이 사례에서 전적으로 순환적이 되었다고 보고한다.[6] 미국 로맨틱 코미디물과 텔레비전 시트콤에서 연애 중인 남녀의 행동은 전 세계적으로 행동 양식에 영향을 준다.

서로에게 신호하는 방식 속에 존재하는 혼동과 불투명성, 즉 우리가 문화적 모델들의 도움으로 해독하려 애쓰는 것들은 그 신호 과정에 포함된 설명하기 힘든 어떤 종류의 기능장애를 나타내지 않는다는 사실을 이해하는 것이 중요하다. 오히려 신호 과정은 혼란스럽도록 진화해왔다. 정확히 말해, 오해의 소지가 있는 신호를 투사하려는 많은 유인이 존재하기 때문이다. 그리고 불투명성과 복잡성은 무엇이든 다 신뢰할 만한 것으로 여기도록 만드는 신호가 치러야 하는 대가다. 투명성은 현실적 이상이 아니다. 숨길 것이 없다는 사실조차 숨기기 좋은 이유를 지닌 것일 수 있다.*

불가해성이 어째서 인간 감정의 오류가 아니라 특징일 수 있는지 확인하기 위해 셜록 홈스가 **여성 오르가슴의 의문 사건**The Curious Incident of the

---

* 사진기를 들고 다니는 것은 권위주의적 국가에서는 위험할 수 있으며, 가장 예상치 않은 장소에서조차 위험할 수 있다. 특정 지점에 사진을 찍을 만한 군사비밀이 없다는 사실 자체도 군사비밀일 수 있다.

Female Orgasm 이라 할 수도 있던 것을 고찰해보라. 그러면서 짖지 않았다는 사실이 사건을 푸는 데 중요한 의미를 지녔던 그 유명한 개를 떠올려보라. 인간 여성의 오르가슴이 지닌 본성에 대한 하나의 가능한 진화론적 설명의 핵심은 그것의 전설적인 예측 불가능성이다.[7] 이는 비록 잘 알려지지 않았지만, 다른 동물의 경우에는 드문 현상이다. 그 설명에 따르면 여성 오르가슴은 남성 오르가슴도 가능하게 만드는 기초적 생리 physiology 에서 발달했다. 그러나 여성 오르가슴은 그것을 더욱 예측 가능하게 발생하도록 만드는 선택적 압력에 지배되지 않고 오히려 신뢰도를 진단해 남성을 선별하는 방식으로서, 포착하기 어렵고 프로그래밍이 불가능한 것으로 남았다.[8] 이는 분명 여성이 다수의 남성과 짝짓기 하는 것이 보통이었던 우리 진화의 어떤 기간에 일어났음이 틀림없다. 그 기간에 여성은 이전 만남들의 자질에 근거해 장기적 파트너 또는 파트너들을 선택하는 실험을 할 수 있었을 것이다.[9]

이 견해에 따르면 여성 오르가슴은 의심하지 않고 잘 믿도록 만들며 감정적 헌신과 결부된 호르몬 변화(특히 바소프레신과 옥시토신의 방출)와 연관된다.[10] 그러나 모든 선별 메커니즘이 그렇듯 이것도 차별적이어야만 했다. 만약 여성의 오르가슴이 가장 자상하고, 사려 깊으며, 믿음직한 남성, 즉 하룻밤 상대에서 장기적 관계로 바꿀 가치가 있는 부류의 남성에 의해서만 유도된다면 이는 그녀가 너무 쉽게 감정적 헌신에 빠지지 않고, 따라서 너무 쉽게 조종되지도 않는다는 점을 보증하도록 그녀를 도울 것이다. 많건 적건 성관계를 한 어떤 남성과도 절정에 이른 여성의 경우 오르가슴이 적절한 감정적 변화를 동반했다면 조종당하기 쉬웠을 것이고,

동반하지 않았다면 자신의 감정을 사용해 헌신을 만들어내기가 불가능했을 것이다. 자연선택의 관점에서 본다면 너무 쉽게 절정에 이른 여성은 성적인 학점 인플레이션 같은 것에 개입되어 있을 것이다. 남성은 이런 문제가 없다(그렇다고 해서 그들이 발행한 수료증이 더 높은 가치가 있던 적은 결코 없었다).

물론 여성 오르가슴이 이러한 선별 기능을 수행해야 했다는 것은 아니다. 선별을 위해, 그리고 헌신을 고무하기 위해 그 밖의 다른 메커니즘이 발견되었을 것이며, 그래서 자연선택이 굳이 이를 생각해낸 것은 우연일지도 모른다. 이는 추가적인 진화적 장점을 지녔을 수도 있다.[11] 그러나 선별 행위와 헌신을 고무하기 위한 생리적 메커니즘은 유용한 적응적 장점을 실어 날랐을 것이다. 불행히도 자연선택은 앞을 내다보지 못한다. 여성의 성적 민감성은 여성 선조가 알던 부류의 남성에 대해서는 그 눈금이 조정될지 모르나, 이는 결코 그 순간 우연히 같이 있게 된 파트너(들)에 맞춰 눈금이 조정된다는 의미가 아니다.

여성의 오르가슴 능력은 신뢰도를 진단해 남성을 선별하는 형식일 수 있다. 그러나 다행스럽게도 이것이 그녀가 마음대로 구사할 수 있는 유일한 기술은 아니다. 여성은 오르가슴이 이론적 가능성이 되기 훨씬 전에 그 밖의 다른 재능을 발휘했다. 사실상 우리가 더욱 가까이 들여다볼 수록 일상생활에서 정열적 신호 행위와 비판적 선별 행위의 상호작용 증거를 더욱 많이 발견할 수 있다. 여기서 남녀 모두 역할을 맡고 있음은 물론이다. 웃음은 대부분이 (심지어 경제학자들조차) 하루에 백 번씩 보이는 것이다. 물론 웃음이 단지 성적 추파를 던지는 데 쓰이지는 않지만, 거기서 매우 중요한 기능을 한다. 많은 여성이 주목하는 남성의 가장 섹시한 모습 중 하나가 애간장을 녹이는 웃음이라고 한다.[12] 웃음의 역사에 대한 이론 중 하나는 바로 그것이 신뢰성을 신호하고자 진화했다는 점이다.[13] (몇몇 사람에게는 더 쉽겠지만) '진짜genuine' 웃음을 터뜨리기는 어렵다. 우리는 대개 마음이 편해지고 따뜻하게 대해주고 싶은 사람 옆에서 진짜로 웃기가 훨씬 쉬울 것이다. 더군다나 진짜 웃음은 타인의 따뜻한 기분을 북돋우며, 웃는 사람을 기꺼이 신뢰하고 싶은 의지를 자극한다. 만약 그 웃음이 신뢰성의 진짜 신호가 아니라면 감수성의 위험한 형태일 것이다.

웃음 또한 신호다

최근에 필자는 프랑스의 툴루즈 경제대학교와 독일 플뢴Plön 에 있는 막스 플랑크 진화생물학 연구소Max Planck Institute of Evolutionary Biology 의 동료들과 함께 실험실에서 웃음에 관한 이러한 이론을 시험하려고 노력 중이다.[14] 우리는 신뢰 게임a trust game 이라 불리는 잘 알려진 실험 형태를 사용한다. 한 사람에게 얼마만큼의 돈이 주어지고, 그는 돈을 갖고 있을지 아니면 신탁 관리인이라 불리는 두 번째 사람에게 보낼지를 선택해야 한다. 만약 돈이 보내지면 그것은 즉시 세 배가 된다. 그다음에 관리인은 돈을 갖고 있을지 아니면 얼마만큼을 원래의 대상자, 즉 '첫 번째 선수'에게 돌려보낼지 선택해야 한다. 당신은 신탁 관리인이 항상 돈을 간직하려 하기에 결과가 분명할 것이라고 생각할지 모른다. 하지만 그들이 늘 그렇게 하지는 않는다. 만약 그렇게 한다면, 그리고 이를 모든 사람이 기대한다면 첫 번째 선수 중 누구도 절대 돈을 보내지 않을 것이며, 실험은 항상 첫 번째 단계에서 재미없게 끝날 것이다. 보통은 첫 번째 선수 중 몇몇이 돈을 보내며, 관리인들은 첫 번째 선수들의 낙관주의를 정당화할 만큼 충분한 돈을 자주 돌려보내는 것으로 밝혀졌다. 이 결과는 각기 다른 수많은 설정에서 수십 번의 신뢰 실험으로 확증되었다. 우리의 실험 버전에서는 첫 번째 대상자 중 40%가 조금 못 되는 인원이 돈을 보냈고, 약 80%의 신탁 관리인이 돈을 돌려보냈다.

우리 실험에는 참신함이 있다. 게임을 시작하기 전, 신탁 관리인들이 자신을 첫 번째 선수들에게 소개할 수 있도록 작은 영상물을 만들 기회를 준다. 웃음에 관해 아무 말을 하지 않았는데도 거의 모든 신탁 관리인이 시청자에게 설득력 있는 웃음을 보여주려고 굉장히 노력했다. 여기서 신탁 관리인의 성공은 첫 번째 선수들이 돈을 보내 그들이 신탁 관리인을 얼마나 기꺼이 신뢰하는지의 차이를 만드는 것으로 판가름 난다. 웃음을 두 그룹으로 나누어 당시 시청자에게 '더욱 진짜' 웃음에 속한다고 평가된 사람의 40% 남짓이 돈을 받았고, '조금 진짜' 쪽에 속한다고 평가된 사람들은 약 35%가 돈을 받았다.[15] 5%를 조금 넘는 이러한 차이가 엄청나지는 않지만, 시간이 지나면서 진짜로 웃는 자들의 성공에 상당한 차이를 만들어낼 정도로 크다.[16]

그럼에도 진짜 웃음이 돈을 보내도록 사람들을 격려한다는 사실이 웃음을 신뢰성의 신호로 증명하는 것은 아니다. 그들에게 총을 겨누어도 같은 결과가 있을 것이다. 그렇다면 웃음을 단지 잘 속는 사람을 조종하는 방법이 아니라 하나의 신호로 만드는 것은 무엇일까? 더욱 설득력 있게 웃는 사람들이 신뢰의 대가를 지불하는 자들인 것으로 밝혀졌다. 실제로 그들은 전반적으로 더 많은 돈을 돌려준다. 여기에 흥미로운 반전이 있다. 그들이 돈을 돌려주는 것은 더 자주 그렇게 하기 때문만이 아니라 돌려줄 돈을 그들이 평균적으로 더 많이 지녔기 때문이다. 즉, 그들에게 웃을 거리가 더 많이 있다. 웃음은 당신과 파이를 나누고 싶은 마음이 더 큰 사람의 신뢰할 만한 신호일 뿐 아니라, 나눌 파이가 더 큰 사람의 신호이기도 하다. 이러한 결과가 시사하는 바는 웃음에 매혹되는 능력이 선조의 어떤 위험한 감수성이었을 뿐 아니라 적응적 장점도 제공했다는 것이다.

우리의 실험을 통해 또 발견한 사실은, 설득력 있게 웃을 수 있는 능력은 좀 더 너그러운 기질을 담은 꾸러미 형태로 나오지 않는다는 점이다. 당신은 그런 기질을 지녔을 수도 있고 아닐 수도 있다. 실험 대상자는 더 큰 몫의 내기를 할 때 웃으려 더욱 노력하고, 그래서 웃음을 보인다. 중요한 면접시험을 볼 때 무슨 일이 일어나는지 생각해보라. 당신은 면접관에게 매력적으로 행동할 수 있는 마음 상태를 발현시키려고 정신적으로 엄청나게 노력한다. 간단히 말해 당신이 그렇게 할 이유가 없다면 설득력 있게 웃기 어렵다. 웃음에서 오는 큰 이익을 아는 사람들이 웃으려고 엄청나게 노력하는 일은 가장 어려운 행위 중 하나다. 자연선택은 그런 노력에 보상하는 듯 보인다. 노력을 한 사람들이 하지 않은 사람들보다 더 좋은 결과를 얻기 때문이다.

이제 웃음은 신호 행위의 또 다른 종류들처럼 사람들이 누구를 신뢰할 수 있을지 결정하는 방법으로 진화했다. 이는 직접 알아내는 것보다 빠르다. 성적 추파를 던질 때 웃음이 부분적으로 중요한 기능을 하지만, 성에 대한 다른 많은 부분처럼 웃음도 모든 수준의 인간 협동에 관한 훨씬 더 큰 이야기의 한 부분이다. 협동은 파트너 선택을 필요로 한다. 가장 바람직한 파트너에게 선택되려고 타인과 벌이는 경쟁은 광고를 부추긴다. 우리처럼 협동적인 종에서는 광고가 도처에 있다. 모든 몸짓, 동작, 발언 속에 말이다. 성공하려면 어떻게든 두드러지는 것이 필수적이고, 두드러짐은 흔히 주변과 차별화되도록 요구한다. 이는 놀랄 만큼 다양한 인간의 문화적 행동의 기원들을 이해하는 데 도움을 준다.

광고 포화 상태인 세상

어떤 광고는 신뢰도나 가성비처럼 일반적으로 평가된 속성들을 대대적으로 내세우며 누구나 끌어당기려고 노력한다. 그러나 광고는 보통 일부에게만 관심을 두는 구체적 특질들을 보여준다. 디자인, 취향, 또는 스타일처럼 말이다. 이런 종류의 광고가 꼭 비용 효율이 낮지는 않다. 더 적은 청중에 집중하면서 홍보를 더 강렬하게 만든다. 성적 신호 행위의 목적들은 그야말로 변화무쌍하다. 성적 신호 행위 중 일부는 대부분의 사람이 짝에서 발견했을 매력적인 특질들을 광고하는 것이다. 예를 들면 건강, 부, 또는 지능이 있다. 공작새 꼬리의 진화를 둘러싼 한 가지 이론은 꼬리야말로 담지자의 최고 적응도를 선전한다는 것이다. 꼬리가 최고 적응도인 것은 현실적으로 적응한 공작새만이 그렇게 황당한 부속물을 성장시키고, 포식자가 노릴 기회를 주는 정신 나간 핸디캡을 유지하는 데 들어가는 터무니없는 신진대사 비용을 처리할 수 있을 것이기 때문이다. 이는 '핸디캡' 원리로 알려져 있다.[17] 이 이론에 따르면 과시 비용은 클라우디아 시퍼의 자동차 광고 또는 로마제국의 빵과 서커스와 마찬가지로, 부차적 비용이 아니라 핵심이다. 물론 핸디캡 그 자체가 매력적이지는 않다. 그 것은 신호자의 타고난 고품질이다. 그런 핸디캡이 있어도 최소한 경쟁자들만큼 잘할 수 있다는 것을 보임으로써 그의 타고난 특질이 그 핸디캡을 능가한다는 믿음을 불러일으킨다.[18] 다시 말해, 그 핸디캡이 과시가 지닌 매력의 기원은 아니었을 것이다. 첫 번째 공작새들의 꼬리는 밝은 색깔에 반응하는 암컷의 민감성을 자극할 정도로만 눈에 띄었을 수 있으며, 상당히 자라고 나서야 비로소 핸디캡으로 여겨지기 시작했을 것이다.

광고의 또 다른 종류들은 일부 청중에게만 매력적일 '틈새' 특질을 신호한다. 거의 모든 사람이 똑똑한 짝을 선호할 것이라고 해도 모든 사람이 다 똑똑한 짝을 선호하지는 않는다. 파트너의 키는 건강의 신호일 수 있으나 그것은 어느 정도까지만 매력적이다. 키 큰 사람들은 보통 키 큰 짝들을 선호하고, 키 작은 사람들은 키 작은 짝을 선호한다. 그래서 공작새 꼬리의 진화를 설명하는 하나의 대안 이론은 더 큰 적응도의 신호가 아니라 틈새 취향으로서 전개된다. 크고 밝은 꼬리는 단지 크고 밝은 꼬리를 좋아한 부류의 암컷에게 호감을 불러일으켰다.* 그런 암컷이 충분히 늘어

---

* 이 가설이 보여주듯 과학자들은 동어반복의 진술에서 성공적인 경력을 시작할 수 있다. 트릭은 분명, 거기서 멈추지 않는 것이다.

나자 그들의 취향 자체가 적응력을 지니게 되었는데, 그 취향을 공유한 암 컷은 수컷 새끼를 낳았을 것이고, 그 수컷도 비슷한 경향이 있는 다른 암 컷에게 호감을 불러일으켰을 것이기 때문이다. 이는 잘 알려진 "섹시한 아들" 가설이며,[19] 핸디캡 원리와 양립 불가능한 것이 아니다. 공작새의 꼬리는 두 이론이 말하는 장점에서 나왔을 수 있다. 이러한 제안을 독립 적으로 확증한 실험들이 있었는데, 그에 따르면 처음에 특정 수컷에게 무 관심한 암컷 새는 그 수컷이 다른 암컷들의 감탄에 둘러싸인 것을 보고 나 면 갑자기 그에게 끌릴 수 있다.[20] 당신은 이러한 경향을 호모 사피엔스 종에서 스스로 확증할 수 있다. 기차, 비행기, 음식점 같은 공공장소에서 남녀는 과시적으로 스마트폰을 사용하며 자신이 얼마나 인기 있는 사람 인지 신호하려 애쓴다. 그들은 분명 이것이 자신에 대한 관심을 방해하는 것이 아니라 자극한다고 믿으며, 자신의 모바일 기기가 계속 쨋쨋거리거 나 삐삐거리지 않으면 패자로 여겨질까 봐 걱정하는 듯하다.[21] 이것이 상 대적으로 비용이 적게 드는 저가 전략이라는 사실은, 당연히 상당하게 남 용될 가능성이 있다는 뜻이다.

찰스 다윈은 『인간의 유래The Descent of Man』에서 성선택 이론the theory of sexual selection을 발전시켰는데, 그는 전문적 광고가 밀접하게 연관된 여러 개체군의 특성들에서 이뤄지는 급속한 분기 진화를 설명할 수 있다고 깨 달은 첫 번째 과학자다.[22] 바우어새나 극락조의 다른 종류처럼 밀접하게 연관된 조류 종 상당수가 서로 얼마나 달라 보이는지는 가히 충격적이다. 이유는 거의 확실하다. 남성적 과시의 유형들 중에서 선택하던 암컷의 취 향에 따라 여러 부모 종이 아개체군들로 들어가 합쳐졌기 때문이다. 틈새 취향이 하나만 있는 암컷은 한 집단의 수컷과 교미하는 반면, 다른 틈새 취향이 있는 암컷은 다른 집단의 수컷과 교미한다. 지리적 분리가 아니라 암컷의 선택 때문에 발생한 번식적 격리는 아개체군들을 급속히 독특한 종으로 갈라지게 했다. 호모 사피엔스가 같은 방식으로, 즉 록 밴드 취향에 근거해 아종으로 갈라지지 않게 만드는 것은 대부분의 아이가 부모의 음악적 취향을 절대 물려받지 않는다는 그 다행스러운 사실 때문이다.

또한 다윈은 훨씬 짧은 기간이더라도 성선택이 똑같은 종의 아개체군들 사이에서 표면적 특징의 놀랄 만한 변이들을 초래했을 수도 있음을 깨달았다. 그렇지 않았다면 아개체군들은 서로 매우 비슷했을 것이다. 이러한 관찰은 전 지역에 걸쳐 머리카락과 피부 유형에 뚜렷한 차이가 있는 인간 사회에 중요하게 적용되었다. 다윈은 인간 개체군들이 서로 상당히 밀접하게 연관되었을 때, 성선택이 각각 다른 대륙의 인간들이 어째서 그렇게 다르게 보일 수 있었을지 설명할 수 있다면 과학적으로나 정치적으로 엄청난 함의가 있을 것임을 깨달았다. 에이드리언 데즈먼드Adrian Desmond 와 제임스 무어James Moore는 다윈이 노예제도에 대한 혐오심으로 강하게 동기부여 되었다고 주장했는데, 다윈은 비글호로 항해하는 동안 노예제도를 바로 눈앞에서 목격했다.[23] 특히 그는 흑색 인종이 백색 인종과 다른 종이라고 주장한 노예제도 옹호자들에 대항했다. 다윈은 모든 인간 종족이 단일 선조의 후손들이라는 점을 보일 수 있다면, 이른바 야만적인 인종의 구성원에 대한 혹사가 훨씬 누그러지리라고 희망했다. 이를 위해 그는 흑색 인종과 백색 인종과 황색 인종이 실제로 그렇게 비슷했을 때, 어째서 그토록 다르게 보였는지 설명해야 했다. 성선택은 그 설명에서 핵심적인 내용이었다. 검은 사람은 평균적으로 검은 사람과의 짝짓기를 선호할 것이고 키 큰 사람은 키 큰 사람을 선호할 것이라는 식의 사실은, 비록 그들의 더욱 근본적인 특성들이 매우 비슷하게 남더라도 표면적이고 가시적인 특성들에서는 빠른 분기로 이어질 수 있었을 것이다.

인간의 다양성을 설명하기 위한 다윈의 성선택 이론의 중요성은 강조할 만한 가치가 있다. 대체로 밀접히 연관된 개체군들 간 분기 진화는 여러 다른 섬에 사는 갈라파고스 핀치처럼 개체군들이 물리적으로 고립되지 않는 한 놀라운 일이기 때문이다. 가장 밀접하게 연관된 종들이 강한 유사성을 보인다는 점뿐 아니라 자연선택이 수렴 진화도 얼마나 자주 산출했는가 하는 점 또한 인상적이다. 즉, 자연선택은 여러 다양한 경우에서 같은 문제의 비슷한 해답을 기능적으로 찾아냈다. 그러므로 새와 박쥐는 모두 날개를 진화시켰다. 북극과 남극의 물고기는 부동화 단백질들을 합성해 피가 찬물에서 얼지 않게 하는 방법을 진화시켰는데, 이들은 각각 다른 단백질들을 사용할 뿐 아니라 그 단백질들을 암호화하는 유전자들도 상당히 다르다.[24] 호주와 남미의 개미핥기는 길쭉한 주둥이를 발달시켰는데, 이들은 서로 연관이 전혀 없으며 그들의 공통 선조에게 그런 주둥이가 없었다는 것도 거의 확실하다.[25] 라이소자임 유전자는 면역 체계의 일부인 한 효소인데, 그것은 셀룰로오스를 소화하는 각기 다른 포유류에서 수렴적으로 진화했다.[26] 가터뱀과 조개는 그들의 먹잇감 속 독소에 대해 저항력을 부여하는 매우 비슷한 메커니즘을 독립적으로 진화시켰다.[27]

이렇듯 여러 사례는 자연선택이 상당히 정적인 환경에서 어떤 문제에 대한 똑같은 기능적 해답을 두 개 이상의 서로 다른 해부학적 방식으로 내놓았음을 보여준다. 이와 대조적으로 성선택은 한 개체의 특성들이 짝이건 경쟁자이건 다른 누군가의 특성들과 함께하는 공진화共進化에 관한 것이다. 짝이나 경쟁자의 행동이 변하면 그 개체가 대응하는 최선의 방법도 변한다. 성선택은 움직이는 목표물을 맞히려 노력하고 있으며, 밀접하게 연관된 두 개체군은 상당히 다른 방향들로 목표물을 이동시킬 수 있다. 우리는 비슷한 서식지와 역사를 지니고 밀접하게 연관된 종들의 분기 진화 사례를 보고 또 본다.

또한 이 공진화는 성적 갈등의 원천이다. 제1장에서 보았듯 이러한 갈등은 언제 어떻게 짝짓기 할지에서조차 발생한다. 매번 변경되는 남성의 전략은 여성에게 새로운 도전을 제기하며, 그 역도 마찬가지다. 이는 흔히 눈에 띄는 성선택의 낭비적 특징을 어느 정도 예고한다. 공작새의 낭비적 광고는, 적응도를 보여줄 수 있는 더 간단한 방법을 찾았다면 더 쉽지 않았겠는가? 암컷을 제압하는 수컷의 전략과, 집요한 수컷을 피하는 암컷의 전략에는 낭비적 투자가 존재한다. 경쟁하는 수컷들 간에도 낭비적 경쟁이 있는데, 이는 우세한 바다사자들의 전투부터 군사작전 중인 청년에 대한 학살에 이르기까지 모든 형태를 취한다. 이것이 남성이라는 개체가 모두 비합리적으로 행동한다는 의미는 아니며, 단지 경쟁이 모두를 집합적으로 더 나쁘게 만든다는 뜻이다. 다윈의 유명한 서술인 그것은 "어설프고, 낭비적이며, 서투르고, 저질이며, 끔찍하게 잔인한 자연의 작품 위에 악마의 사도가 쓸 수 있을 책"이다.[28] 다윈이 벌집과 완벽하게 형성된 동물 신체의 몇몇 기관에 대해 얼마나 감탄적으로 서술했는지 본 사람들은 그가 자연선택에 의한 진화가 가져온 무척 불쾌한 결과들을 철저히 자각했다는 점에 때때로 놀랄 수 있다. 다윈은 자연 세계의 디자인이 보여주는 아름다움에 황홀했던 만큼 그 공포에도 지극히 명쾌한 태도를 취했다.

광고와 마법

우리 문명이 성취한 많은 것은 남녀가 서로 깊은 인상을 주기 위한 방법들에서 출발했다. 이를 낭비적이라고 부를지 말지는 당신의 관점에 달렸다. 화장품 산업은 어떤 의미에서 엄청난 돈 낭비다. 만약 화장의 목적이 신호 행위라면 어째서 우리는 유전적 자질을 직접 보여줄 수 있는 DNA 검사를 하지 않는가? 대답은 이렇다. 신호 행위가 화장이 어떤 이의 성적 매력을 왜 증가시키는가에 대한 이유일 수 있더라도, 자연선택은 우리를 그 신호에 반응하도록 주조했다. 즉, 그 근본적인 이유에 반응하도록 만든 것이 아니다. 섹시하게 느껴지는 잠재적 파트너의 특성은, 그 특성이 출산 능력처럼 또 다른 뭔가를 신호했기 때문에 우리 선조를 원초적으로 유혹했다는 점을 떠올리더라도 덜 섹시해지지 않는다. 어떤 이가 정관 절제 수술을 받았다거나 피임약을 상용한다는 사실을 아는 것은 그들의 성적 매력을 조금도 약화하지 않는다. 거꾸로 당신의 DNA 개요 증명서는 지질학적 시간의 척도보다 짧은 시간에 섹시하게 보이도록 진화하지 않을 것이다. 이 시간은 대부분의 사람이 한 명의 성적 파트너를 찾기 위해 기다릴 준비를 갖추는 시간보다 길다.

경쟁적 스포츠도 신호 행위의 한 형태다. 젊은이들이 골대를 통과하게 축구공을 차도록 경쟁을 부추기는 일은 일찍이 발명된 것들 중 가장 어이없게 낭비적인 일거리처럼 들린다. 그러나 전 세계 수백만 관중에게 주는 즐거움은 '낭비'가 결코 보이는 것과 같지 않음을 시사한다. 이는 대중적 시장을 지닌 문화는 물론 '고급' 문화에서도 마찬가지다. 시와 노래가 현재 우리에게 미치는 영향에 대해 그 무슨 세련된 이유를 댈 수 있건, 그것은 모두 과시의 도구로 출발했다. 셰익스피어가 "사랑이 아니네 / 변화가 생길 때 변하는 사랑은"이라고 썼을 때 독자는 속지 말아야 할 것이다. 그는 소네트를 쓴 것이겠지만, 사람들의 느낌을 조심스럽게 사실적으로 서술하는 것이 아니다. 분명 수 세기에 걸쳐 축적된 증거와 극명히 어긋나는 것도 아니지만, 그렇다고 어떤 심리학적 가설을 추천하고 있지도 않다. 플라톤적 미의 형식에 대한 우리의 지식이나 탐구를 증진하려는 희망으로 인간의 조건에 관해 객관적 논문을 쓰는 것도 아니다. 그는 (또는 적어도 그의 낭송자는) 신호를 보내고 있다. 자신의 정절에 대해서도 깊게 의심하기 때문에 모두가 더 간절하고 심각하게 받아들이도록 애원한다.[29]

마법에 걸린 듯한 사랑의 황홀감은 잡히지 않고 형언할 수 없기가 정말 현실적이다. 잡히지 않고 형언할 수 없는 그 본성은 강력한 생물학적 욕구를 정확히 채워준다. 계산적인 두뇌의 명백한 추리를 우회하기 때문이다. 때때로 우리는 그런 마법의 숨은 원천을 너무 가까이서 보기 꺼리는데, 당신은 세련된 광고 과정이 이런 거리낌을 고무하리라 예상했을 것이다. 향수 제조업체는 공장의 파이프와 펌프를 절대 보여주지 않으며, 대부분의 고급 음식점은 결코 주방 가까이에서 식사하도록 허용하지 않을 것이다. 언젠가 런던 동부의 작은 가구점에서 다음과 같은 표지판을 보았다. "폐물을 사고 골동품을 팝니다."* 이 말이 재미있는 것은 거짓이라서가 아니라 다른 가게들이 절대로 인정하지 않을 진실이기 때문이다. 저널리스트 마이클 킨즐리Michael Kinsley 의 말로는 정치에서 "어떤 이가 우연히 진실을 말할 때의 결례"와 같다.[30] 가장 효능 있는 성적 인기 상품 중 하나인 커트 다이아몬드를 판매하는 업체들은 그들이 기본적으로 조약돌의 구매자이자 꿈의 판매자라는 사실을 감추려고 장황하게 말을 늘어놓는다. 당신은 조약돌이 꿈으로 변하는 연금술에 대해 알면 알수록 그것에 대한 매력이 떨어진다. 고객으로서 우리는 꼭 더 잘 알고 싶지도 않다. 만일 약혼한 남녀가 다른 유형보다 한 유형의 조약돌을 교환하는 것이 정말로 그들의 관계를 더 지속시키는 힘을 준다고 믿는다면, 매우 비정한 목격자만이 그들의 생각을 바로잡아주고 싶어 할 것이다. 델피 신전의 비문은 "너 자신을 알라"라고 말한다. 그러나 이는 완벽에 대한 충고이며, 여기서 완벽은 적당함의 적일 수 있다. 만약 당신의 생명을 구할 수 있을 약물에 대한 무작위 이중 맹검 시험에서 당신에게 플라세보placebo 가 주어진다면 모르는 것이 오히려 나을 것이다.

어떤 때는 타인의 속임수를 풀려고 너무 애쓰지 않아도 될 좋은 이유들이 있다면, 또 다른 때는 적극적인 자기기만조차 우리의 이해관계에 들었을 수 있다. 생물학자 로버트 트리버스Robert Trivers 는 자기기만이란 우리

---

* 심지어 볼품없는 집을 산다는 'webuyuglyhouses.com'이라는 웹사이트도 있다. 그들이 무엇을 파는지 궁금하다면, 그 답은 '볼품 있는' 집들일 것이다.

가 타인을 속이도록 돕는 두뇌 조직의 특징들이 낳은 자연적 부산물일 수 있다고 말했다. 자신의 의식적 마음 과정은 외부 세계에 더 잘 보인다. 따라서 당신이 말한 것과 불일치하는 증거를 자신의 의식적 마음 바깥에 놓아둔다면 그런 증거를 타인에게 비밀로 하기 더욱 쉬울 것이다. 최근의 몇몇 실험적 증거는 이 이론을 지지하면서, 사람들에게 주의를 기울여 처리해야 할 무거운 인지 부하가 걸리면 그들 믿음 속의 다양한 자기 위주 편향self-serving bias이 약해지는 경향이 있음을 시사한다.[31] 이러한 발견이 밀고 나가는 논리적 결론은 모두 가끔은 스트레스 아래에서 최소 통신이라 부를 수 있을 것을 이성적으로 꽤 선호한다는 것이다. 때때로 당신은 불편한 대화를 직접 만나서 하기보다 전화나 이메일로 하는 것이 나을 수 있다. 감정을 다스리고 지나치게 드러내지 않기 위해 쏟아야 하는 노력을 줄여주기 때문이다. 자기기만은 가장 최소한의 통신이다. 당신은 의식적 자각으로부터 타인에게 드러나면 엄청 비싼 대가를 치를 것들, 즉 당신이 인정한다면 진정시키는 데 계속적인 노력을 치러야 할 것들을 숨기기 때문이다.[32]

자기기만은 분명 이런 비용이 가장 중요시되는 삶의 여러 분야에서 실제로 번창하고 있다. 사업에서, 정치에서, 사랑에서 말이다. 가장 유능한 판매원은 대개 그 제품을 정말로 사랑하는 사람들이다. 그러나 이 단계에 이르기 위해 자신의 자연적 취향이 무엇이건 그것을 억눌러야만 했다. 많은 정치인은 발언할 때마다 사람들로부터 논리와 신체언어의 일관성을 면밀하게 조사받는다. 그런데도 그들은 타인에게 홍보하기도 전에 여러 편리한 자기 위주의 믿음들이 진실이라고 너무 쉽게 확신한다. 이것이 바로 정치가가 거짓말을 하는지, 아니면 진심을 말하는지 묻는 일이 항상 별 의미가 없을 듯한 이유다. 답은 아마 "둘 다"일 것이다. 19세기에 영국 총리 벤저민 디즈레일리Benjamin Disraeli가 그의 정적 윌리엄 글래드스턴William Glastone에 대해 "흘러넘치는 그 자신의 장황함에 만취한 궤변적인 수사학자"라고 서술할 때 그는 이 전략의 매력을 정확히 포착했다. 궤변과 만취라는 특성을 묶은 디즈레일리의 조합이 처음에는 놀라울 수 있다. 당신은 만취가 궤변을 불가능하게 만들 것이라고 예상했을 것이다. 그러나 자기기만의 논리가 보여주었듯 이는 전적으로 정확하다. 어느 연인이든 자신의 터무니없는 선언들에 대해 품을 수 있는 모든 내적 의심을 이미 다 가라앉혔다면 더욱 강렬하게 설득력을 지닐 수 있을 것이다. 누군가에게 결혼하자고 프러포즈를 할지 말지 결정하기 전에 당신은 이혼 통계에 관해 찾을 수 있는 모든 자료를 읽어야만 할 것이다. 그러나 일단 결정하고 프러포즈를 했다면 당신은 읽었던 모든 것을 잊어야만 한다.

간단히 말하면, 우리가 어째서 감정적 헌신의 기초가 되는 생물학을 너무 자세히 파고들지 않으려는 거리낌을 갖는지에 관해 타당한 이유들이 있다. 자연선택이 우리를 그런 방식으로 만들었다. 우리와 파트너들이 감정적 헌신의 기원을 해명할 명석함이 부족할 때 감정적 헌신은 더욱 효과적이기 때문이다.* 그러나 이러한 이유들이 설득적일지라도 생물학을 버리게 만들지는 않는다. 사랑은 모든 마술처럼 황홀감을 엮어낼 수 있다.

---

* 과학적 가설들도 매혹적일 수 있다. 페르난두 페소아(Pernando Pessoa)가 말했듯 "뉴턴의 이항식은 밀로의 비너스처럼 아름답다. 그러나 그것을 깨달은 사람은 거의 없다"(Pessoa, 1987: 238, 필자의 번역).

그래서 환상 그 자체 말고는 다른 목적이 없을 만큼 지금 이 순간에 설명도 형언도 할 수 없는 환상을 마법에 걸린 사람 안에 불러일으킬 수 있다. 사랑에 빠진 사람에게 사랑하는 사람의 대체 불가능성은 이론의 여지가 없으며, 우리 내분비계 안에 있는 그것의 기원들과도 무관하다. 연인에게 버림받은 기억은 몇 년 후에라도 잊어버린 목소리의 억양이나 은은한 재스민 향, 또는 살랑이는 비단 소리로도 떠오를 수 있다. 상기시키는 것이 실체조차 없다면, 언어로 표현하기에 전적으로 부적절해 보이는 상태에서 그것들을 감정적 샌드백으로 남겨둘 수 있다.[33] 우리는 왜 그렇게 느꼈는지 이해하고 싶지 않을 때가 자주 있다. 이해한다면 다시는 영원히 마법에 걸리지 못할 것 같아 두렵다.

그럼에도 일단 스스로에게 질문을 했다면 그 대답에 관해서는 명료해야 할 것이다. 우리가 마법에 걸리기 쉽다면 자연선택이 그렇게 만든 이유가 있을 것이다. 존 던John Donne이 "하나의 작은 방을 전 세상으로" 만들어버리는 열정을 써 내려갈 때나 자크 브렐Jacques Brel이 변두리의 추함을 아름다움으로 덮는 사랑을 노래할 때, 감탄하며 바라보도록 마법에 걸린 이들을 초대하는데, 그러한 행위가 마법에 걸린 이들을 멈추게 만들기 때문이다. 만약 당신이 한 남성(특히 존 던과 같이 테스토스테론이 많은 남성)으로 하여금 방 하나가 전 세상이라고 생각하게 만들 수 있다면 당신은 다른 곳에서 방황하고 싶은 그의 충동을 약화시킬 수 있다. 당신 아이들의 삶이 바로 거기에 달려 있을지도 모른다.

성적인 사랑의 마술과 위협이 인간 종에서 그토록 정교해진 것은 협동이 우리의 사회적 삶에 핵심적이며, 아이들을 낳고 그들에게 삶을 마련해

주는 것이 자연에서 본 모든 것을 능가할 만큼 장기적 헌신을 요구하기 때문이다. 파트너들의 장기적 이해관계와 단기적 이해관계 사이에 전례 없는 긴장을 촉발하는 것도 헌신이며, 파트너들 간 신호 행위의 본성을 극적으로 복잡하게 만드는 것도 헌신이다. 제4장에서는 우리 선조들이 어째서, 그리고 어떻게 이 특수한 사회적 행동 모형을 발달시켰는지 살핀다. 이는 가장 가까운 자연적 사촌인 또 다른 사회적 영장류들과 매우 다른 방향으로 우리를 나아가게 했다. 그 의미는 우리의 지속적인 팀워크 능력은 그것이 다른 모든 포유류에게 준 영향보다 훨씬 더 큰 영향을 우리의 생존과 번식에 주었다는 것이다. 개미, 벌, 흰개미 같은 사회적 곤충 또한 위대한 협력자들이다. 그러나 팀에서 수컷의 역할은 상당히 부분적이며, 이러한 곤충의 성적인 삶에는 우리가 부러워할 것이 조금도 없다.

당신은 지속적인 팀워크에 엄청나게 의존한다는 점이 우리를 더 멋지게 만들거나 더 믿을 수 있도록 만드는 강한 선택적 압력을 초래했을 것이라 생각할지도 모른다. 이 말에는 진실의 요소가 들어 있다. 성공적이고 지속적인 팀워크가 중요할 때 자연선택은 너그러움과 충성 같은 자질을 선호할 것이다. 그러나 이는 또한, 그리고 동시에 자신의 기여를 최소화하며 타인의 기여에서 이득을 얻을 목적으로 타인을 조종하는 재능을 선호할 것이다. 무엇보다도 그것은 가장 날카롭고 용서 없는 감시로 타인의 행동을 속박하는 재능을 선호했다. 마법과 의심은 인간의 사회적 삶의 견고한 마디 주위에 함께 얽혀 있다.

의심의 탄생

의심은 인간의 성적 파트너들이 서로에게 보내는 신호의 풍부함과, 그것이 만들어내는 혼란과 조종의 엄청난 기회들로부터 탄생한다.[34] 그들의 행동은 자연 어디에나 있는 단순한 상호작용이 정교한 형태로 연장된 것이다. 그들의 행동을 이해하려면 그것이 또 다른 종의 행동과 무엇을 공유하는지, 무엇이 그것을 다르게 만드는지 검토할 필요가 있다. 비록 자연 세계에서 방대하고 다양하게 나타나더라도, 결국 수컷이 암컷에게 접근하기 위해 쓰는 전략의 범위는 오직 두 가지 주제에 대한 일련의 정교한 변형들이다. 힘 또는 간계로 경쟁자들을 물리친 후 승리자가 암컷에 대한 선택권을 독차지하는 것, 암컷에게 깊은 인상을 주어 경쟁자들 중 그를 선택하도록 만드는 것이다. 만약 승리자가 노획물에 대한 선택권을 가진다면, 이는 수컷들 간에 화려함과 위험 감수를 장려하는 장치다. 귀족적 전략들은 신중한 자들과 부르주아적 미덕들을 항상 밀쳐버릴 것이다. 잘하는 것만으로는 결코 충분하지 않을 것이다. 이 세상에서 의심은 남성의 일이다. 남성은 서로의 경쟁자이며, 가장 치밀한 상호 감시의 대상이다. 여성은 대개 그들이 얻을 수 있는 것을 취한다. 그러나 힘이 아니라 설득이 선택의 무기일 때조차 여성의 선택이 요구되는 많은 종에서 여성에게 감명을 주는 유일한 것은 수컷 정자의 자질이다. 이는 그가 파트너십에 기여할 모든 것이다. 신호 행위가 얼마나 정교하건 그 목표는 늘 이 하나의 속성을 알리는 데 있다.

정자가 얼마나 저렴하게 생산되는지, 또 얼마나 많은 암컷이 가장 성공적인 수컷을 수정시킬 수 있을지 고려하면 암컷의 이러한 선택 기준은 그 야말로 가장 최고를 겨냥하는 강한 유인을 만들어낸다. 음악 애호가가 최 고의 음반을 구입할 수 있고 쉽게 재생산된다면 두 번째로 좋은 음반을 듣 는 것에 만족해야 할 이유가 없는 것처럼, 암컷도 두 번째로 좋은 수컷에 만족할 이유가 없다. 암컷은 수컷을 면밀히 조사하고 선택하는 데 강한 유인을 갖지만, 일단 거래가 이루어지면 추가로 더 경계할 필요가 없다.

그러나 사람은 정자만으로 살 수 없으며, 다른 종들도 마찬가지다. 많 은 수컷은 정자와 더불어 먹이와 보호를 제공한다. 일부 종에서는 먹이와 정자가 함께 배달된다. 춤파리와 한층 더 적극적으로는 제1장에서 살펴본 동족을 잡아먹는 거미 종이 이에 해당한다. 수컷은 그 두 제공물의 연결 이 깨질 수 없음을 확인시키는 데 명백한 관심이 있다. 자연선택의 관점 에서 보면, 정말로 그 암컷을 수정시키는 것이 오직 그의 정자라면 먹이를 투자할 만한 가치가 있다. 그 밖의 또 다른 종에서 먹이와 정자는 동시에 배달되지 않지만, 오랜 기간 일련의 끼워넣기식 배달들로 도착할 수 있다. 많은 새와 인간이 그렇다. 이제 암컷은 이러한 배달들이 광고에서처럼 실 제로 행해진다는 사실을 확보하는 데 관심을 두므로 수컷이 한 약속의 자 질을 의심하는 것은 자연적이며, 적응적인 심리적 특성이다. 그러나 의심 은 두 가지 길로 나아간다. 자신의 먹이를 투자해 암컷을 오직 자신의 정 자로 수정시킨다는 사실을 확보하고 싶은 수컷의 관심은 줄지 않았으며, 이를 위해 더 이상 동시적 배달에만 의존할 수 없다. 자연선택은 암컷의 이해관계가 수컷의 이해관계와 미묘하게 반대되도록 설정한다. 이는 단 지 우연의 문제가 아니다. 짝 유대 pair bonding 의 출현 이후 수많은 종의 암컷이 먹이와 정자라는 두 가지가 반드시 일괄 거래로 와야만 하는지 의문을 품게 되었다. 아마도 먹이는 하나의 수컷으로부터 왔을 수 있다. 정자의 경우, 적어도 일부는 또 다른 수컷들에게서 왔을 것이다.

더 정확히 말하면 자연선택은 여성의 음부에서 일어나는 끊임없는 동요를 딸과 손녀에게 전송함으로써 그들 모두에게 놀랄 만한 일을 벌이고 있다. 이러한 동요 자체는 수백만 년 전에 처음 감지되었지만, 『안나 카레니나Anna Karenina』에서 이미 초읽기가 시작되었다.*

---

* 증거의 출처로서 소설은 신뢰할 수 없기로 악명이 높다. 소설가는 예외적인 것에 매료되기 때문이다. 그러나 이들은 그 밖의 다른 출처에서 충분히 확증된 생각들을 적절히 표현할 수 있다. 스탕달은 1830년에 쓴 소설에서 소렐이 파리의 세련된 여성을 사랑하는 자신을 상상하는 장면을 냉소적으로 서술한다. "그는 정열적으로 사랑했고 사랑받았다. 만약 그가 그녀를 잠깐 떠난다면, 그는 영광을 한 몸에 지니고 그녀의 사랑을 더욱더 받을 만할 것이다." 그러나 어느 젊은 이든 실제로 "파리 사회의 슬픈 현실들 속에서 자라났다면, 그가 쓰는 소설 속 지금 이 시점에서는 냉혹한 풍자에 의해 깨어났어야 할 것이다. 그리고 그의 야심적 행위들도 그것들을 성취하려는 모든 희망과 함께 사라져야 했을 것이며, 잘 알려진 격언으로 대치되어야 했을 것이다. 당신 정부의 곁을 떠나 당신 아내와 바람을 피워라. 아아, 하루에 두세 번씩"(Stendhal, 1962: 68~69)이라고 덧붙인다. 한 세기 후에 조지프 켈러(Joseph Keller)는 그의 소설 『벨 드 주르(Belle de Jour)』〔1928년에 출간되어 나중에 루이 부뉴엘(Luis Bunuel)이 감독하고 카트린 드뇌브(Catherine Deneuve)가 주연한 영화로 만들어졌다〕에서 다음과 같이 썼다. "내가 보이려고 노력한 것은 마음과 육체, 진실되며 넓고 부드러운 사랑과 감각의 완강한 요구들 사이의 비참한 분열이었다. 오랫동안 사랑한 모든 남녀는 그 안에 이러한 갈등이 있다. 아닌 경우는 극히 드물다. 느껴질 수 있건 없건, 잠재울 수 있건 뚫고 나오건, 아무튼 존재한다"(Keller, 1928: 10, 필자의 번역).

제4장

사회적 영장류

그의 나라에서는

점박이 게들이

어미들의 죽음 속에서 태어나고,

자기 새끼를 집어삼키는

악어들과 함께 자라네

그가 지금 왜 여기 있는가?

어째서 그는

잡고 있는가 그 여인들을,

　금팔찌들은 땡그랑거리네

　서로 사랑하듯이

떠나기 위해서?

　　　＿「그녀가 했던 말(What She Said)」, 『사랑과 전쟁(Poems of Love and War)』,

　　　　　　　A. K. 라마누잔(A. K. Ramanujan) 번역(Ramanujan, 1985)

경쟁과 협동

찰스 다윈이 우리에게 물려주었다고 여겨지는 인간 사회에 관한 전망이 있다. 그것은 인간 사회가 협동의 중요성에 대해 관습적 충성을 보여도 그 핵심은 곧 무자비하게 경쟁적이라는 점이다. 사실 토머스 홉스

Thomas Hobbes 의 "만인의 만인에 대한 투쟁"은 흔히 인용되는 구절인데도, 『종의 기원The Origin of Species』은 알지만 다윈의 후기 저작들을 모르는 사람들에 의해 흔히 다윈 자신의 사회적 전망을 적절히 묘사한 것으로 간주된다.[1] 『종의 기원』의 마무리 단락에서 다윈은 이렇게 썼다. "그러므로 자연의 전쟁으로부터, 기아와 죽음으로부터 우리가 상상할 수 있는 가장 고귀한 것, 즉 고등동물들의 생성이 곧바로 따라온다."[2]

두 개념의 피상적 유사성에도 불구하고 자연의 전쟁에 대한 다윈의 전망은 홉스와 전적으로 달랐다. 결코 만인의 만인에 대한 전쟁이 아니며, 팀워크가 필요하고, 팀워크에 보상한 전쟁이었다. 관찰력 풍부한 다윈이 『종의 기원』의 어떤 독자도 하루에 수백 번씩 쉽게 검증할 수 있는 사실을 알아차리지 못했을 리 없었을 것이다. 인간 사회는 협동에 의존하는 사람들로 가득 차 있다. 아침에 일어나는 순간부터 하루를 헤쳐나가도록 돕는 다른 사람들에게 의존한다. 그들은 당신에게 치약이나 커피를 가져다주는 사람일 수도 있고, 전혀 모르던 누수를 한밤중에 고쳐 아침에 무사히 샤워할 수 있게 해준 사람, 출근 버스의 운전사, 기차에서 킥킥거리게 해주는 이야기꾼 저널리스트, 또는 당신 사무실과 가게 또는 공장의 동료일 수 있다. 만인의 만인에 대한 진짜 전쟁에서 당신은 이런 사람들 모두가 머뭇거리고, 실수하며, 어떤 식으로건 맡은 일을 제대로 해내지 못하길 바랄 것이다. 이는 바로 어떤 사람이 당신의 경쟁자라는 의미다. 잠깐의 심사숙고가 입증하듯 우리는 사실상 자기 일을 잘하는 타인들에게 굉장히 많은 것을 의존하고 있어 그들이 우리를 위해 만들어놓은 사회적 구조의 매끄러움을 거의 알아채지 못한다. 그 과정이 대개 잘 작동하기 때문에 이따금 무능한 자는 모두에게 더욱 성가신 자로 드러난다. 모두에게 일어나는 일을 우리가 그렇게 쉽게 잊을 수 있다는 점은 협동의 효율성과 편재성이 받아야 할 찬사다.

그럼에도 인간 사회가 방금 서술한 만큼 견실하고 협동적이라면 왜 모두 그렇게 스트레스를 받는가? "사회적 구조의 매끄러움" 같은 구절은 현대사회의 거의 모든 이가 친구·가족·동료의 요구들을 저글링하듯 처리하며 느끼는 긴장감을 거의 제대로 다루지 못한다. 그것은 다른 사람들의 기대감에서 오는 압박감, 즉 우리가 과연 다른 사람들이 우리에게 원하는 것을 행할 수 있을지, 기대에 부응한 것으로 간주될 수 있을지에 대한 불안감을 거의 포착하지 못한다. 당신이 인간 사회는 의사가 던지곤 하는 "좋은 뉴스, 나쁜 뉴스" 같은 농담 중 하나와 같다고 생각해도 무리가 아닐 것이다. "축하합니다, 호모 사피엔스. 좋은 뉴스는 당신이 대단히 협동적인 종으로 진화했다는 것입니다. 나쁜 뉴스는 협동도 경쟁만큼 끔찍한 경험이라는 것입니다."

확실히 협동은 히피 세대의 껴안고 싶은 이상과 거리가 멀다. 최소한 협동은 타인을 향한 우리 행동에 대해 타고난 성향이 권고하는 것보다 더 높은 기준을 세우는 일, 그리고 자신과 타인의 행동이 실제로 그러한 기준에 미치는지 여부에 대한 끊임없는 감시를 포함한다. 그러나 이 모든 스트레스에 대한 더 깊은 설명은, 협동이 사회 전체의 수준에서는 좀처럼 일어나지 않는다는 것이다. 협동은 회원 자격이 상당히 유동적일 수 있는, 그 사회 내 집단들 사이에서 행해진다. 그중 어떤 집단은 서로 경쟁하며, 개인 또한 가장 영향력 있고 성공적인 집단에 들어가기 위해 서로 경쟁할 것이다. 어떤 집단에 가입할 수 있는지가 당신의 복지에 커다란 차이를 만들며, 그 집단이 당신을 받아들이는지 여부는 타인에게 뚜렷이 드러나므로 스트레스를 유발하는 사건이다. 자신이 다닌 학교 운동장을 분명히 기억하는 사람들에게는 이 중 어느 것도 놀라운 일이 아닐 수 있다. 이는 영장류 학자에게도 놀랍지 않을 텐데, 인간은 사회적 영장류 중 하나이며 사회적 영장류는 연합을 형성하고 파기하는 일에 관해 자연이 내린 전문가들이기 때문이다. 그리고 이 중 무엇도 찰스 다윈을 놀라게 만들지 못했을 것이다. 비록『종의 기원』에서 이런 부분들을 덮어 감추었더라도 그는 우리 본성의 영장류 기원들에 대해 절실히 자각하고 있었다. 사실상 다윈은 자연선택이 이타주의적 자질들을 적극적으로 장려할 것이라고 보았는데, 이는 놀랄 만한 통찰력이었다. 그런 자질들이 경쟁 연합들과의 겨루기에서 성공하도록 도울 수 있었기 때문이다. 여기『인간의 유래』의 한 구절을 보자.『인간의 유래』는 자연선택이 어떻게 인간 사회를 형성했는지에 관한 다윈의 첫 번째 연속 토론으로,『종의 기원』이후 12년 만에 출간되었다.

같은 지역에 사는 원시 부족이 경쟁하게 되었는데, 만약 (다른 상황들이 똑같다면) 한쪽 부족이 용감하고, 호의적이며, 충성스러운 구성원을 상당수 포함하고 있어 위험하다고 서로 경고해주며, 돕고 방어해줄 준비가 항상 되어 있다면, 이 부족은 더욱 성공해서 다른 부족을 정복할 것이다. 이기적이고 다투기 좋아하는 사람들은 뭉치지 못할 것이고, 뭉치지 못하면 아무것도 이룰 수 없다. 앞서 말한 자질들이 풍부한 부족은 퍼져나갈 것이며 다른 부족들을 누르고 승리할 것이다. …… 그리하여 사회적이고 도덕적인 자질들은 경향적으로 천천히 증진해 전 세계로 확산될 것이다.[3]

다윈이 "자연의 투쟁"에서 인간이 살아남기 위해 필요했다고 생각한 자질들은 후세대가 **다윈주의자** Darwinian 라는 용어와 연관 짓곤 한 자질과 상당히 다르다. 우리의 영장류 본성이야말로 이를 이해하기 위한 열쇠다. 사회적 영장류로서의 삶은 격변하는 연합들의 세계에서 협동을 관리하는 일이 전부이기 때문이다. 이는 홉스의 "만인의 만인에 대한 투쟁"과 전혀 다르지만, 친화성이 평온한 행진처럼 이어지는 것도 결코 아니다. 적응의 결정 요인은 분명 소속집단 안에서 타인과 협동하는 능력, 우리에게 협동할 수 있는 신뢰할 만한 자가 또 누구인지 파악해내는 사회적 지능, 소속집단의 다른 구성원들이 우리에게 맞서지 않고 함께 일하도록 설득하는 능력을 포함한다.[4] 그러나 많은 단계에서 경쟁도 현존한다. 경제적 자원에 대한 기본적 접근을 놓고 벌이는 개인 간의 경쟁이 있다. 어떤 이가 중요한 프로젝트를 당신과 공동 작업 중일지라도 당신보다 더 큰 지분의 이익을 가져가려고 부단히 노력 중일 것이다. 경쟁은 다른 차원들에서도 일어나는데, 특히 개인으로 구성된 연합들 간의 경쟁, 그리고 강력한 연합에 대한 접근권을 획득하려는 개인 간 경쟁이 주목할 만하다. 그러한 경쟁 형태들 간의 긴장이 영장류 사회생활의 중심부에 존재한다. 소속집단의 다른 구성원들 일부와 협동을 도모하려는 순간마다 당신은 어떤 집단이 가입을 허락할지에 대해 극심하게 불안해진다(확실히 인간 사회에서는 집단이 더 복잡하다). 당신의 적응도는 당신이 무엇을 하는가에만 달린 것이 아니다. 소속집단의 다른 구성원들이 당신과 함께, 또한 당신을 위해 무엇을 하도록 유도할 수 있는지, 그리고 당신을 그들의 한 구성원으로 간주할 수 있도록 어떤 집단을 설득할 수 있는지에도 달려 있을 것이다.

이는 스트레스 유발에 완벽히 들어맞는 사회적 환경이다. 대부분의 영장류 사회에 나타나는 지배적 위계 체제에서 낮은 지위는 대체로 스트레스에 대한 좋은 예측변수라 할 수 있는 특징과 연관된다. 이는 자율성 결여, 사회적 통제, 결과에 대한 고도의 예측 불가능성 같은 것들이다. 인간 사회에 대한 연구들도 비슷한 결과들을 보여준다. 고위 직업군은 스트레스를 동반한다는 것이 일반적 생각이지만, 진실은 매우 다르다. 마이클 마멋Michael Marmot 과 동료들이 행한 영국 공무원에 대한 종단적 연구들은 심장병과 같은 스트레스 관련 질병들이 서열과 강한 부정적 상관관계가 있음을 보여준다.[5] 당신의 위계 서열이 낮을수록 누군가가 이래라저래라 괴롭히기 더욱 쉬울 것이다. 이는 엄청난 스트레스의 상황이며, 시간이 지날수록 상당히 큰 위험성을 지니는 스트레스 관련 질병과 연관된다.

최근까지 비인간 영장류 집단들의 상황도 똑같다는 믿음이 있었다. 그러나 야생 영장류 집단들 간 코르티솔 수준, 즉 스트레스의 생리적 지표를 측정하는 일이 처음으로 가능했을 때 조금 놀라운 결과가 도출되었다. 마틴 N. 멀러Martin N. Muller 와 리처드 랭엄Richard Wrangham 의 흥미로운 논문은 코르티솔 수준이 야생 침팬지들 사이의 지배와 **긍정적으로** 연관됨을 보여준다.[6] 저자들은 이것이 우세한 침팬지가 지배를 유지하는 데 상당히 많은 에너지를 쓰기 때문이라고 제시한다. 분명 고위 공무원보다 더 많은 에너지를 쓸 것이다. 최고의 위치에 있는 침팬지에게 이는 힘들고 불확실한 삶이다. 얼마나 오래 최고의 자리를 유지할지에 대한 끊임없는 불확실성, 거기에 계속 머문다는 사실을 확실히 하기 위한 지속적인 노력 때문에 코르티솔 수준이 상승한다. 프란스 드발Frans de Waal 의 『침팬지 정치학Chimpanzee Politics』은 그러한 삶을 흥미진진하게 자세히 묘사한다.[7] 아울러 그러한 발견들은 침팬지에게 한정되지 않는다. 높은 수준의 스트레스호르몬 수치는 수컷 개코원숭이 우두머리의 경우에서도 보고되었다.[8]

그러므로 영장류의 실존은 양방향으로 스트레스가 상당하다. 이겨도, 져도 스트레스를 받는다. 행동의 작은 차이들이 결과에서 엄청 큰 차이를 불러올 수 있다는 설명이 정확해 보인다. 애초에 비슷한 두 개인 중 한 사람은 강력한 연합의 구성원이 되고, 다른 한 사람은 그렇지 못했다면 그들의 인생 궤적은 극적으로 다를 수 있다. 이는 카스트 제도 같은 사회구조에 대한 부분적 항의일 수 있다. 따라서 우리가 잠재적 협력자들에 둘러싸여 있더라도 그들이 우리 아닌 다른 누군가와 협력하기로 결정할지 모른다는 지속적 두려움 속에 살고 있다는 것이 하나도 놀랍지 않다.

영장류 협상들

우리 인간 종은 상당수의 팀워크를 남녀가 함께 수행한다. 이는 사회적 영장류들 중 희귀하다. 하지만 그러한 협동에서 얻는 것이 많아도 이득은 흔히 불평등하게 나뉜다. 왜 그렇게 되어야 했을까? 답은 진화 과정에서 남녀의 상대적 교섭력을 형성해온 강력한 경제적 요인들에 있다. 경제학의 가장 탄탄한 발견들 중 하나는, 필수 불가결한 것에는 그만한 보답이 있기 마련이라는 점이다. 일요일 저녁에 누수를 고쳐줄 수 있는 유일한 배관공은 그 특권을 이유로 당신에게 터무니없는 액수를 청구할 수 있다. 그러나 많은 배관공이 회합을 위해 우연히 시내에 모여 있다면 당신은 좀 더 나은 거래를 기대할 수 있을 것이다. 경쟁은 가격을 낮춘다. 중요한 것은 누수를 고치는 서비스 일반의 필수 불가결성이 아니라 그 일을 할 특정 배관공의 필수 불가결성이다. 마찬가지로 당신이 집에 들어갈 새로운 열쇠 꾸러미가 필요하다면 필수적인 것은 그 열쇠들이지 이를 제공할 특정 열쇠공이 아니다. 열쇠를 잃어버릴 때마다 집의 담보 설정을 변경하지 않아도 되는 것은 열쇠공들 간 경쟁 덕분이다.

따라서 일반적으로 당신이 협동하고 싶은 사람들의 호의를 얻으려 치열하게 경쟁할수록, 당신과 협력하는 특권을 놓고 그들이 마주치는 경쟁자 수가 적을수록 당신은 이러한 협동의 이득에서 큰 지분을 갖기 위해 흥정할 가능성이 더욱 적어질 것이다. 따라서 우리는 진화 기간에 각각의 성에서 상대편 성의 호의를 얻기 위한 경쟁의 강도가 어떻게 변해왔는지 살핌으로써 팀워크로 얻은 이득이 남녀 간에 분배된 방식을 추적할 수 있다. 한마디로 남자는 한때 없어도 되는 성이었다. 성 번식이라는 사실은 그들이 제공하는 서비스, 즉 정자 공급이 필수 불가결하다는 점을 의미했다. 물론 열쇠공의 경우와 마찬가지로, 공급자 개인이 필수 불가결한 것은 아니었다. 그러나 인간 종의 발달 과정에서 남성은 점차 더욱더 자신들이 없으면 안 되게끔 관리했고, 결과적으로 여성에게서 대가를 받아냈다. 그 대가는 불가피한 것이 아니다. 현대사회의 많은 특징은 또 다시 남성을 더욱 없어도 되게끔 만들고 있다. 그러나 경쟁이 우리는 물론 다른 종에서도 어떻게 성별 교섭을 형성해가는지 이해해야만 비로소 성별 교섭의 조건들을 이해할 수 있을 것이다.

경쟁은 그저 암컷의 호의를 얻으려는 수컷 간 대결이 수컷의 호의를 얻으려는 암컷 간 대결에 비교했을 때 어느 정도인가라는 문제가 아니다. 호의를 얻는 데 다른 요소들도 영향을 준다. 예컨대 당사자들이 더 오랜 기간 서로에게 얼마만큼 헌신하는지도 포함한다. 그러나 이 대결은 좋은 출발점이다. 수컷 춤파리는 암컷의 호의를 얻기 위해 먹이 제공으로 경쟁하는 방법을 찾았고, 이렇듯 희소한 자원에 접근하려는 암컷끼리 경쟁하도록 만들었다. 남성은 뭔가 비슷한 것을 하려고 애써왔다. 아주 간단히 말해 그들은 실질적인 자식 양육에 기여하는 것을 배웠으며, 여성은 그러한 양육의 가장 신뢰할 만한 제공자를 찾고 잡느라 경쟁하기 시작했다.

이것이 어떻게 일어났는지 보기 위해 우리가 다른 사회적 영장류, 특히 가장 가까운 사촌인 고등 유인원들, 즉 오랑우탄, 고릴라, 침팬지, 보노보와 무엇을 공유하는지에 주목하면서 시작하자. 고등 유인원은 사회가 부계 거주라는 점에서 대부분의 다른 영장류 종과 구별된다. 이는 사춘기 암컷이 태어난 공동체를 떠나 다른 공동체에 합류한다는 뜻이다. 암컷은 방랑자들인데, 방랑하면서 짝에 대해 어느 정도 선택권을 발휘한다. 여기서부터 서로 다른 종의 동거 형태들에 의미심장한 차이가 있다. 잘 알려진 바와 같이 오랑우탄은 홀로 지내는 반면, 고릴라는 단 하나의 우세한 수컷이 통제하는 하렘에 산다. 그는 모든 수컷 경쟁자를 승자독식의 경쟁으로 이겼기에 승리의 보상으로서 전체 하렘을 통제하며, 덩치가 암컷보다 훨씬 크다. 그러나 모든 고등 유인원 중에서 우리와 가장 가까운 침팬지와 보노보는 동거 형태가 매우 다르다. 이 두 종의 암컷은 작은 집단 안에 살면서 많은 수컷과 문란하게 짝짓기를 한다. 당신이 예측했듯이 하렘의 통제권을 놓고 경쟁할 필요가 없기 때문에 수컷 침팬지와 보노보는 수컷 고릴라보다 상대적으로 덩치가 작다. 더 정확히 말해 그들은 육중하게 커다란 고환만 빼고 거의 모든 면에서 더 작다. 이 두 수컷의 몸무게는 고릴라의 사분의 일을 넘지 않는데, 고환의 크기는 거의 네 배다. 로저 쇼트 Roger Short 와 알렉산더 하코트 Alexander Harcourt , 그리고 또 다른 이들이 보였듯이 커다란 정자 크기는 암컷이 다수의 수컷과 교미하는 짝짓기 체계들과 밀접하게 연관된다.[9] 이유는 간단하다. 암컷에 대한 성 접근을 독점하려는 수컷의 희망이 현실적으로 이루어질 수 없다면, 그의 정자는 경쟁 수컷의 정자보다 먼저 암컷을 수정시킬 가능성을 높이기 위해 가능한 한 풍부해야 한다는 것이 수컷의 번식적 이해관계에 들어 있다. 이 과정을 이른바 '정자 경쟁 sperm competition'이라 부른다.[10] 그런데 침팬지와 보노보는 주요한 차이가 있다. 구체적으로 보노보 암컷은 침팬지 암컷에 비해 안정된 집단에서 더 많은 시간을 보내며, 그들의 협동은 그들이 수컷을 능가하는 더 큰 힘을 갖도록 한다.[11] 그러나 개별 암컷이 관여하는 다중적 짝짓기는 둘의 사회적 삶이 보여주는 공통적이고 두드러진 특징이다.

이러한 짝짓기 형태는 다양해 보이며, 모두 암컷의 실질적 선택권을 수반한다. 영장류 학자 크레이그 스탠퍼드 Craig Stanford 는 "네 종류의 고등 유인원에서 수컷은 암컷을 통제하려 애쓴다. …… 그러나 암컷은 자신의 번식적 강령에 따르기 때문에 수컷이 통제하기 어렵다"라고 지적한다.[12]

암컷 고릴라가 일단 우세한 수컷의 하렘에 들어가면 그들의 번식적 강령에 대한 통제권 일부를 포기한다. 그러나 침팬지와 보노보 암컷은 그들이 태어난 무리에서 다른 편 무리로 합류하기 이전과 이후 모두에서 그 통제권을 유지하며, 특히 보노보는 무리 안의 암컷 간 정교한 협동에 따라 그 통제권을 강화한다. 암컷 고등 유인원이 그들 자신의 번식적 강령을 따를 수 있도록 만든 것은 비교적 단순한 사실이다. 일단 임신하면 암컷은 더 이상 수컷이 필요 없으며, 분명 새끼의 아버지일 그 수컷조차 특별히 필요하지 않다.

이러한 상황에서 고등 유인원 암컷은 수컷의 많은 들볶음을 침착하게 처리하고, 그 과정 내내 자율성과 선택 역량을 유지한다. 이는 기록된 역사의 여명기 이래 대부분의 수많은 인간 여성과 엄청나게 다르다. 실제로 문자 기록이 시작된 이후, 그리고 가장 최근까지도 대부분의 세계에서 여성은 아버지의 통제하에 있다가 결혼하면 남편에게 통제권이 넘겨졌으며, 통상 여성은 그 문제에 관해 어떤 말도 하지 못했다.[13] 어떻게, 그리고 왜 이러한 형태가 발전했는가? 어째서 여성은 고등 유인원 사촌들과 비교해 그렇게 포괄적으로 제약받았는가? 문자 기록이 없기에 답이라고 확신하기 어렵지만, 사회적 행동은 다른 방식들로 기록을 남겼다.

수렵·채집인들의 성별 교섭

합리적으로 확신할 수 있는 한 가지는 여성의 종속이 진화적 시간으로 가장 최근에 발생한 것이 틀림없다는 점이다. 그 증거는 부분적으로 현대의 수렵·채집 사회들에 대한 관찰에서 얻을 수 있다. 수렵·채집 사회에서 여성은 여기저기 식량을 뒤지는 먹이 찾기에서 중심적 역할을 했으며, 따라서 상당한 수준의 자율성을 행사했다. 농경 사회는 대개 여성이 집 밖에서 일하지 못하게 하거나, 야외에서는 엄중한 감독하의 틀에 박힌 일을 시킴으로써 여성에게 무거운 제약들을 부과할 수 있었다. 그러나 먹이를 뒤지고 찾는 사회에서는 여성이 이동할 수 없거나 결정을 내릴 수 없고 독립적으로 생각할 수 없다면, 그들의 노동을 활용할 수 없다.

그럼에도 현대 학자들에게 관찰된 수렵·채집 사회들은 거의 없다시피 적고, 그 사회들이 호모 사피엔스가 진화한 사회들을 높은 비중으로 대표하는 것도 아니다. 수렵·채집 공동체에서는 인간 여성이 결코 농경 사회에서만큼 남성에게 종속되지 않았으리라는 추측이 합리적으로 보여도 보강 증거가 있는 편이 좋을 것이다. 두 종류의 증거를 인간의 몸에서 곧바로 찾을 수 있다. 과거의 행동이 그 자국을 오늘날의 신체에 남겨놓는 것은 자연선택의 경이로움 중 하나이기 때문이다.

첫 번째 종류의 증거는 우리의 뇌와, 심리학자들이 측정해온 그 뇌의 인지적 능력들로부터 얻을 수 있다. 제5장에서 더욱 자세히 논하겠지만, 남녀의 평균적인 인지적 능력은 여러 측면에서 다르다. 예를 들어 한 그림 속 물체가 다른 그림 속 물체의 공간적 회전인지 상상해보는 능력 검사 같은, 공간 추론의 몇몇 검사에서는 평균적으로 남성이 여성보다 상당히 높은 점수를 받았다. 그리고 예컨대 언어 추론의 문제들 또는 감정 상태들을 사진 속 얼굴들과 맞추어보는 또 다른 인지적 검사들에서는 평균적으로 여성이 남성보다 상당히 높은 점수를 보였다.[14] 또한 평균적으로 여성이 남성보다 더 위험 회피적이라는, 자주 반복되는 발견처럼 잘 기록된 남녀 간 선호도 차이들이 있다.[15] 그러한 결과들이 실험 대상에게 과제를 제시한 방식의 영향을 받는지 아닌지는 논쟁이 가능하다. 여성이 더 우세한 차원은 남성이 더 우세한 차원보다 더 중요한지 덜 중요한지에 관해서도 합리적 불일치의 여지가 있다. 그러나 이러한 자격 요건들은 지금 이 맥락과 무관하다. 필자의 논증을 위해서는 남녀 간의 평균적인 인지적 차이들이 중요한데, 차이들이 커서가 아니라 상당히 작기 때문이다.

지능의 인종적 차이에 대한 주장들과 마찬가지로, 지능의 성별 차이에 관한 주장들도 최근 수십 년 동안 상당히 격렬한 정치적 논쟁을 야기했다. 그렇기 때문에 인종주의자나 성차별주의자로 간주되기 싫은 많은 사람이 그러한 주장을 밝히려는 노력을 꺼리거나, 아예 그것들에 관해 너무 많이 생각하지 않으려 했다. 이는 대부분의 사람이 성별과 인종 차이에 관한 것에 전혀 주목하지 않았다는 사실을 의미한다. 이러한 차이들이 찰스 다윈에게는 명백했으며, 오늘날 우리에게도 다시금 명백해져야만 한다. 다윈의 성선택 견해에 따르면 성별 차이를 발견할 공산이 인종적 차이를 발견할 공산보다 훨씬 크다. 더 정확히 말해 이러한 견해는 서로 다른 인간 개체군들 간에서 인지적 능력의 중요한 유전적 차이를 발견하길 예상하면 안 된다는 점을 내포한다. 따라서 그러한 유전적 차이의 구체적 증거를 찾기 어렵다고 판명될 때, 이는 결코 놀랍지 않으며 정보를 제공하는 것도 아니다. 환경적 요인을 반영하는 원색적 차이를 찾는 편이 상대적으로 쉽다.[16] 이와 대조적으로 성선택은 실제보다 훨씬 더 크게 남녀 차이를 예상하도록 우리를 이끌어야 할 것이다. 그래서 더 큰 성별 차이를 발견하지 못한 우리의 실패는 우리 종이 진화한 그 조건들에 관해 매우 흥미로운 것들을 말해준다.

다윈은 『인간의 유래』의 상당 부분을 할애해 성선택은 우선 피부색이나 수염 유형 같은, 상대적으로 피상적인 특징들에 작용한다고 지적한다. 이는 비록 같은 영역에 살고 있을지라도 한 개체군 속 두 집단(이른바 피부색이 진한 사람과 밝은 사람)이 (진화적 시간의 기준에서) 매우 짧은 기간에 번식적으로 격리될 수 있었다는 뜻이다. 물론 그들은 여전히 매우 쉽게 이종교배interbreeding를 할 수 있었을 것이다. 그렇지만 대개는 원하지 않았을 것이다. 그들의 또 다른 형질들은 유전적 부동genetic drift으로 알려진 과정을 통해 갈라지기 시작했을 수 있지만, 상당히 오래 걸렸을 것이다. 그리고 유전적 부동은, 예컨대 지능의 다양한 구성요소처럼 양쪽 개체군의 환경에서 지속적인 선택적 압력을 받아온 형질들의 경우에서는 잘 발생할 수 없었을 것이다. 제3장에서 보았듯이 다윈은 피부 밑에서 인간은 상당히 많이 닮았다고 확신했다. 실제로 그는 『인간의 유래』 이후 곧바로 출간된 『인간과 동물의 감정 표현The Expression of the Emotions in Man and Animals』에서 인종과 문화가 상당히 달라도 표정은 놀랄 만큼 비슷한 방식으로 감정을 표현한다는 증거를 통해 이러한 주장을 강조했다.[17]

현대의 DNA 증거는 인간이 14만 년 전에 살았던 공통 모계 선조와 대략 7만 년 전에 살았던 공통 부계 선조의 후손임을 보여주며 이러한 견해를 강화한다.[18] 실제로 그보다 더 짧은 기간에 인간 개체군들 안에 정착될 수 있는 중요한 유전적 변화들이 있으며, 아프리카에서 출발해 전 세계적으로 퍼진 개체군들의 그 이동은 키, 피부색, 질병 저항력 같은 특성들에 대한 선택적 압력에 어느 정도의 차이를 초래했을 것이다. 그러나 재능과 능력에 가해진 선택적 압력이 비교적 짧은 기간에 인간 개체군들 간 큰 분기들을 초래했을 것으로 볼 공산은 거의 없다.[19] 이는 성선택을 통해 일어나지 않았을 것이다. 재능이나 능력은 모두 첫눈에 잘 보이지 않으며, 확인될 수 있을 때 더욱 보편적인 호소력을 지니므로 그 성적 매력은 한 인간 개체군부터 또 다른 개체군까지 크게 다르지 않아야 한다. 그리고 이는 환경적 압력하의 자연선택으로도 일어나지 않았을 것이다. 일반적인 생존을 위한 재능과 능력은 아프리카에서, 그리고 세계의 또 다른 지역들에서도 매우 비슷했을 것이다. 그러므로 현대의 연구원들이 인지적 재능에서 개체군들 간의 커다란 유전적 차이를 보여주는 구체적 증거를 찾기 어려워할 때 많이 놀라서는 안 될 것이다.[20] 그러한 개체군들이 번식적으로 분리되기 시작한 이후부터 선택적 압력에서는 개체군들 간에 충분히 중요한 차이들이 없었다.

이러한 상황은 성별 차이에 영향을 준 선택적 압력과는 놀랄 만큼 대조적이다. 성선택의 논리로 보면, 전반적인 인지능력에서 남녀 간 상당한 차이를 찾기가 얼마나 어려운지에 매우 놀라지 않을 수 없다. 여성이 남성의 호감을 끄는 데 필요했던 특성들은 남성이 여성의 호감을 끄는 데 필요했던 특성들과 같은 것일 이유가 전혀 없다. 상당수의 또 다른 종들에서도 수컷과 암컷은 완전히 다르다. 화려한 색을 띠는 모든 수컷 새를 생각해보라. 그들 암수는 겉모습, 행동, 크기까지 다르다. 수컷 고릴라는 암컷 몸무게의 두 배다. 성차가 예컨대 조류보다 포유류에서 덜 표출되더라도 중요한 차이들은 여전히 남아 있다. 남성은 여성보다 평균적으로 15~ 20% 더 크며, 상체의 힘이 실질적으로 더 세다. 근육조직을 키우고 유지 하려면 비용이 많이 들기 때문에 자연선택은 우리의 수렵·채집 생존의 조건에서 그것을 더 필요로 한 남성에게 눈에 띌 정도로 크게 키워주었다. 뇌 조직은 키우고 유지하는 데 근육보다 훨씬 많은 비용이 드는데도 자연 선택은 남녀에게 똑같이 정교한 뇌를 주었다.

태아와 아동의 발달 과정에서 한쪽 성의 뇌를 상대적으로 덜 정교하도 록 만드는 돌연변이는 결코 일어나지 않았을 것이다. 남성과 여성의 뇌 사이에 분명한 유전적 근거를 지닌 질적 차이들이 존재하더라도 그럴 것 이다.[21] 그러나 설득력 있고 훨씬 더 타당성 있는 또 다른 설명에 따르면, 거의 모든 인간 진화의 기간에 남녀는 똑같이 정교한 인지적 도전들에 직 면했으므로 똑같이 정교한 뇌를 발달시켰다. 이 견해로 본다면 상대적으 로 최근 세기들을 특징짓는 종속적·의존적 여성의 조건이 우리가 침팬지 와 보노보로부터 갈라진 이후 대부분의 시간 동안 성립되었을 리가 없다.

해부학적인 두 번째 증거는 대부분의 수렵·채집 사회에서 여성은 농업 채택 이후보다 상당히 더 자율적이었다고 시사한다. 인간 남성의 고환이 고릴라와 침팬지의 중간 크기라는 것은 사실이다. 이는 인간 여성이 발정 기마다 침팬지만큼 자주는 아닐지라도 한 명 이상의 남성들과 상당히 자 주 짝짓기를 하고 있었다는 점을 시사한다. 사실상 인간 여성은 남성이 침팬지 수컷처럼 정자 경쟁에 개입하는 데 충분히 적응할 만큼 자주 짝짓 기를 했다. 이러한 결론은 여성이 짝에 대해 상당한 선택권을 행사했을 공산을 크게 만든다.

고환 크기뿐 아니라 음경 크기에서 오는 증거도 있다. 여기서 인간의 몸은 다른 유인원들에 비해 지극히 예외적이다. 인간 남성의 음경은 침팬지보다 두 배 가까이 크고, 고릴라보다 네 배에서 다섯 배 크다. 또한 침팬지나 고릴라보다 한 번의 사정에서 더 많은 정액을 방출한다. 그들의 더 기다란 음경은 정자를 자궁 가까이 놓기에 유리하므로 이를 정자 경쟁으로 설명할지, 아니면 큰 음경이 더 자극을 주어 여성이 더 직접적으로 선호했을 수 있다고 설명할지 잘 모르겠다. 그러나 여성은 어떤 적응적 가치가 있는 차이를 지닌 한 명 이상의 남성과 짝짓기 하는 것이 충분히 가능했다고 추정하는 편이 안전해 보인다. 결국 이런 추정은 전적으로 여성이 어떤 한 남성의 통제하에 있지 않았을 것임을 시사한다. 앞서 보았듯이 관계의 한편에서 일어나는 경쟁은 상대편의 교섭력을 증진한다.

침팬지와 보노보가 함께 살아가던 우리의 공통 선조로부터 우리를 갈라놓은 600만 년 동안의 인간 짝짓기에 관해서 우리는 모르는 것이 너무 많다. 예를 들어 우리는 공통 선조의 성생활이 우리와 더 닮았을지, 침팬지와 더 닮았을지, 아니면 현대의 고릴라와 더 닮았을지에 대해 모른다. 고환은 화석화되지 않는다. 그래서 우리는 인간 여성의 자율성이 후기 수렵·채집 기간에 하락해갔는지, 또는 상대적으로 안정적이었다가 농업이 도래하면서 가파르게 하락했는지 아는 것이 없다. 또 다른 여러 면에서 수렵·채집 사회들은 선사시대에 급진적으로 변했다.[22] 가장 초기의 고인류인 호미닌hominin 종 이래 남녀 간 크기 비대칭의 감소는 가장 초기 시대부터 남녀 관계에서 힘이 설득보다 덜 중요해졌음을 시사한다. 그러나 동시에 남성끼리의 협동이 더욱 정교해졌고, 이러한 진전은 흔히 여성에게 불리했을 것이기에, 그들의 관계는 많은 부분이 불확실하게 남아 있다. 우리는 여성이 다중적 짝짓기를 했던 그 상황에 대해서도 아는 것이 없다. 그것은 공개적이고 인정되었을까, 아니면 은밀하고 비밀스러웠을까?

자료 부족은 추론의 열의를 꺾지 못했다. 최근에 나온 『여명의 섹스Sex at Dawn』에서 크리스토퍼 라이언Christopher Ryan과 카실다 제타Cacilda Jetha는 다음과 같이 말한다.

> 우리의 호미니드 선조는 지난 몇백만 년의 거의 모든 시간을 소규모의 친밀한 무리 속에서 지냈으며, 그 무리의 성인은 언제든 몇 번이나 성관계를 가졌다. 성애에 대한 이러한 접근은 거의 만 년 전, 농업과 사유재산제의 발흥 때까지 지속되었다. 과학적 증거가 충분할 뿐만 아니라 많은 탐험가·선교사·인류학자도 이 견해를 지지하는데, 이들은 흥청망청하는 주신제 같은 의례들, 대담한 짝 공유, 죄의식이나 수치심으로부터 자유로운 범성애(open sexuality)에 관한 이야기들이 가득한 장부들을 지니고 있다.[23]

저자들이 다중적 여성 파트너들의 존재를 옹호하려고 인용하는 증거는 우리가 이미 언급한 꽤 설득력 있는 해부학적 증거와, 행동에서 오는 여러 종류의 증거도 포함한다. 예컨대 여성은 멀티플 오르가슴뿐 아니라 지연된 오르가슴에 대해서도 남성보다 더 큰 능력이 있다든가, 여성의 오르가슴은 상당히 소란스럽다는 공통적 경향이 있다는 것이다. 소란스럽다는 점은 자연선택이 신중함을 엄청나게 선호하지는 않았음을 시사한다. 그러나 이것이 "죄의식이나 수치심으로부터 자유로운 범성애"였다는 증거는, 저자들이 인정했던 것보다 더 해석하기가 어렵다. 그들이 인용하는 인류학적 증거는 상충적이고 논란도 많다. 예를 들어 사모아 청소년들 간의 복잡하지 않은 다중적 섹슈얼리티의 증거라고 주장했던, 사모아 섬에 관한 마거릿 미드Margaret Mead의 유명한 작업은 이후 민속지학자들의 엄밀한 조사에서 살아남지 못했다. 그리고 온갖 신조를 지닌 인류학자들은 그들의 증거에서 읽어내는 많은 것이 그들 자신의 공포·희망·공상임을 부인하기가 어렵다고 깨달은 듯하다.[24] 그러한 범성애가 **때때로** 존재했다는 그 강력한 증거조차 범성애가 농경 이전에 인류의 일반적 상태였다는 증거와 똑같지 않을 것이다. 그러나 라이언과 제타가 더 중요하게 여기는 듯 보이는 것은, 선사시대에 오랜 기간 지속된 사회적 실천들이라면 갈등 없이 일반적으로 수용된 것이 틀림없다는 점이다. 예를 들어 그들은 맷 리들리Matt Ridley의 주장에 반대하는데, 리들리는 일부일처제가 선조들 사이에서 매우 일찍이 진화했고, 그래서 "암수 한 쌍의 긴 유대는 번식적 삶의 상당 기간에 각각의 원인ape-man을 각각의 짝에 묶어놓았다"라고 말한다. 이에 대응해 라이언과 제타는 "400만 년은 지독히도 긴 일부일처제다. 이러한 '족쇄들'이 이제 더 편안해지면 안 되는가?"[25]라고 평한다.

앞서 보았듯이 오랜 기간 진화한 신체적 또는 행동적 형질들을 필연적인 '최적'으로 간주하는 이 공통적 경향은 진화가 어떻게 작동하는지에 대한 심각한 불이해와 관련된다. 서로 다른 개인의 이해관계는 갈등할 수 있고, 또 자주 갈등한다. 한 개인 안에 있는 서로 다른 유전자들의 이해관계조차 갈등할 수 있다. 포식자와 희생자는 자기 파멸적인 형질들을 진화시킬 수 있다. 제1장에서 보았듯이 전갈과 빈대의 암수는 섬뜩할 정도로 불쾌한 짝짓기 전략을 지닐 수 있다. 제2장에서 나왔듯이 남성과 여성도 지나치게 낭비적인 방식들로 서로에게 신호할 수 있다. 인간의 섹슈얼리티는 리들리가 말한 '족쇄들'이 남녀 모두를 계속 매우 불편하게 만드는 그런 안정된 평형상태로 400만 년 또는 그 이상 잘 유지되었을 수도 있다. 선사시대의 성이 이와 같았을지, 아니면 더 느긋하고 공개적인 연애였을지 확신하기에는 그 증거가 너무나 희박하고 상충적이다. 우리의 성적 행동을 흔히 특징짓는 이중성과 비일관성은 한때 더 쉽고 공개적으로 작동한 어떤 제도의 오류들이었거나, 더 이상 줄일 수 없는 이익 갈등에 대처하기 위해 자연선택이 선호한 재능들이었을 수 있다.

인류학자 세라 블래퍼 허디Sarah Blaffer Hrdy는 이 중 어느 것보다 더 섬세한 견해를 제시했다. 즉, 일처다부적 정사가 긴장과 갈등의 의미심장한 출처였음에도 수렵·채집 사회에서 널리 행해진 듯하다는 것이다. 그럼에도 특정한 문화적 실천들은 갈등을 풀도록 도울 수 있었다.

성적 질투가 얼마나 강력한 감정인지 고려하면 일처다부적 정사는 모험적인 전략이고, 모든 것을 고려해도 위험하다. 그러나 '나누어지는 부성partible paternity'에 관한 만연한 믿음이 이러한 긴장을 어느 정도 완화해줄 수 있다. 이러한 문화에서는 한 여성의 신생아가 태어나기 전 몇 개월 동안 그녀와 성관계를 맺은 모든 남성의 정액이 태아의 성장을 도와 다수의 남성이 아버지가 될 수 있으며, 키메라처럼 합성된 신생아가 태어난다고 여겨진다. 아버지일 가능성이 있는 각각의 남성은 임신한 여성에게 음식 선물을 제공해 태어날 아이가 받을 수 있도록 도와야 한다.[26]

당연하게도, 한 여성이 낳은 아이들의 아버지라는 사실을 둘러싼 의미 심장한 불확실성은 양육에 기여하려는 아버지들의 유인에 갈등적 영향을 미칠 수 있음은 물론, 다른 남성들 간의 갈등, 그리고 그들 각각과 아이 엄마 간의 갈등도 초래할 수 있다.[27] 추가적으로 아버지일 가능성이 있는 각 남성은 아이 양육에 기여할 수 있는 또 다른 사람을 텐트 안으로 데려온다 (현대 서구 사회의 대부모 제도에는 아직도 이러한 이념의 흔적이 있다). 추가된 남성 각각은 텐트를 더욱 붐비게 만들어 양육에 기여하려고 이미 그 안에 들어온 사람들의 유인을 충분히 희석한다. 서로 다른 종, 서로 다른 사회, 그리고 그 안의 서로 다른 개인들이 도대체 어디서 주고받기the trade-off 를 행했는지는 증거가 거의 없으며, 있다 하더라도 대개 해석하기가 어려운 것에 관한 문제다.

제1장에서 사회적으로 일부일처인 새의 상당수가 성적으로는 일부일처가 아니라고 말했다. 자연스럽게 이는 사회적 일부일처가 얼마나 잘 작동하는지의 차이를 다중적 짝짓기의 정도가 만들어내지 않을까라는 질문을 불러일으킨다. 사회적으로 일부일처인 조류들에서 암컷의 다중적 짝짓기 수준을 비교한 연구원들은 더욱 강력한 일부일처가 '협동적 양육'으로 알려진 시스템과 연관되는 유의미한 경향을 관찰했다. 협동적 양육에서 암컷은 새끼 새들을 기르는 데 파트너뿐 아니라 다른 새들의 도움도 받는다. 다른 새들이란 파트너의 형제 또는 이전에 품은 새들의 자손들이다.[28] 그러나 이러한 경향에는 많은 예외가 있다. 퍼핀처럼 비교적 일부일처임에도 협동적으로 양육하지 않는 바닷새들, 기록상 최고 수준의 몇몇 다중적 짝짓기를 행하면서도 협동적으로 양육하는 요정굴뚝새 등이 포함

된다. 그런데 이러한 비교에서 바위종다리처럼 공개적으로 일처다부인 종은 배제된다. 사실상 오직 사회적 일부일처를 실천하는 종들 사이에서만 비교를 행한 것이다. 그래서 이 연구는 새끼 양육에 기여하려는 유인이 감소될 듯한 수컷(즉, 암컷의 수컷 짝과 그 수컷의 형제들)에 대해 암컷의 다중적 짝짓기가 미치는 영향에만 주목하며, 유인이 증가되는 수컷(즉, 또 다른 잠재적 아버지들)은 제외한다. 이는 사회적으로 일부일처인 종에서 잠재적 아버지들 간 협동이 줄어든다고 말해줄 수 있더라도, 사회적으로 일부일처인 종들과 사회적으로 일부다처인 종들 간의 비교에 대해서는 말해줄 수 없다. 이 같은 정보 결여가 저자들의 주장을 막지는 못했다. 그들은 "낮은 수준의 난혼이 협동적 행동의 진화에 유리하다"라고 주장했는데, "사회적으로 일부일처인 종들 사이에서"라는 구절을 덧붙여야만 했을 것이다. 이 사례는 엄격하고 인상적인 과학적 연구에서도 올바른 결론을 도출하는 것이 얼마나 어려운지를 단적으로 보여준다.

선사시대에 다중적 섹슈얼리티가 어느 정도였는지, 또한 여성이 자신의 성적 삶을 얼마나 공개적으로 통제했는지에 관해서는 많은 불확실성이 남아 있다. 현재 중요한 것은 그 시기의 우리 여성 선조가 농경의 도래 이후보다는 남성과의 관계에서 더 큰 교섭력을 거의 확실하게 누렸다는 점이다. 남성이 여성의 호의를 얻으려 경쟁했다는 사실은 그런 주장을 옹호하는 증거의 중요한 부분이다.

인간 아기들의 변화하는 요구

수렵과 채집의 조건 아래에서조차 인간 여성은 침팬지나 보노보 암컷보다 더 남성 의존적이었다. 그리고 이러한 의존성은 농경이 상상 가능했던 때보다 훨씬 이전에 그들의 교섭력을 거의 확실하게 약화시켰다. 이유는 단순하다. 신생아의 요구 때문이다. 초기 인간은 새롭고 매우 모험적인 진화적 틈새를 개척했다. 커다란 두뇌에 그들 또는 자연선택이 내기를 걸었는데, 이를 위해 의미심장한 행동적 대가를 치렀다. 바로 유난히 오랫동안 자식을 양육할 필요성이다.

커다란 두뇌는 무엇을 위해 있었을까? 한마디로 협동, 즉 어떤 원시인도 결코 시도하지 못한 규모와 복잡성을 품은 협동이다. 개인들로 이루어진 집단 안에서 협동과 호혜성의 관계들이 더욱 정교해질수록, 그리고 관련된 개인들의 집단이 더 커질수록 상호 의무를 추적·관리할 인지적 도전은 점점 커진다. 영장류는 몸 크기에 비례해 더 커다란 두뇌를 가진 종이 더 큰 집단에 사는 경향이 있다.[29] 이는 더 커다란 두뇌가 더 커다란 집단에서 살기 위해 치러야 하는 필수적 대가임을 시사한다. 다시 말해, 집단의 크기가 커질수록 더 큰 두뇌를 선호하는 선택적 압력이 증가한다는 점을 함축한다. 또한 더 커다란 두뇌를 가진 영장류에게 축적되는 이득은 더 커다란 집단에서 협동적 가능성을 극도로 활용해야만 실현될 수 있는 이득을 포함한다고 시사한다. 오늘날 인간 사회는 전 지구를 망라하는 정교한 협동의 연결망에 근거하지만, 우리의 수렵·채집 선조는 그러한 결과에 대해 전망하지 않았다. 물론 자연선택도 그에 대한 선견지명이 없었을 것이다. 협동은 수렵·채집인의 무리 안에서도 개발될 수 있는 자연적 환경의 범위를 넓히고, 소비될 수 있는 음식의 범위를 확장시켰다. 이러한 협동의 이득은 커다란 두뇌라는 그 중요한 대가를 상쇄하기 충분할 정도로 컸다.

커다란 두뇌는 값비싸다. 만들려면 많은 단백질이 필요하고 운영할 때 많은 에너지가 필요하다. 인간 어린이는(그들을 임신한, 또는 돌봐주는 어머니도) 성장 중인 두뇌에 공급하기 위한 고기와 칼로리를 어린 침팬지 새끼보다 더 많이 필요로 한다. 그러한 식사를 위한 먹이 찾기는 더 야심 찬 사회적 준비가 요구된다. 바로 수렵인들의 더 큰 협동, 먹이를 찾는 데 필요할 경우 더 멀리 이동할 수 있는 채집인들의 더 큰 자발성이다. 수렵·채집하는 무리 공동체에 대한 현대 인류학자들의 면밀한 연구에 따르면, 공동체의 젊은 구성원들은 일반적으로 10대 후반까지는 먹고사는 데 충분한 음식을 생산하지 못한다. 청소년이 강하고 민첩하더라도 수렵과 채집은 둘 다 기술과 경험을 필요로 하며, 더군다나 청소년은 늘 많이 먹는다. 먹이를 찾는 사람들이 삶에서 잉여 식량을 가장 많이 산출하는 시기는 20대 초반이 아니라 가장 강건할 때인 40대다.[30] 어린이와 청소년은 전성기 나이대의 어른에게만 의존할 뿐 아니라 더 나이든 사람들, 특히 할머니에게 의존하는데, 할머니는 그들의 전반적인 영양적 필요에 관해 놀랄 만큼 많은 부분에 기여한다.[31]

더욱이 리처드 랭엄과 그의 공동 저자들이 주장했듯, 요리의 발달은 인간의 사회적 합의에 급진적 전환을 가져왔다. 요리는 인간이 찾을 수 있던 식품류에서 훨씬 높은 영양가를 추출할 수 있게 했지만, 요리하는 동안 이러한 식품류를 쉽게 도둑맞았다. 남성은 여성의 보호자로 선임되면서 더 우수한 음식을 교환받았고, 가정 단위에서도 더 큰 지분을 약속받았다. 이처럼 조리된 음식을 먹는다는 것은 이전에 본 어느 영장류 사회에서보다 더욱 협동적인 사회적 합의를 필요로 했고, 또한 허용했다.[32]

커다란 두뇌가 치러야 할 두 번째 대가는 그것을 담을 커다란 두개골이 필요하다는 점이다. 자연선택은 커다란 두개골의 신생아를 선호한 동시에, 직립해 두 발로 빨리 움직일 수 있는 여성 중에서도 선택하고 있었다. 자연선택이 작동한 인간 몸의 기본 모형을 고려해보면, 두발 보행은 골반의 크기를 제한했다. 좁은 몸통과 넓적한 다리를 가진 여성은 포식자들을 피해 걸을 때 너무 느리고 뒤뚱거렸다. 비록 진화 과정에서 호미닌 여성이 사실상 남성보다 크기 면에서 더욱 성장했다고 해도, 신진대사 비용이 큰 탓에 임신한 태아의 두개골 크기에 비례해 성장할 수 없었다. 임신 말기에 태아의 두개골은 단지 골반의 공간만 통과할 수 있을 뿐이다. 자연선택이 커다란 두개골을 지닌 인간 아기들을 만들어내는 유일한 방법은, 임신을 조금 일찍 끝내서 아기가 다른 어떤 동물도 감당할 수 없을 만큼 의존적인 상태로 태어나게 하는 것이었다. 물론 새끼주머니에 자식을 넣고 다니는 유대목 동물은 예외다. 따라서 커다란 두뇌를 가진 아기를 먹여 살리는 데 드는 비용이 보호하는 데 드는 비용에 추가되어야 했고, 그들을 보호하는 일은 정교한 사회적 합의를 필요로 했다. 인간 선조들은 그토록 커다란 두뇌의 아기에게 내기를 걸었는데, 그 내기는 비용을 능가할 정도로 협동적 이득을 실현시킬 수 있는 아기들의 능력에 대한 것이었다. 이는 거의 실패한 내기였다. 대부분의 호미닌 계열은 멸종되었는데,

그중에는 우리보다 좀 더 큰 두뇌를 지닌 네안데르탈인이 포함되었다. 오직 우리 계열만이 현대에 생존했고, 그 또한 잘해낸 것은 아니었다. 인간은 새로운 서식지에 여러 번 적응해야 했으며, 마침내 그런 커다란 두뇌가 인간에게 서식지 자체를 변화시킬 수 있는 유연성과 독창성을 주었다.

이러한 진화 방향이 여성에게 유익한 것으로 보일 수도 있다. 남성은 우리 선조가 보노보나 침팬지와 더 닮았을 때 기여하지 않았던 자원들로 (특히 음식과 보호) 자식에게 기여하고 있기 때문이다. 절대적인 어떤 의미에서 이는 아마 여성에게 좋았을 것이다. 그러나 이는 확실히 남성의 교섭력과 관련된 여성의 교섭력을 변화시켰는데, 사실상 더 나쁘게 변화시켰다. 남성이 더 많이 기여할수록 남성의 기여는 더욱 필수적인 것으로 굳어지기 때문이다. 남성의 기여가 더욱 필수적이 되는 이유는 성장하는 신생아의 두뇌에 중요한 단백질을 제공하는 그들의 기여가 더욱 필요하며, 이와 관련된 헌신이 장기적이라는 특성을 고려할 때 구할 수 있는 남성 중 그것을 제공하리라고 기대될 사람도 거의 없다는 데 있다. 필수적이라는 사실은 남성이 자신의 기여에 값을 매기도록 했다. 한마디로 남성이 통제하는 자원들은 더욱 희소성을 띠게 되었다.

희소성과 성별 교섭

부등가교환이 꼭 강제의 결과는 아니다. 이는 성패가 달린 자원들에 대해 서로 다른 수준의 통제력을 지닌 개인들의 교섭 결과일 수 있다. 대부분의 수렵·채집 사회에서 남성은 고기를 사냥했고 여성은 뿌리, 열매 등을 챙겨 모았다. 그런 사회에서 생존하는 데 남성과 여성이 똑같이 기여했을지에 대한 논쟁이 있었다. 그러나 어떤 의미에서 이러한 논쟁이 부적절한 것은 교환의 측면에서 여성에게 매우 우호적이었다고 기대할 만한 특별한 이유가 없기 때문이다. 인간, 특히 성장하는 두뇌를 가진 신생아는 고단백 식사가 필요하다. 인류학자들의 의견이 엇갈리듯이 남성은 칼로리를 챙겨 모으는 데 유능할 수도 있고 아닐 수도 있지만,[33] 많은 양의 단백질을 사냥하는 데는 전문가다. 여성은 보통 사냥을 할 수 없는데, 이는 어떤 능력 부족 때문이 아니라 사냥이 신생아에게 너무 위험하고 그런 사정에서는 단지 실행 불가능해서다. 결과적으로 남성은 여성이 필요로 하는 자원을 갖지만 그 역은 아니다. 남성은 필요할 경우 혼자 힘으로 칼로리를 마련할 수 있다. 따라서 남성이 지닌 자원들은 더욱 희소성을 띠며, 결과적으로 더 높은 가격이 매겨졌다. 여기에 도덕과 관련된 것은 없다. 이는 그저 교섭의 결과다.

단순한 사례를 고찰해보자. 이 사례의 요점은 수렵·채집 사회가 어떻게 작동했는지 문자적으로 서술하는 것이 아니다. 지도 속 지점이 당신의 항해를 도와줄 지형이 아닌 것과 마찬가지다. 오히려 요점은 남성이 예컨대 여성을 물리적으로 강제할 수 있는 힘처럼 어떤 유리한 점이 없었어도, 여성이 필요한 것을 생산할 수 있었다는 그 사실만으로 어떻게 우월한 입지를 차지할 수 있었는지 보는 것이다. 예를 들어 10명의 남성은 각각 하루에 감자 같은 덩이줄기 탄수화물 1kg을 채집할 수 있다. 여성이 남성보다 더 생산적이라고 가정하자. 여성은 각각 하루에 탄수화물 2kg을 채집

할 수 있다. 그러나 10명의 남성은 사냥도 할 수 있어서 10일 동안 그렇게 할 경우, 한 사람이 하루에 고기 1kg을 잡는 양에 해당되는 고기 100kg을 제공하는 동물을 잡아온다. 남성은 탄수화물을 채집할지 고기를 수렵할지 선택할 수 있다. 이때 고기와 탄수화물은 삶에 필수적이다. 각 사람은 매일 평균적으로 최소한 고기 $\frac{1}{4}$ kg과 탄수화물 $\frac{1}{2}$ kg을 섭취해야 한다. 그러나 고기가 더 강하게 선호된다고 가정해보자. 고기와 탄수화물에 같은 비용이 든다면 모두가 탄수화물보다 고기를 세 배 더 먹고 싶어 할 것이다. 이제 고기와 탄수화물에 대한 상대적 선호도가 전체 섭취량이 증가해도 변하지 않는다고 가정하자. 고기를 선호하는 것은 잘 먹고사는 사람들에게 더 많이 보이는 특징이므로 이러한 가정이 엄격하게 현실적이지는 않겠지만, 사례를 이해하기 더 쉽게 만들 것이다.

남성은 여성과 교섭한다면 고기를 얼마만큼의 탄수화물로 교환할 수 있는지 보기로 한다. 각 개인은 원하는 것에 대해 가진 것을 교환할 수 있는 비율을 협상하기로 결정한다. 교섭 이전에 남성은 각각 고기 1kg이 있으며, 여성은 각각 탄수화물 2kg이 있다. 당신은 명백한 교환 비율이 2 대 1일 것이라고 생각할 수 있다. 탄수화물 1kg에 고기 $\frac{1}{2}$ kg. 따라서 사람들은 가져온 것의 절반을 포기할 테고, 모든 사람은 고기 $\frac{1}{2}$ kg과 탄수화물 1kg을 먹고 끝날 것이다. 그러나 얼마나 많은 사람이 고기를 선호할지 생각해보면, 이러한 교환 비율로 오히려 나머지 반인 $\frac{1}{2}$ kg의 고기를 또 얻고자 반 남은 탄수화물 1kg을 포기할 것이다. 그래서 모든 사람은 더 적은 탄수화물에 대해 더 많은 고기를 얻으려 할 것이며, 마침내 누군가 더 좋은 교환 비율을 제시하는 일, 말하자면 고기 1kg에 탄수화물 3kg을 제시하는 일이 발생할 것이다.

고기를 적게 가질수록 고기에 대한 필요가 얼마나 증가하는지를 둘러싼 몇몇 합리적인 가정에서는, 고기가 탄수화물과 교환되는 비율은 사실상 6 대 1까지 급격하게 높아질 것이다! 가격이 똑같을 경우 모든 사람이 탄수화물보다 고기를 세 배 더 선호한다면 6 대 1의 가격 비율은 오직 그 절반 정도만 먹게끔 유도한다. 그러한 비율로 교섭하면 남성은 고기 $\frac{3}{4}$kg와 탄수화물 1.5kg을, 여성은 고기 $\frac{1}{4}$kg과 탄수화물 $\frac{1}{2}$kg을 얻고 끝날 것이다. 이러한 교환가치에서 높은 고기 가격은 구할 수 있는 고기 중 적은 양만 할당할 정도로 식욕을 억제할 것이다. 그러나 결과는 엄청 놀랍다. 여성은 성취도가 비교될 수 있는 하나의 과제인 탄수화물 채집에서 남성보다 두 배나 더 생산적이지만, 남성이 세 배 더 많이 가진다. 더군다나 남성은 열흘 중 오직 하루만 실제로 일한다.

어째서 이러한 방식이 작동할까? 이 시나리오에서는 고기가 생활에 필수적이고, 매우 큰 욕구 대상이며, 남성이 전부를 갖고 있기 때문이다. 물론 탄수화물도 생활에 필수적이다. 하지만 그리 큰 욕구 대상이 아니며, 여성이 탄수화물을 독점한 것도 아니다. 남성도 원한다면 얻을 수 있다. 따라서 고기는 탄수화물이 그렇지 않은 방식으로 **희소하며**, 이 희소성 때문에 남성은 가격을 받아낼 수 있다. 어떤 물리적 강제도 필요 없고 세게 밀어붙이는 교섭만이 필요하다. 만약 식사에서 고기 1kg당 탄수화물 1kg으로 대치할 수 있다면 고기와 탄수화물은 동일 비율로 교환될 것이다. 누구도 더 많이 지불하지 않을 것이다. 그러면 2kg으로 시작한 여성은 남성보다 두 배 더 먹는 것으로 마무리되었을 것이다. 여성을 불리하게 몰아간 것은 남성의 더 큰 장점이 아니라 남성이 지닌 고기에 대한 대용품이 없었다는 사실이다.

물론 실제 삶은 이 사례와 많은 방식으로 다르며, 항상 달랐다. 그러한 차이들 중 어떤 것들은 결과를 덜 불평등하게 이끈다. 예를 들어 남성과 여성이 늘 순전히 이기적인 교섭들만 몰아가지는 않는다. 가끔은 서로의 복지에 관심을 둔다. 또한 그들이 늘 자신만 소비하려고 음식 협상을 하는 것도 아니다. 보통은 아이들과 또 다른 가족 구성원들, 그리고 가끔은 직계가족이 아닌 집단 구성원들과도 나누려고 음식을 구한다.[34] 또 다른 주요한 차이는, 세라 블래퍼 허디가 강조했듯이 대부분의 사회에서 어머니는 신생아를 보살피는 데 아버지 또는 추정된 아버지 외에도 성인들의 전체 연결망에서 도움을 받는다는 점이다. 형제자매, 조부모, 친족이 아닌 어른도 모두 어떤 역할을 맡을 수 있으므로 그들은 어머니가 특정 남성에게 기대는 의존성뿐 아니라 집단 안에서 남성 전체에 대한 의존성도 감소시킨다. 이는 그 같은 남성 의존이 불확실하며 신뢰할 수 없기로 악명 높았던 점을 생각해보면 특히 다행이다.

이것은 아버지가 중요하지 않다는 것을 의미하는가? 아니다. 그러나 성숙이 느리고, 비용이 많이 드는 아이를 낳은 어머니가 아버지의 도움을 믿고 의존할 수 없다면 그렇게 한다는 뜻이다. 변하기 쉬운 아버지 헌신이 아이의 복지에 미치는 영향은 지역적 조건들은 무엇인지, 주위에 또 누가 있는지, 과연 도와줄 수 있는지, 그리고 기꺼이 도와주려 하는지에 달렸다.[35]

그러나 실제 삶은 이러한 사례와 몇몇 방식에서 다르다. 그 방식들은 남녀 간 불평등을 약화하기보다 오히려 강화하는 경향이 있다. 가장 중요한 사실은 남성이 개별적으로 협상할 뿐 아니라 자주 담합한다는 점이다. 특히 그들은 여성을 강제하는 데 담합했으며, 강제에서 벗어나려는 여성을 흔히 따돌리거나 물리적으로 폭행했다. 이 같은 담합은 모든 사회의 남성이 먹이 생산과 전쟁을 비롯해 다양한 목적으로 수행한, 점점 더 정교해진 협력의 자연적 부산물이었다(채집도 협동적일 수 있지만 반드시 그럴 필요는 없으며, 혹은 그 정도가 아닐 수 있다). 다른 유인원들에서도 볼 수 있듯이, 남성의 그러한 활동은 여성의 자율성을 축소시켰다. 예를 들어 보노보 암컷은 수컷에 대항해 침팬지 암컷보다 더욱 성공적으로 자신들을 주장할 수 있다. 이러한 차이는 그들의 먹이 찾기 범위 안에 있는 음식의 분배 방식 차이에서 기인하는 것으로 보인다. 그 결과 수컷 보노보는 수컷 침팬지보다 협동할 이유가 더 적다. 예컨대 집단 사냥은 수컷 침팬지 사이에서 더 공통적이다(암컷은 신생아 때문에 사냥에서 불리하다).

사냥 같은 영역에서의 협동은 또 다른 영역으로 쉽게 확장될 수 있다. 예컨대 여성에 대한 성적 학대에 협동하거나 배우자의 감시 아래 감금하는 데 협동하는 것이다. 여성이 협동에서 불리함에 직면하는 것은 모든 고등 유인원 종의 청소년기 암컷은 짝짓기를 위해 집단을 떠나므로 다른 형제자매들과 한 집단에 머무를 가능성이 거의 없기 때문이다(연구된 바 있는 생존 집단들의 민속지적 증거가 거주 유형들에 상당한 유연성이 있음을 보여주더라도, 이는 선사시대의 대부분 인간 집단에서도 마찬가지라는 증거들이 있다).[36] 이러한 불리함은 보노보가 암컷 간 유대를 강화하고 수컷의 공격성을 진정시키는 데 활기 넘치는 성적 놀이를 사용함으로써, 부분적으로는 극복에 성공한 불리함이다. 성적으로 덜 창의적인 종인 호모 사피엔스의 경우, 여성에 대한 학대와 감금이 농경시대보다는 이전의 수렵·채집인들 사이에 덜 흔했다는 것이 참일지라도, 분명 남성 쪽에서 그러기를 원했기 때문은 아니었을 것이다.

남녀 간 힘의 균형에 영향을 미친 요인은 교섭 외에도 많다. 그럼에도 우리의 사례는 그들이 교섭하는 한 결과는 놀랄 만큼 비대칭적일 수 있음을 보여준다. 다른 쪽이 필요로 하는 매우 희소한 자원의 통제권을 부여받은 한쪽의 행운 때문이다. 어째서 보노보나 침팬지 수컷이 암컷에게 행사하는 통제권보다 인간 남성이 인간 여성에게 훨씬 더 많은 통제권을 행사했는가에 대한 중요한 이유는 단순하다. 다른 종의 암컷보다 여성이 더 많이 필요로 한 것, 즉 음식과 보호를 남성이 제공물로 가지고 있기 때문이다. 인간 여성은 이것들이 필요했다. 자연선택이 호모 사피엔스를 커다란 두뇌와 사회적 협동 능력에 생존이 달린 진화적 틈새 안으로 끌어넣었기 때문이다. 이는 도처의 여성에게 나쁜 소식처럼 들린다. 그러나 현대 여성에게는 실제로 좋은 소식이다. 나중에 보여주겠지만, 희소성이 의존성을 암시하더라도 희소성의 균형은 어느 정도 변할 수 있기 때문이다.

수렵·채집 생활과의 작별

대부분의 수렵·채집인이 살았던 당시의 생태학적 조건들은 남성이 여성을 학대하고 감금할 수 있는 정도에 상당히 엄격한 제약을 부과했다. 여성이 먹이를 뒤지고 찾아내려면 많은 자율성이 필요했다. 음식의 소비 지분 또한 훨씬 덜 불평등했을 것이다. 그들이 순전히 이기적인 교섭하에 그랬으리라고 우리가 제시한 사례보다도 말이다. 때때로 남성은 영양적 효율성을 과시하는 특권을 통해 그들의 기량을 증명하는 방법들을 택하기도 했다. 그러나 많은 사회에서 남성이 훌륭한 공급자로 보이기 위해 경쟁했다는 증거가 있다. 예를 들어 큰 사냥감을 수렵하는 것은 작은 사냥감을 추격하는 것보다 단백질을 얻는 데 덜 효율적인 방법일 수 있다.[37] 그럼에도 여성이 누린 자율성의 정도와 관련해 정말로 중요한 불평등은 남성과 여성이 얼마만큼 소비했는지가 아니라 그들 각각이 얼마만큼 통제했느냐에 있다.

수렵·채집하는 무리의 사회에서 남성들의 관계는 거의 확실하게 상당히 평등주의적이었다. 수렵은 강제보다 신뢰를 요구하며, 다른 이들을 강요하려는 시도는 곧 그 사람들이 떠나버린다는 의미였기 때문이다. 크리스토퍼 뵘Christopher Boehm 의 『숲속의 위계질서Hierarchy in the Forest』에 따르면 이는 호모 사피엔스가 유인원 사회를 특징짓는 경쟁력과 신분 의식을 잃었기 때문이 아니라 권력과 신분을 남용한 개인이 소속집단의 힘없는 구성원들이 만든 연합들의 역반응을 유발했을 것이기 때문이다.[38] 수렵·채집 사회에서 이렇듯 힘없는 구성원들의 협동은 강자에게도 필수적이었다. 남성 간 이러한 상대적 평등주의의 근원이 무엇이건, 그것이 갖는 여성에 대한 함축도 의미가 있다. 여성은 남성을 선택하는 데 어떤 자유를 누렸는데, 매우 가난한 남자의 유일한 아내가 되는 것과 매우 부유한 남자의 또 다른 젊은 아내가 되는 것 사이의 선택은 아니었다. 선택의 여지가 있다 해도 그것은 나중의 일이기 때문이다.

그래도 수렵·채집인의 삶을 낭만적으로 미화하지 않는 것이 중요하다. 오늘날 기준들로 보면 그 삶은 매우 폭력적이었다. 현재 가장 설득력 있는 추정에 따르면 폭력에 의한 사망률은 약 14%, 즉 21세기에 전 세계적 비율의 열 배다.[39] 더욱이 건강하지도 않았다. 남북 아메리카에서 모은 수렵·채집인들의 해골 중 반 이상이 심한 고통을 야기하는 농양에 시달렸으며, 치아 상태는 상상하기조차 고통스러웠음을 밝혀준다.[40] 농사는 이 두 측면에 대한 문제를 더욱더 악화할 예정이었다.[41] 그리고 여성의 조건은 남성의 조건보다 훨씬 악화될 예정이었다.[42] 남성은 오랜 세대에 걸친 수렵·채집인의 삶 동안 가능했던 것보다 더욱더 여성을 제한하고 구속하는 데 협동의 재능을 사용할 예정이었다. 이는 특히 사회적 규칙들로 이루어진 복잡한 체제들을 고안·강화하는 능력이었다.

자연 세계에서 가장 이상한 역설 중 하나는, 난자라는 희소한 생물학적 자원이 있는 여성이 단지 싸고 풍부한 정자를 통제하며 빈곤하게 출발한 남성에 직면해 그토록 무력했다는 점이다. 필자가 제시했듯, 만약 남성의 교섭력을 증진한 것이 여성이 필요로 한 희소한 고기를 통제할 수 있던 그들의 행운이었다면, 여성은 희소한 생식체를 소유했는데도 강해지지 않고 약해졌다는 것이 어떻게 참일 수 있는가? 그 대답은 당신이 확실히 통제하는 자산과 당신을 통제하는 자산의 차이에 있다. 안전한 곳에 보관된 100만 달러가 있는 것과 100만 달러 가치의 금니가 있는 것의 차이다. 안전한 곳에 보관된 돈은 한가할 때 협박에 대한 공포 없이 자유롭게 쓸 수 있다. 그러나 금니를 가치 있는 무언가로 바꾸려면 협동적인 치과 의사를 찾아야 하고, 그 전까지 당분간 어느 밤길이든 조심할 필요가 있다. 남성의 자원들은 그들이 소유할 때 통제했던 것들이었다. 여성의 자원들은 몸 안에 귀속되었기 때문에 흔히 여성을 통제했다. 즉, 희소한 자원들의 가치는 얼마나 희소적이며 사람들이 얼마만큼 원하는지에 따라서만 좌우되지 않는다. 사람들이 그것들로부터 쉽게 벗어날 수 있는지, 사용할 때 얼마나 안전한지에 따라서도 좌우된다. 또한 이는 사용을 지배하는 권리와 관습의 체계에 의해 좌우된다. 수렵·채집인 선조들에게 그러한 권리들은 전적으로 비공식적이었고, 대체로 합의에 근거했다. 농경 사회는 그 권리들을 여성에게 통상 유리하지 않은 방식으로 재규정할 예정이었다.

또 하나의 역설은 남성이 여성의 자율성을 그토록 심하게 제한하도록 이끈 발전들이 세계에서 가장 괄목할 만한 사회적 협동의 실험으로부터 성장했다는 것이다. 농경의 채택은 식량 생산기술뿐 아니라 인간의 전체 생활 방식도 변형시켰다. 인간은 들판을 지키기 위해 정착해야만 했다. 이는 인간을 부락, 마을, 도시로 끌어모았다. 인간이 스스로를 방어하지 않으면 안 되도록 만들었다. 또한 잉여를 창출했으며 농부는 그 잉여로 군인, 서기관, 사제, 왕의 활동에 대한 대가를 지불할 수 있었다. 재러드 다이아몬드Jared Diamond는 이것을 인류 역사에서 가장 커다란 재난이라고 불렀다. 이는 또한 의심할 여지없이 모든 현대 문명의 기초였다.[43] 찰스 다윈은 자연선택에도 불구하고가 아니라 자연선택 때문에 인간의 사회적 협동이 출현했다는 점을 의심하지 않았다. 또한 그가 보기에 성 번식의 핵심은 실로 그것의 상징이라 할 협동이다. 결혼의 유불리에 관한 대차대

조표를 만들고, 지구 전역에 퍼진 공동 연구원들의 연결망에 의존해 자연과 사회현상에 대한 관찰들을 제공받은 다윈에게, 성 번식을 둘러싼 연구는 삶 속의 가치 있는 어떤 것도 결코 혼자서는 성취할 수 없음을 말해주는 감동적인 조언이었다.

THE WAR OF THE SEXES

제2부

오늘날

선사시대에서 현재로 훌쩍 뛰어넘는 우리의 이동은 설명이 필요하다. 이 책은 우리의 진화론적 과거가 21세기의 남녀 간 경제적 관계들에 남긴 흔적에 관한 것이다. 초기 선조들로부터 물려받은 두뇌와 몸은 그것들이 처음 진화했을 때 세계와는 상당히 다른 세계를 항해한다. 이 책은 우리의 진화론적 과거가 초기 역사시대의 삶에 어떤 영향을 주었는지에 관한 것이 아니다. 또한 오직 한 측면을 제외하면, 이 책은 그러한 초기 역사시대가 오늘날 우리에게 그 흔적을 어떻게 남겼느냐에 관한 것도 아니다. 역사적 과거라는 예인선은 현대 경제생활의 중요한 부분들에서 남녀가 어째서 때때로 서로 다른 역할들을 계속하는지 관한 몇 가지 이유를 설명할 수 있을 것이다. 그러나 필자가 과거라는 예인선을 설명이라고 추측할 때, 그 이상으로 더 특별한 것은 없다. 다른 설명들로는 그 이유를 밝힐 수 없을 것이라는 점이 필자가 항상 내세우는 증거다. 역사적 과거에 대한 자세한 서술은 대단히 흥미로운 일이겠지만, 이 책의 과제는 아니다.

선사시대에 대한 결론들을 도출하는 것은 현대사회에 대한 결론을 도출하는 것과 상당히 다르다. 따라서 제2부의 각 장들은 앞선 장들과 다른 느낌을 지닌다. 선사시대에 관한 정보는 거의 없다. 과거의 그림을 회복하는 일은 대부분의 조각을 영영 잃어버린 직소 퍼즐을 맞추는 것과 같다. 현재에 관한 정보는 눈사태처럼 쏟아지는데, 대부분이 기껏해야 서로 무관하고 최악의 경우에는 잘못 이끈다. 현재에 관한 그림을 그리는 것은 가능한 100만 개의 조각으로 1000조각의 직소 퍼즐을 맞추는 일과 같다. 묘책은 무엇을 배제할지 배우는 것이다. 통계학은 사회과학자가 어떤 사실들을 무시할지 결정하도록 돕는 데 필수적인 도구다. 지도가 여행자에게 지형의 어떤 부분들이 여행과 무관한지 판단하도록 돕는 필수 도구인 것과 마찬가지다. 예를 들어 통계학에서는 특별히 매력적인 일화가 실제로는 전체 그림을 대표하지 않으므로 거기에 너무 많은 의미를 부여해봐야 소용없다고 말할 수 있다. 그래서 제1장에서 제4장까지의 논증은 도전적이며 흥겹고 일화적인 반면에, 제2부에서의 논증은 흥겹지 않으며 확실히 통계적이다. 필자는 심리 측정 검사psychometric testing 와 회귀분석regression analysis 같은 방법을 다루지만, 그렇다고 서술한 내용에서 그에 관한 어떤 기술적인 사전 지식을 상정하지 않는다. 공교롭게도 심리 측정 검사와 회귀분석은 같은 것을 수행하는, 대체 가능한 방법들이다. 즉, 복잡하고 다차원적인 현실을 조사해 단일 숫자로 환원함으로써 당면한 목적을 위해 당신이 관심을 두는 것을 담아내는 것이다. 각기 다른 목적은 각기 다른 숫자들이 필요하며, 어떤 절차도 우리가 원한 사용 목적을 떠나서는 독립적으로 옳지 않다. 당신은 한 권의 책에 대해 여러 질문을 할 수 있다. 쪽수가 얼마나 많은지, 무게가 얼마나 나가는지, 비용이 얼마나 들었는지, 그 책을 쓰면서 얼마나 자주 하품을 했는지 등을 말이다. 대답이 무엇이건 당신의 현재 목적들을 위해 중요할 수 있지만, 그 모두는 다른 맥락에서 당신이 당연히 중요하다고 여긴 정보를 배제한다. 책에 관한 이러한 모든 정보 조각은, 예컨대 그 책이 실제로 무엇을 말하건 그것에 관한 언급도 빠뜨리고 있다.

이 책의 첫 절반은 선사시대의 인간 남성이 성적 교섭에서 그들의 이해관계를 증진시키기 위해 경제적 자원의 축적 방법들을 어떻게 발전시켰는지 서술한다. 그러한 행위를 허용한 상황들은 더 이상 존재하지 않는다. 실제로 현대 산업사회에서 노동의 성별 분업을 위한 전체적 기초가 원칙적으로는 사라졌다. 예외는 주로 군사적 직업처럼 극소수의 특정 직업들인데, 그러한 직업에서조차 성별 분업의 지속은 논쟁거리로 남아 있다. 실천적 측면에서 이러한 노동 분업은 엄청나게 감소했지만 사라지지는 않았다. 그리고 여성이 거의 대표되지 않는 직업들은 현대사회의 가장 영향력 있는 직업들을 상당수 포함한다. 따라서 이 책의 두 번째 절반을 차지하는 질문은 수렵·채집인 선조들을 특징지은 경제적 힘의 불평등이 오늘날 사회에서 어느 정도까지 어떤 이유로 계속될 것이냐는 점이다.

이 질문은 과연 남성이 여성보다 더 건강하거나 행복한지, 혹은 더 성취감을 느끼는지 묻는 것이 아니다. 그들이 여성보다 경제적 자원들을 더 많이 소비하는지 묻는 것은 더더욱 아니다. 제1장에서 본 수컷 춤파리는 암컷을 통제하기 위해 먹이 꾸러미를 획득하는데, 먹이를 소비해버리는 것이 암컷일지라도 그렇게 함으로써 통제력을 행사하는 쪽은 수컷이다. 현대 세계의 여성이 그들의 필요와 관련해 남성보다 덜 소비하며, 그 결과 덜 건강하다는 증거는 없다. 실제로 우리가 발견할 수 있는 그런 종류의 증거는 반대 방향을 가리키는 경향이 있다. 남성은 전 세계에서 전염병에 의한 사망이 20%나 더 많으며, 부상이나 폭력에 의한 사망은 거의 두 배가 많다. 또 다른 주요 범주인 비전염성 질병에 의한 사망은 남녀의 발생 수효가 비슷하다.[1] 2009년 세계보건기구WHO가 전 세계에서 남성보다 여성의 기대 수명이 더 적다고 보고한 국가는 오직 통가Tonga와 투발루Tuvalu 였다.[2] 이런 비교들은 단지 현대 세계의 특징이 아니다. 우리가 말할 수 있는 한, 수렵·채집하는 무리들의 사회에서 5세 이하의 여아 사망률은 남아 사망률보다 보통 더 높았지만, 태어나서 5년 정도 생존할 경우 여성이 남성보다 더 오래 살 뿐 아니라 좀 더 건강하게 살았다.[3]

행복의 증거는 해석하기가 더 어렵다. 이는 특히 남녀의 성취감을 구성하는 것이 무엇인지를 둘러싼 견해가 광범위하게 갈리기 때문이다. 그러나 다른 연구원들이 실제로 주장했더라도, 필자는 여성이 남성보다 체계적으로 더 불행하다거나 성취감을 덜 느낀다고 주장하고 싶지 않다.[4] 많은 나라에서 여성은 그들의 섹슈얼리티와 관련된 이유들로 불법인데도 부적절하게 다뤄지는 폭력과 법적 폭력을 당한다. 이는 여성이 보통 그밖의 다른 이유들로는 남성보다 폭력에 덜 시달린다고 해도 확실히 맞는 말이다. 필자가 말하는 법적 폭력은, 그들의 섹슈얼리티가 스스로를 표현할 기회를 갖기도 전에 그들을 억압하려는 시도로서 수행되는 여성 할례부터, 이른바 성적 조신함을 거스른 위반들에 가해지는 사형까지 모든 종류의 신체적 외상을 여성에게 강요하는 법들이다. 선사시대 유산이 어떻게 이런 끔찍한 실천들을 출현시켰는지에 관해 할 말들이 있더라도, 이는 그러한 폭력이 어떻게 멈추어질 수 있는가라는 문제보다 덜 긴박하다. 그러나 이 주제는 또 다른 한 권의 책을 요구할 것이다. 여기서 필자는 꽤 엄밀하고 매우 색다른 질문에 관심이 있다. 그것은 선사시대 이후 인간 사회를 특징지었던 경제적 자원들에 대한 남성적 통제가 과연 사라질까라는 질문이다.

일부 남성이 전 세계 경제적 자원들의 커다란 지분에 통제권을 행사해 왔다는 사실은 모든 남성이 그렇다는 의미가 아니며, 결코 의미한 적도 없다. 실제로 사회 가장 꼭대기에 있는 남성은 여성이 열망했을 그 모든 것을 능가하는 특권을 즐긴 반면, 대부분의 여성 또는 모든 여성보다 더욱 열등한 밑바닥 남성이 항상 존재했다. 자연선택의 모든 관심이 향하는 유일한 것, 즉 가장 영구적인 성공의 기준에서 일부 남성이 출산을 가장 많이 한 여성보다 더 많은 아이를 둘 수 있었다는 사실은, 출산 분포의 밑바닥에서 여성보다 많은 수의 남성이 단 한 명의 아이도 남기지 못하고 죽었다는 사실을 함축한다. 그런데 이는 현 인류를 유래한 남성 풀pool이 여성 풀보다 더 작았다는 점도 함축한다. 이것은 남성에 의해서만 전이되는 Y 염색체와 여성에 의해서만 전이되는 미토콘드리아에 들어 있는 최근의 인간 개체군들의 DNA를 비교한 연구들을 통해 확증된 사실이다.[5] 알려진 모든 인간 사회에서 여성보다 많은 수의 남성이 노숙자였거나 교도소에 있었다(이러한 조건들은 그들의 열악한 번식 가망성의 조짐인 동시에 강화제였다).

인간 사회에 관한 오래되고 잘 알려진 이러한 사실이 최근 재발견되며 '남성의 위기' 또는 '남성의 쇠퇴'로 새롭게 선보여지고 있다.[6] 정확한 지적은 여성보다 훨씬 많은 남성이 교도소에 있고, 노숙자이며, 실업 상태라는 것, 그리고 미국에서는 고등교육에 등록한 여성이 남성보다 실질적으로 많을 뿐 아니라 남성의 교육적 성취와 여성의 높은 성취 사이에 격차가 커진다는 것이다.[7] 교도소 수감자 수와 노숙자 수는 누구나 측정할 수 있었던 만큼, 네 개의 진술 중 앞의 둘은 참이었다. 그런데 시간에 따른 남성 수감자·노숙자 수 변화가 구체적으로 여러 정부의 투옥 정책이 아닌 남성 일반에 관해 무언가를 말하는지는 분명하지 않다. 세 번째 진술인 실업률 격차는 최근 미국과 영국의 경기후퇴에서 나타나는 특징이었다. 그러나 초기 급등 이후 두 국가의 남녀 간 실업률 격차는 줄어들고 있으며, 과연 그것이 더 오래 지속될지 말하기는 너무 이르다. 어쨌든 실업률 격차가 유럽 대륙의 특징은 아니며, 그것이 남성의 영원한 잉여성을 경고한다는 증거도 없다.[8] 네 번째 진술인 교육 격차가 참인 것은 여성의 대학 등록률이 증가하기 때문이지 남성의 등록률이 떨어지기 때문은 아니다. 따라서 이는 여성 교육이 남성에게 나쁜 소식이 틀림없다고 생각할 경우에만 남성 위기의 증거에 해당된다.[9] 이는 변호될 수 있더라도 명백한 결론과 너무 동떨어진 견해다. 제8장에서 남성의 위기를 다시 다룰 것이다. 그러나 지금 꼭 말하고 싶은 것은 이러한 사실 중 무엇도 사회의 경제적 자원들에 대한 남성의 통제가 비현실적인, 또는 중요하지 않은 현상임을 시사하지 않는다는 점이다. 제2부의 주제는 바로 이러한 현상이다.

필자의 질문은, 현대 세계에서 여성이 자신의 재능들에 준해 경제적 자원들을 통제하고자 열망할 수 있느냐는 것이다. 재능이 평가의 합리적 기준이라는 데 모든 사람이 동의하지는 않을 것이다. 예를 들어 어떤 사람들은 재능이 경제적 보상의 권리를 부여하는 근거가 되면 안 된다고 믿는다. 이는 필자가 제2부의 첫 세 장에서 다룰 질문이다. 따라서 필자가 재능에 관해 말할 때 무엇을 뜻하려 하는지 이해하는 것이 중요하다.

그렇다면 필자는 재능을 어떤 의미로 말하는가? 재능은 일종의 천재성의 아류와 같이 사람들에게 깃든 어떤 신비로운 정신이 아니다. 그것은 신뢰할 만하게 체계적인 방식들로 행동할 수 있는 각기 다른 역량, 즉 능력이 다채롭게 뒤섞여 있음을 가리키는 이름이다. 사람들은 매우 다양하게 서로 다른 능력을 지니고 있으며, 이는 다른 사람들이 가치 있게 여기는 것을 할 수 있는 자신의 능력들에 무엇이 따라오는지도 계산에 넣는 능력이다.

인간의 생활은 교환에 근거한다. 정말 예외적인 몇몇 경우를 제외하면 우리 모두는 타인을 위한 일을 하며 살아가고, 타인도 그들대로 우리를 위한 일을 하며 살아간다. 그런 일들이 행해지지 못하면 삶은 더욱 거칠어지고 잔인해질 것이며, 또한 상당히 짧아질 것이다. 어떤 사람들은 타인이 상당한 가치를 두는 능력들을 운 좋게 지니는 반면, 다른 사람들은 불행히도 그렇지 못했다. 따라서 가지지 못한 사람은 자신의 노력과 교환해서 얻는 것도 실질적으로 더 적다. 필자는 대체로 다른 사람들이 가치 있게 여기는 능력을 지녔다는 사실로서 **재능**을 정의한다(여기서 재능이 반드시 미덕일 필요는 없으며, 항상 찬사를 보내야만 하는 것도 아니다. 그것은 단지 운 좋은 사실이다). 어떤 때 두 개인은 재능이 서로 다르므로 서로 다른 보상을 받는다. 즉, 한 사람은 다른 사람들이 매우 높게 가치 매기는 것을 만들거나 행할 능력을 지닐 만큼 충분히 운이 좋다. 또한 개인들의 재능이 매우 비슷하더라도, 경제적 교환 과정은 다른 사람을 위한 그들의 활동으로 창출된 가치의 더 높은 지분을 한 사람이 받도록 만들기에 그럴 때도 있다. 우리는 이러한 지분이 수많은 이유로 달라질 수 있음을 제4장에서 보았다. 이는 한 개인이 다른 사람보다 더 많은 경쟁에 직면하기 때문에 달라질 수 있다(한 개인은 작은 도시의 유일한 배관공일 것이며, 다른 사람은 큰 도시의 많은 배관공 중 한 명일 것이다).

다음에 이어질 세 장에서는 다른 요인들도 그 지분에 영향을 줄 수 있음을 보여준다. 한 사람은 재능을 협상하거나 신호하는 데 능숙할 수 있는 반면, 다른 사람의 경우 재능은 마찬가지지만 덜 효과적으로 협상하거나 재능을 신뢰할 만하게 신호하기가 쉽지 않은 환경에서 지낼 수 있다. 필자의 질문은 21세기에도 지속되는 남녀 간 경제적 보상의 차이들이 서로 다른 재능들을 반영하기 때문인가, 아니면 재능으로 창출한 가치의 지분을 남녀가 서로 다르게 받는 경향이 있기 때문인가 하는 것이다. 여성과 남성은 거래 가능한 성적 호의를 지녔다. 또한 선사시대에서 이 거래는 그들이 거래한 나머지 모든 것에 대한 조건들을 결정했다. 이제 질문은 성적 호의의 교환이 그 밖의 다른 재능이 거래되는 조건들을 계속 결정할 것인가, 아니면 그 두 조합의 교환들이 마침내 분리될 것인가다. 만약 분리된다면 우리 종의 역사에서 전례 없는 발전일 것이다.

재능이라는 측면에서 주장을 발전시키기 위해 제5장은 성별을 뺀 다른 것들을 함께 말하는 것으로 시작한다. 곧 다시 성별로 돌아오지만, 먼저 우리가 인간 종을 두 개의 다른 계급으로 나누기 위해 선택했을지도 모를 다른 방식을 고찰하고 싶다.

제5장

재능 검사

터무니없는 키 이야기

키 큰 사람이 대부분의 중요한 결정을 내리고 가장 중요한 보상도 누리는 사회에 산다고 상상해보라. 사실 너무 어렵게 상상할 필요도 없다. 현대 산업사회가 실질적인 경제적 힘과 특권을 키 큰 사람에게 수여한다는 증거가 상당히 많기 때문이다. 그러나 키가 경제적 삶과 사회적 삶에서 지금보다 훨씬 더 핵심적이라고 가정해보자. 예를 들어 행정적 문서를 작성할 때마다 키를 적어야 하며, 키 작은 사람과 키 큰 사람을 위한 화장실과 탈의실이 따로 있다고 생각해보자. 또한 이런 일상의 끝없는 의례가 당신에게 그러한 구별을 계속 강조한다고 가정해보자. 저녁 식사에서 좌석 배치를 결정하는 주최자는 키 작은 사람과 키 큰 사람을 번갈아 앉히라고 항상 강조한다. 옷 가게도 상당히 다른 색깔과 양식으로 단장해 키 작은 사람과 키 큰 사람의 구획을 따로 만든다. 어떤 잡지들은 '톨테일Tall Tales'과 '쇼트 앤드 스위트Short and Sweet' 같은 제목을 달고 나온다. 그리고 당신이 권력과 영향력 있는 자리들에서 키 작은 사람과 키 큰 사람의 대표성에 커다란 격차가 있음을 발견했다고 가정하자. 즉, 대기업 최고 경영자들 가운데 30명당 한 명만 키가 평균 이하일 때, 이것이 합리적이고 공평하며 경제적으로 효율적인 사태라고 당신을 설득하려면 어떤 증거를 취할 수 있을까?

하나의 가능성으로 누군가가 여러 심리 측정 검사에 근거해 능력을 증거로 제공할 수도 있다. 이용 가능한 최근의 검사들을 근거로 키 큰 사람이 키 작은 사람보다 초창기 학교 교육부터 평균적으로 더 잘 수행한 것이 분명하다고 가정해보자. 고용과 소득에서 키 작은 사람에 대한 명백한 차별은 그저 키 작은 사람이 평균적으로 재능이 적다는 사실을 반영할 수도 있을 것이다. 적어도 이는 검사들에 의해 측정된 것이다. 그렇다고 결과를 정당화하기에 충분할까? 분명히 아니다. 이는 적어도 두 개의 추가 요인에 달려 있을 것이다. 검사가 그 사람이 고용된 이후의 수행 관련 능력들을 정말로 확인하고 있었느냐는 점과, 검사 수행에서 격차의 정도가 이후 경제적 보상의 격차를 설명할 만큼 충분히 컸느냐는 점이다.

그다음에 당신은 학교에서 어린이들이 치르는 이런 검사들을 조사하며 수리와 언어 이해력에 대한 검사들뿐 아니라 높이뛰기나 농구 점수를 내는 수행처럼 운동능력 검사들도 있다는 것을 발견했다고 상상해보자. '능력 점수'라고 제시된 것은 이렇듯 각기 다른 검사들 한 묶음에 대한 수행도의 합계일 뿐이며, 몇몇은 아예 시작부터 키 큰 사람을 선호하는 방식인 것처럼 보인다. 걱정하지 말자. 당신은 안심되는 말을 들었을 수 있다. 통계학자들은 이런 검사들이 정당화되는 이유가 개인의 차후 성공에 대한 매우 높은 예측력에 있다고 밝혔다. 현시점에서는 프란츠 카프카Franz Kafka가 어떤 동요를 보이기 시작할 수도 있다. 경제적 성과는 그 검사들에 의해 예측되기 때문에 정당화되고, 그래서 이제 당신은 그 검사들이 경제적 성과를 예측하기 때문에 정당화된다고 들었는가? 분명 그렇게 될 수 없을 것이다.

사실상 당신이 그 검사들을 실재하는 근본적 재능에 대한 긍정적 지표이며 경제적 성과에 대한 긍정적 예측변수라고 확신할 수 있어도, 이는 그렇게 정당화될 수 없다. 이 경우 두 요인, 즉 재능과 경제적 성과는 필연적 연관성이 없다. 양쪽 모두 제3의 어떤 요인, 즉 검사 점수와 우연히 연관되기 때문이다. 이것이 의심스럽다면 비슷한 방식으로 잘못된 추론을 고려해보자. 당신의 과속 운전 정도는 목적지에 일찍 도착할 기회를 늘리고 사고 발생 기회도 늘릴 것이다. 그러나 사고 발생이 목적지에 일찍 도착할 기회를 늘리지는 않는다. 달리 말하면 상관관계가 이행적이지 않다. A(일찍 도착)는 B(과속 질주)와 긍정적으로 상관될 수 있으며, B(과속 질주)와 C(사고 발생)도 긍정적으로 상관될 수 있다. 하지만 그렇다고 해서 A와 C가 긍정적으로 상관되지는 않는다. A와 상관적인 B의 측면들이 C와 상관적인 B의 측면들과 똑같은 것이 아니기 때문이다.

이러한 순환논증을 피하기 위해서 키 큰 사람이 누린 경제적 보상을 재능에 근거한 수익으로 옹호하는 데 심리 측정 검사의 예측력을 사용하고 싶어 한 사람들은, 재능이 경제적 성과를 예측하도록 돕는 틀림없는 특징이라 생각하게 만든 심리 측정 검사의 특성들을 논증할 필요가 있을 것이다. 재능과 경제적 성과는 둘 다 복잡하고 다차원적인 변수이므로 간단한 연습 문제가 아니다. 이는 검사 점수와 경제적 성과의 상관관계를 둘러싼 두 개의 가능한 원인을 배제하도록 요구할 것이다.

배제해야 할 원인 중 첫 번째 것을 **부적절한 포섭** irrelevant inclusion 이라 부를 수 있다. 검사 점수는 부분적으로 재능의 영향을 받을 수도 있고, 또 다른 비관련적 특성들의 부분적인 영향을 받을 수 있다. 예를 들어 농구나 높이뛰기를 할 수 있는 능력처럼 비관련적 특성은 그 자체로 경제적 성과에서 부당하게 보상되는 특성들이다. 검사 점수와 경제적 성과의 상관관계가 실제로 있었을지도 모른다. 그러나 이는 재능과 아무 관련이 없다. 두 번째 가능성은 **부당한 배제** unjustified exclusion 로 부를 수 있다. 검사 점수는 단지 재능의 일부 측면만 반영하며, 따라서 측정에 실패한 측면들은 경제적 보상을 결정하는 과정에서도 부당하게 무시될 수 있다. 검사 점수와 경제적 성과의 상관관계가 보여줄 수 있던 것은 둘 다 재능에 대해 불완전하고 비적절한 측정을 반영한다는 점이다. 두 경우에서 논증은 검사 점수와 성과의 상관관계뿐 아니라 그 검사들에 대한 세밀한 검토에도 근거할 필요가 있었을 것이다.

공교롭게도 연구원들은 이를 정확히 행했다. 필자가 초반에 암시했듯, 키 큰 사람이 경제적 힘과 보상에서 균등한 지분 이상을 얻는다는 생각은 허구가 아니다. 세기가 바뀔 즈음에는 키 큰 사람이 더 많이 벌고 높은 지위의 직업을 더 많이 대표한다고 알려졌다. 1915년에 사회심리학자 E. B. 고윈E. B. Gowin은 기업의 중역들이 '평균 남성'보다 키가 더 큰 경향이 있다고 적었다. 또한 같은 직종에서 지위가 다른 사람들의 키를 비교한 결과 주교가 소도시의 목사보다, 판매 부장이 판매원보다 키가 더 큰 편이라고 적었다.[1] 경제학자 앤 케이스Anne Case와 크리스티나 팩슨Christina Paxson은 키와 경제적 성공의 상관관계가 오늘날에도 매우 강하게 남아 있음을 보여주었다. 예컨대 "미국 남성의 키 분포도에서 백분위 25번째 수부터 75번째 수까지의 키가 증가한 것은(4인치 증가) 소득이 9.2% 증가한 것과 연관된다"라고 보고한다. 또한 여성의 경우에도 비슷한 결과들이 나왔다고 보고한다.[2] 그들의 설명은 다음과 같다. "소득에서의 키 프리미엄은 대체로 키와 인지능력의 긍정적 연관 때문이며, 노동시장에서 보상받는 것은 키라기보다는 인지능력이다."[3]

케이스와 팩슨도 알고 있듯이, 그들의 의견을 증명하려면 검사 점수가 키와 상관적이고, 키가 노동시장 성과와 상관적임을 입증하는 것으로 충분치 않다. 그들 역시 검사 점수와의 상관관계가 부적절한 포섭이나 부당한 배제에 기인하지 않음을 보증할 필요가 있다. 비록 이러한 방식으로 표현하지는 않지만 말이다. 예를 들어 그들은 5~10세 아동의 키가 도형 그리기부터 언어적 기술과 수학적 능력에 이르는 일련의 서로 다른 인지 기술 검사 점수와 강하게 상관됨을 보여준다.[4] 키와 인지 기술 모두 어린이의 성장과 발달을 증진하는 요인들의 소산이라는 것이 개연성 있는 이유다.[5] 이는 비적절한 포섭의 가능성을 없앤다. 즉, 만약 점수와 키의 상관관계가 인지능력과 관련 없는 어떤 이질적 요인(우리가 가정한 사례에서는 높이뛰기와 농구처럼)에 기인했다면, 이질적 요인이 서로 다른 모든 검사에 똑같은 정도로 들어 있을 것 같지는 않다. 부당한 배제는 제거하기가 확실히 더 어렵다. 아마 이러한 검사들은 키 작은 사람이 더 강하게 지니는 중요한 재능들을 간과하고 있을 것이다. 그러나 이런 재능들이 무엇일 수 있는가에 대한 타당성 있는 이론들이 없는 상태에서는 사용되는 검사의 범위가 더욱 넓어질수록 그러한 재능들이 간과될 가능성이 더욱 적어진다. 따라서 대체로 검사 점수와 키의 상관관계가 재능과 키의 참된 인과관계를 반영하는 듯 보인다.[6] 그러나 이러한 인과관계가 키 큰 사람이 평균적으로 훨씬 더 후한 경제적 보상을 받는다는 사실을 설명할 만큼 충분히 중요할까?

대답은 아니라는 것이다. 흥미롭게도 케이스와 팩슨은 키가 봉급에 미치는 영향이 전적으로 키와 재능의 인과관계에 기인한다는 점을 발견하지 못했다. 그들은 미국에서 조사한 자료를 이용해, 검사 점수 제어가 노동시장에 있는 남성의 키에 관한 수익을 줄이되 완전히 제거하지는 않는다는 사실을 발견했다.[7] 검사 점수가 제어될 때 키가 소득에 미치는 영향은 이전에 평가된 수준의 절반 정도로 떨어졌는데, 이는 키가 봉급에 미치는 영향의 다른 완전한 절반이 인지능력으로 설명되지 않은 채 남는다는 의미다. 여성에 관한 자료에서는 키에 대한 측정 수익이 줄었다. 이는 긍정적이지만 더 이상 통계적 의미가 없다(영국에서 조사한 그들의 자료에 따르면 이는 여성과 남성 모두에게 참이다). 노동시장에서 키에 대한 측정 수익의 실질적 부분이 정말로 근본적인 인지능력에 기인한다는 점은 분명하다. 그러나 키 역시 어떤 추가적 장점을 계속 실어 나르는 듯 보인다. 그

것이 키에 유리한 편견 때문일지, 아니면 키가 고용주들이 인지능력 외에도 가치 있게 여기는 그 밖의 다른 특성들과 상관되기 때문일지, 혹은 고용주들이 무의식적으로 키를 실제보다 재능의 더 신뢰할 만한 신호로 사용하기 때문일지를, 그 증거는 우리에게 말해주지 못한다.[8] 그리고 굳이 말하자면 여성과 남성의 소득 차이는 키 차이와 아무런 관계가 없다. 당신이 키를 통제하든 못하든, 여성은 재능이 동등한 남성에 비해 마찬가지로 봉급 불이익에 직면한다.

성별, 재능, 보상

성별 문제로 돌아가 보자. 이는 경제적 보상의 차이에 관한 것과 비슷한 퍼즐을 제시한다. 1900년 이후, 특히 제2차 세계대전 이후에 산업화된 국가들은 물론 많은 개발도상국이 거의 모든 고용 분야에서 여성 참여를 가로막는 공식적 장벽들을 제거한다. 또한 명시적인 관습과 실천에 근거한 많은 장벽을 폐지하거나 불법화했다. 이는 하나의 주목할 만한 실험으로, 인간 종의 역사에서 첫 번째 대규모 시도에 해당한다. 남녀 간 노동 분업의 장애물을 제거하고, 남녀 구성원들의 노동의 대가로 다른 사람들이 비용을 지불하도록 설득할 수 있는 거의 모든 종류의 일을 할 수 있게 했다. 선사시대에 남녀는 대체로 서로 다른 역할을 담당한 듯 보인다(선사시대이기 때문에 어떤 증거문서도 없으며, 제4장에서 본 것처럼 다른 종류의 증거들에 근거해서 추리할 수밖에 없다). 기록된 역사의 대부분에서도 그들은 대개 서로 다른 역할을 맡았다. 달리 행동하는 것을 막는 장애물들을 경제적·정치적 권력을 지닌 집단들이 집행했기 때문이다. 그런 집단들은 매우 보편적이지는 않더라도, 압도적 다수가 남성으로 이루어졌다. 예를 들어 중세 유럽에서 대부분의 상인 길드가 여성의 진입을 거부했다. 그러나 오직 사망한 구성원의 아내에게 예외적으로 진입을 허용했는데, 그 경우에도 상당히 엄격한 조건들을 걸고서야 가능했다.[9] 이러한 풍경은 획일적이지 않았고, 절대적인 장벽도 거의 없었다. 남성의 직업에 명백히 진입한 여성의 사례는 많은 나라에서 찾을 수 있지만, 그들이 직면한 공식적·비공식적 장애물들은 여간 벅찬 것이 아니었다.[10] 기계화가 이전에 남성의 신체적 강인함에 담긴 그 어떤 유리한 장점조차 중화해버린 후에도 이러한 장벽 상당수가 계속 남아 있었다.

그러한 명백한 장벽들이 제거된 이후, 이전에는 오직 남성이 차지한 많은 역할을 여성이 차지하기 시작했다. 이 기간에 가사노동 절약 기구나[11] 피임약 발명 같은 과학기술적 발전들이 동시에 일어났는데, 이는 노동시장에 완전히 참여하는 여성과, 그런 참여를 가능하게 만드는 데 필요한 학습을 추구하는 여성의 희생을 상당히 줄였다.[12] 이러한 변화가 여성이 참정권을 획득하자마자 왔다는 것도 우연의 일치가 아니다. 여성의 참정권 획득은 대부분의 산업국가에서 제1차 세계대전과 제2차 세계대전 이후에 일어났는데, 두 차례의 세계대전은 군수품 제조업처럼 이전에는 남성이 차지한 직종에서 여성의 기여가 전쟁의 총력에 필수적이었음을 증명한 첫 번째 갈등이었다(유명한 중립국인 스위스는 1971년 총선에서 여성 참정권을 인정했는데, 스위스는 서구 세계에서 여성의 참정권을 가장 늦게 인정한 공화국이었다).[13] 과학기술의 변화, 법의 변화,[14] 그리고 태도의 변화는 모두 서로를 강화했다. 특히 태도의 변화들은 1929년에 미국 담배 회사가 "자유의 횃불"이라 부른, 바지 입고 담배 피우는 여성과 같은 신호들에 의해 특별히 눈에 띄었다.[15] 여성은 화학무기를 제조할 수 있었을 뿐 아니라 모든 면에서 남성과 마찬가지로 잘할 수 있었다. 여성도 화학물질에 노출될 수 있었음은 물론이다.

원인들의 정확한 배열이 무엇이건, 이전 역사시대들의 기준으로 보면 변화의 속도는 굉장했다. 2008년에는 미국의 생산 가능 연령대 여성 중 60%에 조금 못 미친 인원이 경제활동인구에 들어가 있었다. 남성의 73% 참여율에 비하면 여전히 낮지만, 1940년대 후반에 30%를 조금 넘었던 것과 1970년의 43%에 비하면 극적인 변화였다.[16] 2008년까지 5세 이상의 아이가 있는 여성의 77%가 경제활동인구에 포함되었다.[17] 역사적으로 전례 없는 수의 여성이 노동 인력에 진입했을 뿐 아니라 a로 시작하는 회계직accountancy 부터 z로 시작하는 동물학zoology 까지, 지금껏 남성 지배적이던 직업에도 진입했다. 그리고 몇십 년 사이에 그 직업 중 상당수에서 여성의 수가 남성과 같아지거나 능가하게 되었다. 2009년에 여성은 미국 노동통계국이 칭한 "관리직, 전문직과 관련 직종들"의 51.4%를 대표했다. 미국에서 여성은 고등교육 등록도 남성보다 수적으로 상당히 우세한데, 거의 모든 사람에게 고등교육은 흥미롭고 보수 많은 일로 진입하는 주요 항구다. 짧게 말하면 재능 있고 동기부여가 된 여성이 전례 없는 밀물로 남성 중심적 경제에 들어왔으며, 사회와 경제생활의 많은 분야에서 활동·생산량·혁신의 엄청난 증가를 이루었다. 확실히 그 증가는 헤아릴 수 없고 말로 담을 수 없을 만큼 방대했다.

그러나 아직 밀물은 모든 곳으로 들어오지 않았으며, 모든 배를 들어올리지 못했다. 그 극적인 변화 속도는 변화가 느렸거나 아예 없던 분야를 극명하게 보여주었다. 세 가지 점이 상당히 의문스럽게 남는다. 첫째, 일부 직업의 공식적 장벽은 여성이 동등함을 획득한 직업들에서보다 분명 더 높지 않은데도, 여성이 전체에서 차지하는 비율은 계속 낮게 나타난다. 여성은 법조인의 32%, 건축가의 25%, 컴퓨터 프로그래머의 20%, 택시 운전사와 기사의 15%, 토목공학자의 7%, 전기 기사의 2.2%, 항공기 조종사의 1.3%만을 대표한다. 여성이 건강관리 종사자의 약 사분의 삼을 구성하지만, 내과 의사와 외과 의사는 오직 32%가 여성이다.[18] 이탈리아, 일본, 독일 같은 나라에서는 전반적으로 여성의 노동 인력 참여가 더 낮기 때문에 미국과 그 밖의 부유한 나라들 간에는 차이가 있다. 그러나 산업화된 세계에서는 대체로 유사한 패턴이 관찰된다.

둘째, 여성의 봉급은 직업들 안에서도 남성의 봉급보다 계속적으로 더 낮다. 2010년 미국에서 남성의 봉급에 대한 여성의 전반적인 봉급 비율은 81%였으며, 몇몇 전문직에서는 더 낮았다. 예를 들어 법률가에서는 77%, 개인 투자 자문가에서는 58%였다.[19] 이와 연관된 것으로 셋째, 광범위한 경제활동에 걸쳐 가장 특권적이고 보수가 높은 상당수의 자리에서 여성의 대표성은 놀랍게도 계속 낮은 비율을 보인다. 2010년 ≪포춘Fortune≫ 선정 500개 기업에서 여성은 단지 15.7%가 이사진이었고, 2.4%만이 최고 경영자의 자리에 있었다.[20] 여성이 지도자에 임명될 때 그 자리가 더 불안정하고 위태로운 자리일 경우가 많다는 증거들이 있다. 이러한 현상은 '유리 절벽glass cliff'으로 불린다.[21] 외식산업과 음식 조달 산업 같은 특정 분야의 활동에서도 여성은 웨이터와 웨이트리스의 70% 이상, 조리사의 41.5%를 차지했지만, 주방장과 조리장은 겨우 20.7%였다.[22] 도대체 무슨 일이 벌어지고 있는가?

키 이야기를 들은 당신은 아마 필자가 재능 차이를 설명으로 제시하리라 생각할지도 모른다. 그러나 키 비유에서 요점은 보상의 차이를 설명하기 위해 재능의 척도들을 사용하려면 이러한 척도들이 상당히 특별한 다수의 조건을 충족해야 함을 보여주는 것이다. 신체적 강함이 아직도 중요하게 여겨지는 몇몇 직업을 제외하면 실제로 특정 직업들 속 여성의 과소 대표, 여성의 낮은 봉급, 또는 특별히 높은 지위나 보상을 받는 자리에서 여성의 과소 대표가 남녀 간 재능 차이와 관련된다는 증거는 없다.

우리는 인지능력, 혹은 기술에 대한 심리 측정 검사들을 살펴보며 시작할 수 있다. 이런 검사들은 단일 유형이 아니라 여러 유형의 기술을 검사하며, 개별 검사들을 종합적으로 묶은 패키지 혹은 종합 테스트battery의 수많은 구성요소 검사들을 통해 이루어진다. 기술을 둘러싼 이런 각기 다른 검사들에 대한 수행도에서 평균적으로 남녀 간에는 다소 차이가 있다. 언어능력 검사에서 여성은 남성보다 평균적으로 더 잘 수행하는 경향이 있으며, 남성은 모두가 그렇지는 않지만 일부 시각 및 공간 기술 유형 검사에서 여성보다 평균적으로 더 잘 수행하는 경향을 보인다.[23] 그러나 이러한 평균적 차이들은 어느 성별이건 개인 간 변동에 비하면 항상 작고, 더구나 그중 일부는 특정 환경에서 발견되지만 그 밖의 환경에서는 발견되지 않는다.[24] 그리고 일부 검사, 즉 시행되기 전 대상자들에게 주어지는 정보와 같은 상황적 요인들의 영향을 받는다고 알려진 검사들의 허울 좋은 정밀성을 둘러싼 강경하고 정당화된 비판들이 있어왔다.[25] 특히 여성의 상대적 수행도는 '고정관념 위협'으로 알려진 것에 지배받는 것으로 나타났다. 여성의 저조한 수행도라는 고정관념을 의식하며 검사에 임하는 여성은 중립적 메시지로 준비된 여성보다 잘 수행하지 못한다.[26] 이러한 고찰들은 구성요소 검사들에 대한 수행도에서 나타난 성별 차이의 증거를 상당한 불확실성이 감싸고 있음을 의미한다. 그러나 현재로서는 적어도 그런 약간의 차이가 정말로 있다는 주장이 합리적인 것처럼 보인다.

심리학자들은 일반 지능의 척도인 g를 언급한다. 이는 평판이 좋은 모든 심리 측정 검사에서 꾸준히 공통적인 구성요소다. 또한 이것은 상당히 유전적이며, 경제적 수행도와 꽤 상관이 있다.[27] 그런데 이 유전 가능성은 g에 끼치는 환경적 영향들이 중요하지 않다는 의미가 아니다. 그와 반대로 평균 IQ 점수는 세계 대부분의 나라에서 시간이 흐르며 10년마다 약 3점씩이나 급격히 올랐다. 이러한 증가는 그것을 처음 기록한 연구원의 이름을 따라 플린 효과Flynn effect로 알려졌으며, 그것이 유전적 변화에 기인할 수 있다는 점은 전적으로 믿기 어려워 보인다.[28] 따라서 플린 효과가 시사하는 바는, 비록 지금까지는 무엇이었는지에 대한 확증이 없더라도 IQ 검사로 포착된 기술들은 시간이 흐르면서 변하고 있던 환경적 요인들의 영향을 강하게 받았다는 것이다.[29]

일반 지능 g가 과연 여성과 남성의 의미 있는 평균적 차이를 보여주는지 아닌지를 토론한 논쟁적 문헌이 많이 있다. 어떤 연구들은 차이를 전혀 발견하지 못하고, 어떤 연구들은 남성이 표준 IQ 척도 1~5점의 수치만큼 우세함을 발견했다. 여성의 우세함을 발견한 연구 수효는 매우 적었다.[30] 남성의 강점이 발견된 곳에서 그 강점은 플린 효과의 고작 10년 정도 가치에 해당한다. 따라서 차이의 크기가 10년에 걸친 학습 환경 차이만큼이라면, 남성의 강점은 전적으로 소년과 소녀의 학습 환경 차이에서 기인했을 수 있다. 이 같은 변동의 한계에서 그러한 발견들은 재능 차이가 노동시장에서 남녀의 수행도 차이를 충분히 설명하느냐 아니냐 하는 질문과 그야말로 무관하다. 우리는 평균적 차이가 '실제로' 0이었다거나 남성이 3% 우세했다거나, 아니면 여성이 1% 우세했다고 아는 데서 배울 점이 아무것도 없을 것이다.

그 이유는 매우 간단하다. 정확히 말해, 구성요소 검사들에 대한 남녀의 수행도에는 평균적 차이가 있으므로 그런 검사들이 통계적으로 밝히는 듯 보이는 재능의 공통 요인은 종합적인 종합 테스트를 만드는 구성요소 검사들의 선택에 민감할 것이고, 그중 특히 여성의 수행도에 유리한 경향이 있는 검사가 많은지 남성의 수행도에 유리한 경향이 있는 검사가 많은지에도 민감할 것이기 때문이다. 즉, 일반 지능 g의 척도를 얻기 위해 만들 수 있는 모든 종합 테스트가 사용될 수 있다는 사실을 안다면 우리는 그것이 산출한 g의 척도들이 동일하다고 생각해선 안 될 것이다. 오히려 특정 검사들이 산출한 g의 구체적 추정치들은 개인이 어쩌다 잘하는 과제 유형에 따라 개인들 집단의 순위를 매우 다르게 매길 수 있다.[31] 심리학자 얼 헌트Earl Hunt는 다음과 같이 썼다. "당신은 g이자 언어 추리로 가득한 일반 지능의 척도를 찾을 수 있어 여성의 강점을 산출하거나, 아니면 g이자 공간·시각 추리로 가득한 일반 지능의 척도를 산출해 남성의 강점을 찾을 수 있다."[32]

키의 사례로 보았듯이, g의 어떤 척도와 경제적 보상의 상관관계가 그러한 경제적 보상에 대한 정당화로 기능할 수 있는 경우는 오직 그러한 상관관계의 강도가 비적절한 포섭이나 부당한 배제로 과장되지 않는 경우에 한해서다. 여기서 비적절한 포섭이란 한쪽 성의 검사 수행도를 우연히 우세하게 만든 이질적 특성들을 비적절하게 포함한다는 뜻이며, 부당한 배제란 경제적 수행도로도 충분히 보상받지 못한 재능의 어떤 진짜 구성요소를 부당하게 배제한다는 뜻이다. 비교의 근거가 되는 가장 평판 좋은 종합 심리 측정 검사는 비적절한 포섭의 뻔한 사례들에 시달리지 않는다(예를 들어 축구 점수를 기억하는 능력이 그 구성요소 검사들 중 하나라면 문제가 될 것이다). 그러나 부당한 배제는 또 다른 문제다. 언어 추리가 가득한 종합 테스트는 다수의 공간·시각 추리를 부당하게 배제하는 것으로 간주될 수 있으며, 공간·시각 추리가 가득한 종합 테스트는 다수의 언어 추리를 부당하게 배제하는 것으로 간주될 수 있다. 두 종류의 종합 테스트는 남녀 차이가 있을지 모를 진짜 재능의 또 다른 차원들을 배제할 수 있다. 결과로 나온 g 척도와 경제적 보상의 상관관계를 관찰하는 일은 그러한 경제적 보상이 '정말로' 재능을 반영했는지 아닌지를 말해줄 수 없을 것이다.

성별에 관한 논증이 키에 관한 논증과 얼마나 다른지를 보라. 종합 테스트는 키 큰 사람이 평균적으로 더 잘하는 한 묶음의 검사와 키 작은 사람이 더 잘하는 또 다른 묶음의 검사로 구성되지 않는다. 키 큰 사람이 평균적으로 모든 검사에서 더 잘한다. 그래서 당신은 그러한 검사가 키 작은 사람의 인지적 불리함을 과장하지는 않을지, 그리고 그런 불리함이 선천적인지 후천적인지 논쟁할 수 있더라도 그 검사들이 키 작은 사람이 더 잘 수행하곤 했던, 똑같이 합리적인 구성요소 검사들을 임의적으로 배제한다고 주장하기는 쉽지 않다. 그리고 구성요소 검사들의 각기 다른 가중치는 키 작은 사람과 키 큰 사람의 수행도 차이의 크기에 영향을 줄 수도 있지만, 그러한 차이가 존재한 사실에는 영향을 주지 않을 것이다. 그럼에도 이는 재능 차이가 경제적 보상의 성별 차이에 관한 실제 설명일 것이라는 주장을 증명하는 일이 얼마나 도전적일지 보여준다. 키와 관련해 이러한 연구 활동이 주의 깊게, 그리고 대체로 설득력 있게 이루어졌다는 사실은 그것이 성별을 위해서는 수행되지 않았다는 사실을 강조할 뿐이다.

키의 경우와 달리 남성이 더 잘한 어떤 검사와 여성이 더 잘한 또 다른 검사 결과가 주어졌을 때, 당신은 경제적 보상을 정당화하고자 두 유형의 검사를 가로지르는 '평균' 효과를 사용할 수 없다. 사용할 수 있다면, 당신은 그 평균 안에 있는 다른 구성요소들의 가중치를 정당화할 방법을 따로 발견했어야 한다. 이는 어떤 현학적·기술적 반대가 아니다. 우리는 복잡하고 다차원적인 선택지들을 비교할 때 항상 이런 종류의 어려움에 직면한다. 재미있지만 불안정한 직업과 안정적이지만 따분한 직업 중에서 당신은 안정과 재미에 임의적 가중치를 주는 지표에 따라 각 직업의 순위를 매겨 그중 하나를 선택할 수 없다. 당신은 안정과 재미가 당신에게 얼마나 중요한지 실제로 결정해야 한다. 도시에 사는 게 더 나을지 시골에 사는 게 더 나을지 논쟁할 때, 나이트클럽을 특징으로 하는 도시가 우세한 경향의 차원들과, 들판과 삼림 같은 시골이 우세한 경향의 차원들을 자의적으로 혼합한 지표에 근거한다면 절대로 마무리 지을 수 없다.[33] 각각의 차원이 우리 모두가 중요하다고 동의하는 것들을 포착하더라도 그 차원들을 어떻게 비교·검토할지는 결코 순수한 기술적 절차들로 결정할 수 없다.

지능 측정을 목표로 하는 심리 측정 검사들이 포착하지 못하는 재능의 많은 측면이 존재한다는 점은 논란의 여지가 없다. 이는 그 문제를 아무도 고려하지 않았기 때문이 아니라 심리 측정 검사의 기초가 곧 연필화에서 움직이는 현장을 포착하는 것과 같기 때문이다. 대상자는 종이와 펜, 또는 키보드와 마우스를 갖고 앉아 있다. 본질적으로 매개체는 일어나고 있는 것의 중요한 특징들을 놓친다. 예컨대 사람들 사이의 반응을 포착하지 못한다. 즉, 누구나 훈련할 수 있는 가장 중요한 재능 중 하나가 무엇인지에 대한 사람들의 민감성을 포착하지 못하고, 어떤 지능검사가 평가 진행에 본질적으로 열악한지에 대한 민감성만 포착한다. 그리고 보통 그것은 공간적 방향, 즉 길을 찾아가는 능력을 포착하지 못한다. 공간적 방향 능력은 시간·공간 능력의 특정 유형들과 관련되면서도 그와 구별되는 능력이다.[34] 비록 다양한 종류의 컴퓨터 시뮬레이션이 공간적 방향 능력을 예전보다 더 쉽게 검사할 수 있게 만들더라도 그렇다.

검사가 보통 평가하는 데 실패하는 그 밖의 중요한 재능은 한 장면에 대해 정확한 기억들을 형성하는 능력, 타인을 상대하는 우리에게 그 기억들을 알려주기 위해 사용하는 능력이다. 심리학에서 가장 유명한 환자 병력 사례 중 하나는 'H. M.'으로 알려진 환자에 관한 것이다. 그는 심한 간질성 발작을 통제하고자 뇌를 부분적으로 절제했기 때문에 단기 기억을 형성할 수 없었고, 그 결과 정상적 방식으로는 사회적 기능을 거의 할 수 없었다. 그럼에도 H. M.은 몇 개의 표준 지능검사에서 높은 점수를 받았다.[35] 이는 지능검사에 대한 비판이 아니라 사회에서 어떤 이의 경제적 기여 가치에 관해 알 필요가 있는 모든 것을 지능검사가 말해준다고 생각하는 사람들에 대한 비판이다. 마찬가지로 재능의 다차원적 본성에 관해 우리가 아는 것, 그리고 남녀가 그런 재능의 서로 다른 차원에 따라 서로 다르게 뭉치는 경향이 있음을 보여주는 축적된 증거를 고려해보자. 만약 일반 지능 척도로 알려진 몇몇에서 어느 쪽이건 한쪽 성이 다른 성보다 우월함을 보였다는 사실을 발견한다면, 이는 그 척도의 암묵적 가중치에 대해 많은 것을 말해줄 것이다. 그러나 측정하기로 되어 있는 남성과 여성에 대해서는 거의 아무것도 말해주지 않을 것이다.

성격과 재능

재능은 인지 기술뿐 아니라 고된 노동과 조직화처럼 다른 유형을 띠는 능력에 관한 것이기도 하다. 이러한 비인지적 능력에서 성별 차이가 인지 기술에서의 차이보다 더욱 체계적일 수도 있지 않을까? 심리학에서는 (비록 인지 기술들보다는 덜 해도) 일반적으로 유전적이며, 시간이 지나도 상당히 안정적인 다섯 가지 주요 성격 특성[빅 파이브(Big Five)]을 타당한 합의를 통해 확인해왔다.[36] 이들은 비록 전적이지 않더라도 문화를 가로질러 꽤 일관성 있게 발견된다. 더 부유한 나라들은 보고된 성격 특성들에서 더 다양한 변이를 보일 뿐이다.[37] 이러한 다섯 가지 성격 특성은 경험에 대한 개방성, 성실성, 친화성, 정서적 안정성, 외향성이다. 인지 기술과 달리 이 특성들은 정직한 자기 보고에 근거한 검사들로 측정되며, 바로 그 때문에 채용 목적으로 사용되는 경우가 IQ 검사에 비해 상당히 드물다. 판매직에 지원한 사람들은 외향성에 낮은 점수가 매겨지는 대답을 할 만큼 어리석지 않다. 또한 이는 사람들이 IQ 검사보다는 바람직한 성격 유형에 관한 규범들에 더욱 의존적이도록 만들 수 있다. 경험에 대한 개방성이 참신하다고 간주될 때, 더 많은 사람이 그렇게 되고자 주장하는 답변을 할 것이 분명하다. 이는 그 답변들이 꼭 거짓이라는 말이 아니다. 주위 사람들이 그렇게 하도록 격려할 때 당신은 경험에 대해 개방적이기가 정말로 훨씬 쉽다. 실제로 이러한 검사들의 정확성은 검사를 치르는 사람들의 성격 유형들에 의존적이기까지 할 것이다. 성실한 사람은 성실성에 관한 주장을 만들며 더욱더 신중한 태도를 취할 것이다. 따라서 우리는 특정 성격검사에 대해 너무 많은 권위를 인정하기 전에 조심스러울 필요가 있다.

그럼에도 심리학자들은 '빅 파이브'의 몇몇 특성에서 성별 차이를 발견했다. 경제학자들은 그러한 특성들도 노동시장 수행도를 예측하는 경향이 있음을 발견했다. 그러나 발견된 상관관계 모두 IQ 검사의 상관관계들에 비해 더 작고, 서로 다른 연구 속에서 균일적으로 덜 확증되며, 통계적으로 항상 의미 있는 것도 아니고, 경제적으로 늘 중요하지도 않다.[38] 우디 앨런Woody Allen 이 "성공의 80%는 몸소 나타나는 것"이라는 관찰로 인정받았듯이, 성실성은 노동시장의 성과와 가장 강하게 긍정적으로 연관되는 특성이다. 하지만 그 예측력은 단지 IQ의 절반 정도다. 전부는 아니더라도 대부분의 연구가 여성이 성실성에서 더 높은 점수를 받는다고 보여준다.[39] 정서적 안정성은 일관성 있게 남성이 평균적으로 높으며, 이는 노동시장 성과와 긍정적으로 연관되지만 그 정도는 약하다.[40] 친화성은 노동시장 성과와 부정적으로 연관되지만, 주로 남성의 경우에 그렇다. 경험에 대한 개방성과 외향성은 높은 수행도와 약하게 연관될 뿐, 서로 다른 많은 연구에 걸쳐 일관성 있는 발견이 거의 없다.[41] 더군다나 성격이 노동시장 성과에 영향을 줄 수 있는 가능한 인과적 경로들을 조사한 가장 신중한 최근의 연구에 따르면, 그 영향의 상당 부분은 성격이 교육적 성취에 영향을 줌으로써 일어난다.[42] 성격이 교육적 성취에 영향을 준다는 증거는 확실히 있다.[43] 그러나 우리가 관심을 두는 노동시장 수행도의 성별 차이는 교육적 성취를 고려할 때조차 크다.

전체적으로 비인지적 능력의 성별 차이가 IQ 측정치의 성별 차이에 비해 재능과 더 강한 연관성을 **지닐 수 있었다**는 것이 합리적 추측인 듯하지만, 지금까지 어느 연구도 실제 노동시장에서의 성과 차이를 설명할 때 성별 차이가 작은 부분 이상을 차지한다고 제시하지 않았다. 그 부분적 이유는 연구 전반에 걸쳐 성격과 노동시장 수행도의 연관성이, 성격과 IQ의 연관성보다 일반적으로 더 약하고 일관성이 더 적다는 데 있다. 또한 성격 특성들에서의 성별 차이가 남성에게 체계적으로 유리하지는 않기 때문이기도 하다. 남성은 정서적 안정성에서 점수가 높지만 성실성에서는 일반적으로 낮다. 또한 여성과 대조적으로 친화성에서 엄청 불리하다. 따라서 이런 차이들은 전반적인 평균 효과라는 관점에서 상쇄되는 경향이 있다. 최근 한 연구는 "성별 격차의 3~4%만이 특성 차이를 포함하는 성격 차이로 설명되며, 특성은 수익이나 손실을 가져온다"라고 결론짓는다. 그리고 성격 차이가 성별 격차의 대부분을 설명한다고 주장하는 신뢰할 만한 통계적 연구가 하나도 없다고 결론 내린다.[44] 종합하면, 인지 기술들만 고려될 때에 비해 성격 차이들도 고려될 때는 소득의 성별 격차에 관한 설명으로서 남녀 간 평균적인 재능 차이가 더 이상 전도유망해 보이지 않는다.

남성은 더 극단적인가?

때때로 다음과 같이 주장된다. 심리 측정 검사들의 남녀 평균 점수가 아주 적은 차이를 나타낸다고 할지라도, 남성의 점수는 더 높은 분산을 보이는 경향이 있으며, 이는 남성이 어째서 경제적 보상 분포의 최상위와 최하위에서 더 높게 대표되는지 설명한다는 것이다. 더 높은 분산을 보이는 경향에 대해서도 심리적 특성들이 X 염색체 유전자들의 영향을 받는다는 근거의 유전적 설명이 주어졌다. 즉, 여성은 X 염색체 두 개를 지니는 반면, 남성은 오직 하나만 지닌다는 사실이 특이한 대립유전자들의 영향에 남성이 더욱 취약함을 의미한다는 것이다. 여성의 특이한 대립유전자들은 다른 상동염색체의 '정상적' 대립유전자에 의해 더 일반적으로 상쇄될 것이라는 점이 그러한 설명의 근거다.[45]

이 논증의 몇 가지 구성요소에 대한 증거가 실제로 있다. X 염색체는 특히 인지 발달과 관련된 유전자를 많이 실어 나르는 것으로 보인다. 이는 X 염색체가 성과 번식에 관련된 특별히 고빈도 유전자들도 실어 나르기 때문에 여성의 성선택이 인간의 인지 진화에서 중요한 요인이었다는 제프리 밀러의 가설을 부수적으로 지지하는 경향이 있다고 할 수 있다.[46] g의 척도들은 남성에 대해서는 다소 높은 분산을 보여주는 경향이 있으며, 분산의 작은 차이들은 검사 점수 분포의 양극단에 나타나는 대표성의 큰 차이들로 번역할 수 있다.[47] 더욱 전문적인 능력들에 대한 검사 점수들은 양극단에서의 대표성 차이들을 훨씬 더 크게 보여줄 수 있다(그럼에도 이러한 격차들 몇몇은, 흥미롭게도 시간이 지나며 두드러지게 감소했으며, 이는 사회화의 영향이 강했음을 시사한다).[48] 비록 그러한 격차를 둘러싼 타당성 있는 설명에 대해 많은 논쟁이 남아 있더라도, 예컨대 다양한 고등수학 검사들의 점수 분포 최상위에는 여학생보다 남학생이 더 많다.[49]

그럼에도 분산의 차이가 경제적 성과 분포 최상위의 남녀 대표성 차이에 대한 타당성 있는 설명이라는 주장에는 심각한 결점이 있다. 그 결점은 점수로 측정된 이러한 특성들이 곧장 경제적 성과로 번역될 수 있다는 암묵적 가정에 위치한다. 이러한 가정하에서는 어떤 특성이 아무리 강하게 현존하더라도 그 특성이 더 많아질수록 평균적으로 더 높은 성과로 이어진다고 간주된다. 이것이 분포의 하위 끝부분에서는 참일지도 모른다. 단일 유전자 돌연변이는 정상적인 인지 발달을 중요한 방식들로 방해할 수 있으며, 정신적 장애의 발생 정도도 남성이 여성보다 약 30% 더 높기 때문이다.[50] 그러나 분포의 상위 끝과 정상 범위 안에서는 그 특성을 지닌 자와 다른 개인들 사이의 복잡한 상호작용이라는 상황 속에서 그 특성들이 행하는 만큼 경제적 성과가 결정된다. 그 결과, 단일 특성들을 극단적으로 지닌 사람들이 필연적으로 극도의 보상을 즐기지는 않는다. 예를 들어 수다스러움 같은 특성을 생각해보자. 말이 많은 사람은 과묵한 사람보다 경제적으로 더 성공하는 경향이 있다. 그러나 이는 극도로 말 많은 사람이 극도로 성공적임을 의미하지는 않는다. 오히려 무절제한 수다쟁이는 자신의 직업적 전망을 심각하게 방해할 정도로 타인들을 성가시게 하는 경향이 있다. 따라서 남성이 극단적 특성을 좀 더 많이 지닌 것 같다는 논쟁은, 비록 사실이더라도 이러한 특성들이 경제적 성과 분포의 극단에 남성이 존재하는 이유인지에 관해서는 아무것도 말해주지 않는다.

사실상 심리 측정 검사가 알아낼 수 없는 종류의 능력들은 심리 측정 검사를 치르는 분야 바깥의 모든 분야에서 성공과 명확히 연관되는 경우가 매우 드물다. 예를 들어 여성이 남성보다 평균적으로 점수가 낮게 나오는 경향을 보이는 시각·공간 능력은 분명 운전 기술과 관련이 있다. 그러나 대규모의 통계적 연구 대부분은 여성이 남성보다 평균적으로 운전을 더 잘한다는 점을 보여준다.[51] 시각·공간 기술도 분명 중요하지만, 위험 평가와 다른 도로 사용자들에 대한 예의도 중요하다. 시각·공간 기술에서 높은 점수를 받은 개인은 덜 받은 사람보다 전반적으로 운전을 더 잘할 수 있더라도 그 영향이 내내 지속되지는 않을 것이다. 극단적으로 높은 시각·공간 기술을 지닌 사람들은 기술 수준이 낮은 다른 운전자들이 저지른 위험을 처리하는 자신의 능력을 과대평가하거나, 그런 운전자들과 도로에서 같이 운전해야 한다는 사실에 대해 짜증을 내기가 쉬울 것이다.

그런데 어떤 기술들에 대한 근본적인 신경생리학적 영향과 그 기술들 자체의 연관에 대해서도 비슷한 주장들이 나올 수 있다. 예를 들어 테스토스테론의 증가는 여성과 테스토스테론 수치가 낮은 남성의 공간 추리 능력을 증대하는 것으로 나타난다. 그러나 이러한 증가는 테스토스테론의 수치가 정상이거나 높은 남성의 공간 추리 능력을 **감소시킨다.** 이러한 발견은 10대 소년들을 상대하느라 부엌을 뒤지며 시간을 보내본 사람이라면 어느 누구도 놀라지 않을 발견이다.[52] 공교롭게도 남성은 여성보다 평균 테스토스테론의 수준이 높고 특정한 시각·공간 검사들에서도 점수가 높다. 아마 전자가 후자에 인과적 책임이 있을 것이다. 그러나 기술에 끼친 테스토스테론의 영향이 어떤 수준을 넘어 지속되지는 않으므로, 만약 남성이 더 높은 분산을 보이더라도 남녀의 평균 테스토스테론 수준이 똑같다면 남성의 전반적인 시각·공간 검사 점수는 여성의 점수보다 낮거나 높지 않은 경향을 나타낼 것이다. 이는 일반적인 견해를 분명히 보여준다. 즉, 남성이 오직 하나의 X 염색체를 갖기 때문에 더 극단적이라는 이론은 단순한 모형에서만 호소력이 있다. 그 모형에서 테스토스테론 같은 신체적 특성에 대한 유전자의 영향력은 지속적으로 증가한다. 또한 신체적 특성은 행동적 특성에, 행동적 특성은 경제적 성과에 대한 영향력이 지속적으로 증가한다. 이러한 모형에 관해 생각하는 것은 매혹적일 만큼 쉽지만 여러모로 증거와 맞지 않는다.

그렇기에 경제적 보상에서 남녀 간 주요한 차이들이 평균적인, 혹은 특히 재능 분포의 최상위에서 나타나는 재능 차이로 설명될 수 있다는 주장은 대체로 전부 설득력이 없다. 우리는 재능이 더 높은 검사 점수를 산출할 수 있다는 점을 알고, 더 높은 검사 점수가 경제적 보상과 상관적이라는 점도 안다. 그러나 적은 수의 상당히 색다른 직업을 제외하면, 남성이 더 잘 수행하는 특정 검사들이 과연 업무를 전반적으로 더 잘하게 만드는 특정 재능들을 밝히고 있는지 모르겠다.[53] 더 우수한 시각·공간 기술들은 물을 마시며 쉴 수 있는 휴식 공간을 능숙하게 협상하도록 도와줄지 모르며, 골프 코스에서 더 잘하도록 도울지도 모른다. 그러나 이러한 차이들은 무엇이 현대 경제에서 사람들이 업무를 잘하도록 만드는가에 대한 전반적 이론을 제시하기에는 빈약한 근거다.

미래의 누군가는 남성에게 유리한 점수로 나타나는 재능의 그러한 측면들이 어째서 현대 경제에서도 중요한 측면들인지 실제로 설명할 수 있는 이론을 들고 나타날지도 모른다. 불가능하지는 않다. 그러므로 여기서 서술된 어느 것도 재능에 근거한 설명의 가능성을 배제하는 것으로 해석되면 안 될 것이다. 그러나 필자가 아는 한, 아직 그런 사람은 없었다. 그러한 설명이 없는 상태에서는 특정 재능 검사들의 산출 점수가 경제적 보상과 상관된다는 이유로 그 검사들이 정당화될 수 없다. 이때 경제적 보상은 결국 개인 점수와의 상관관계 때문에 정당화된다.

만약 남성과 여성의 경제적 보상 격차를 설명하는 것이 재능이 아니라면 어떤 설명이 **있을까**? 제6장은 다른 가능성을 살핀다. 재능 차이 대신 남녀가 서로 다른 취향을 지닌다는 설명은 어떨까?

제**6**장

여성은 무엇을 원하는가?

여성의 영혼을 30년 동안이나 파고들며 연구했건만,

결코 대답된 적 없고 아직도 내가 대답할 수 없는

그 위대한 질문은 "여성은 무엇을 원하는가?"이다

_ 지그문트 프로이트(Sigmund Freud),

마리 보나파르트(Marie Bonaparte)에게 보내는 편지에서(1926)

다른 선호도

만약 여성이 남성 못지않게 재능이 있다면 여성은 왜 비슷한 보상을 받지 못할까? 세 개의 가능한 설명이 있다. 첫 번째 설명은 단지 여성이 평균적으로 남성과 다른 선호도를 지닐지도 모른다는 생각에 호소한다. 여성이 남성과 마찬가지로 무슨 일이건 잘할 수 있더라도 그것이 반드시 원하는 일은 아닐 수도 있으며, 그들이 원하는 일은 누가 하건 보상이 더 적을 수 있다. 또한 어느 직업에서건 여성은 매우 높게 보상되곤 하는 몇몇 자리를 피할 수도 있다. 예컨대 모험이나 공격적인 경쟁에 더욱 회피적일지도 모른다. 결정적이지는 않지만 이러한 견해를 지지하는 증거가 있다.[1] 그 밖의 두 설명은 모두 여성이 남성에 비해 자신의 노동이 창출해낸 가치에서 더 적은 지분을 받는다는 생각에 호소한다. 다양한 이유로 여성은 고용주와 덜 공격적으로 협상하고, 그 결과 그들의 노동이 고용주에게 창출해낸 이득 중에서 남성보다 적은 지분을 얻게 될 수 있다. 이는 개략적이고 그 해석에 논쟁의 여지가 있지만, 그러한 가능성을 지지하는 증거도 있다. 아니면 고용주가 여성과 더욱 공격적으로 협상하는 것일 수도 있다. 명백한 편견 때문일 수도 있고, 이전 시대들의 쓸데없는 유물이라 할 수 있는 명시적이거나 암묵적인 규범들과 관습들 때문에 그럴 수도 있다. 이 세 번째 가능성을 지지하는 일화적 증거는 상당히 많지만, 그것이 얼마나 과학적 근거에 입각하는지, 또는 경제적 보상의 격차를 얼마만큼 설명할 수 있는지 판단하기가 쉽지 않다. 이 세 번째 메커니즘은 첫 번째 것과 상호작용할 것이다. 즉, 여성은 남성과 다소 다른 선호도를 지니겠지만, 고용주의 공격적 협상은 다른 선호도들에 대해 여성이 비합리적으로 높은 대가를 치르도록 이끌 수 있을 것이다.[2]

평균적으로 남녀의 직업 선택에 영향을 주는 선호도가 다르다는 생각은 사실상 논쟁의 여지가 없는데도 그렇지 않다고 여겨진다. 예를 들어 심리 치료처럼 여성이 체계적으로 과대 대표되는 몇몇 직업을 고려해보라. 숨겨진 장벽이 심리 치료 경력에서 남성을 계속 배제한다고 믿기는 어렵다. 실제로 남성 지원자를 더 많이 끌어오려는 심리 치료 교육자들의 노력이 허사가 되었다는 보고가 자주 들린다.[3] 그렇다고 남성이 심리 치료에 덜 끌리도록 만드는 모든 선호도가 선천적이라고 할 수는 없다. 아동기 때 사회화를 통해 형성되었거나, 단순히 타인들의 지각된 선호도가 반영된 것일 수도 있다. 그러나 기원이 무엇이건, 심리 치료사의 직업 활동에 대한 성인 남녀의 평균적으로 서로 다른 선호도는 대표성 격차를 둘러싼 그럴듯한 설명으로 남는다. 그것이 만약 여성이 과대 대표되는 직업들에 대해 참이라면, 그들이 과소 대표되는 직업들에 대해서도 참일 수 있다. 항공기 조종사와 재즈 드럼 연주자가 그 사례일 수 있다. 만약 어떤 독자가 유치원에서 남아의 수만큼 여아도 커서 항공기 조종사가 되는 것이 꿈이라고 했다는 과학적 연구를 필자에게 보여줄 수 있다면 필자는 기꺼이 생각을 바꿀 것이다.

그럼에도 선호도 차이의 더 강력한 증거가 있는 편이 좋겠다. 우리의 과학적 증거는 보통 실험에서 나온다. 실험실 안의 행동이 실험실 밖의 행동 방식을 얼마나 충분히 설명할 수 있는지에 대해서는 논란이 많다. 하지만 그 이유가 실험 대상자들이 실험실 안에서는 일상생활과 다른 방식으로 행동하는 데 있다고는 아무도 진지하게 생각하지 않는다. 어떤 의미에서 당연히 그들은 다르게 행동한다. 그것이 실험실 설정의 핵심이다. 실험실에서는 관심의 차원(이 경우, 가능한 선호도 차이)에 초점을 맞추기 위해 혼란을 줄 만한 그 밖의 영향들을 걸러내려 한다. 한쪽은 다른 쪽보다 위험성이 높지만, 예상 수익도 높다는 점을 제외하면 모든 점에서 동일한 두 개의 선택을 만들어 실험 대상자가 과연 그러한 상충 관계를 받아들일 수 있을지 확인 가능하다. 예컨대 여성이 남성보다 그럴 가능성이 더 적을지도 관찰할 수 있다.

실험실 연구를 둘러싼 비판은 많다. 예컨대 번영한 나라의 대학생들을 활용할 때 그들을 전체 집단으로 일반화하는 공통적 경향이 있다. 그 구축된 설정이야말로 당신이 어디서도 찾지 못할 종류의 행동들을 유도할 것이다. 그래도 실험에 입각한 실험실이 통상 '현실' 세계의 부분으로 여겨지는 증권거래소와 중역 회의실 같은 다른 종류의 설정들보다 본질적으로 더 인공적인 것은 아니다. 그래서 우리가 반드시 개방된 마음을 유지하며 실험실 행동을 결코 또 다른 설정에서의 행동에 대한 오류 없는 거울로 여기면 안 된다고 하더라도, 실험실 안에서 남녀 행동 방식의 체계적 차이들을 발견할 때는 실험실 밖 그들의 행동에서도 비슷한 차이들을 샅샅이 찾도록 준비되어야 할 것이다.

여성의 선호도를 해명하는 데 특히 두 종류의 실험실 실험의 영향력이 컸다. 첫 번째 것은 여성이 남성보다 더 위험 회피적인 경향이 있음을 보여주는 실험들로 구성되어 있다.[4] 이러한 발견들이 여러 번 되풀이되었다는 사실은 그것들이 인간 행동에 관한 체계적인 무언가를 포착하고 있음을 암시한다(또한 남성은 자신의 능력과 미래의 수행도를 여성보다 더욱 과신하는 경향이 있으며, 이는 매우 위험 추구적으로 보이는 행동을 초래한다는, 서로 관련되면서도 구분되는 일련의 발견도 있다).[5] 어느 종이건 암컷이 수컷보다 더 위험 회피적임을 예상할 수 있는 좋은 이유들이 있다. 번식에서 가장 성공적인 암컷과 가장 성공적이지 못한 암컷의 차이는 가장 성공적인 수컷과 가장 성공적이지 못한 수컷의 차이보다 훨씬 작다. 결과적으로 자연선택은 수컷 쪽의 더욱 위험 감수적인 전략을 선호해왔다.[6] 그 밖의 많은 동물의 위험 감수에 대한 연구들도 이러한 추측을 확증한다.[7]

만약 남성이 평균적으로 위험을 더욱 기꺼이 감수한다면 위험을 치른 사람들은 같은 능력의 여성보다 결국 체계적으로 더 잘 보상받게 될 것이다. 남성은 재능과 행운을 구별할 수 없는 회사의 승진 절차들 때문에 성공할 수도 있다.[8] 만약 성공이 부분적으로 재능에 기인하고, 또 부분적으로 행운에 기인한다면 더 큰 위험을 감수하는 개인은 그러한 위험을 치를 때 더 큰 재능을 지닌 것처럼 비칠 수도 있다(마찬가지로 위험을 못 치렀을 때는 재능이 더 적은 듯 보일 것이며, 이는 사회의 보상 분포에서 하단 끝에 있는 남성의 과대 대표를 설명할 수도 있다). 그러므로 오류를 범하기 쉬운 승진제도들은 사실상 남성이 운이 더 좋았을 뿐일 때도 기꺼이 운에 맡기는 그들의 더 큰 의지에 증폭되어 남성에게 더 큰 재능이 있는 것으로 잘못 확인할 수도 있다.[9] 사실상 특정 보상 제도들이 과도한 위험 감수를 부추길 가능성(최근 금융 위기는 새로운 타당성을 가져다준 가능성이다)은 다음과 같은 의미일 수 있다. 즉, 그러한 상황에서는 남성이 타인을 위해 창출한 가치가 여성이 창출한 가치보다 **더 낮을** 때도 남성이 평균적으로 더 높은 경제적 보상을 받을 수 있다는 것이다. 이는 여러 방식으로 일어날 수 있으며, 단지 위험 그 자체에 대한 태도 차이로 발생하는 것이 아니다. 예를 들어 여성은 상황에 근거해 남성보다 더욱 이타적으로 행동하는 경향이 있으며, 따라서 자신의 행동이 불러올 잠재적으로 해로운 부작용을 더 많이 고려한다는 증거가 있다.[10] 또한 여성 공무원이 같은 자리의 남성보다 다소 덜 부패적인 경향이 있음을 시사하는 증거가 전국에 산재해 있다. 이는 충분히 보상받지 못해 슬프지만, 사회적으로 가치 있는 행동 양식 중 하나다.[11]

두 번째 종류의 실험적 발견은 경쟁에 대한 남녀의 선호도 차이로 구성되어 있다. 상당히 자주 인용되는 한 연구는 실험 대상자들이 다른 선수들과 비교된 상대적 선호도에 따라 보상받을지(토너먼트), 아니면 절대적 선호도에 따라 보상받을지〔성과급(piece-rate) 제도〕를 선택할 수 있는 기술 검사로 이루어졌다. 비록 양쪽 제도에서 수행도의 남녀 차이가 전혀 없었음에도 남성은 거의 $\frac{3}{4}$이, 여성은 단지 $\frac{1}{3}$이 토너먼트 제도를 택했다.[12] 또 다른 연구 몇몇에 따르면 여성은 경쟁적 보상 제도 아래에서 성과급 제도에서보다 수행도가 낮은 경향이 있는 반면, 남성은 경쟁하에서 더 향상하는 경향이 있었다. 만약 경제 분야의 보상 대부분이 경쟁적 상황에 이끌리는 사람들을 더 선호하고, 그런 사람들의 수행이 그런 상황에서 번창한다면, 이는 우리가 본 종류의 경제적 수행도 차이를 설명할 수 있을 것이다.

그럼에도 이러한 결론을 경계할 만한 두 가지 핵심적 이유가 있다. 첫째, 제4장에서 강조했듯 현대의 경제생활에서 경쟁이 전부라는 주장은 결코 참이 아니다. 경쟁만큼 협동을 관리하는 것도 매우 중요하다. 어떤 종류의 선호도가 현대 경제의 참가자들에게 가장 가치 있을지에 대해서도, 증거는 말할 것도 없고 아직 누구도 이론조차 제시하지 못했다. 경쟁적 환경을 좋아하는 선호도가 사람들이 ≪포춘≫ 선정 500개 기업의 이사 수준까지 바라보도록 하는 데 유리할 것이라는 추측은 합리적이다. 그러나 이는 하나의 추측으로 남으며, 더욱이 덜 경쟁적인 환경을 좋아하는 선호도가 어느 정도까지 핸디캡으로 간주될 수 있을지 실제로 모른다. 앞으로 당신과 긴밀하게 협동해야 하는 어떤 이를 고용하려고 생각한다면, 당신은 찾을 수 있는 사람 중 가장 경쟁적인 사람을 꼭 택하고 싶은가? 그 밖의 다른 실험들은 여성이 팀워크에 대한 긍정적 선호도가 있으며, 현대 경

제에서 이는 채용과 관련해 중대한 장점이 되는 상황들이 확실히 많음을 보여준다.[13]

조심해야 할 두 번째 이유는, 선호도의 성별 차이에 관한 실험 결과들이 상황에 매우 민감하다는 데 있다. 예를 들어 여성이 남성을 상대로 경쟁할 때는 수행도가 약해지는 경향이 있지만, 여성을 상대로 경쟁할 때는 그렇지 않다.[14] 팀워크에 긍정적인 여성의 선호도는 부분적으로 팀 동료의 자질에 대한 낙관주의가 남성보다 더 크다는 점에 근거하는 것으로 보인다. 이러한 낙관주의는 동료들에 관해 알 수도 있는 다른 무언가에 의해 동요할 개연성이 있다.[15] 이러한 상황 민감성은 위험 회피성과 경쟁을 둘러싼 태도에 관한 실험 연구들의 일반적 특징이다. 어떤 실험실 설정에서는 위험 회피성의 차이들이 더 큰 반면, 또 다른 설정들에서는 무시해도 될 정도다. 이런 변동은 그러한 차이들이 실험실 밖의 생활에서 얼마나 중요할지 알기 어렵게 만든다. 어떤 실험들에서는 여성이 남성을 상대로 경쟁하느냐 아니냐가 여성의 수행도에 중요한 차이를 만드는 반면, 또 다른 실험들에서는 아니다.[16] 이와 비슷하게, 실험 대상자가 어린이일 때 실험 결과는 반복되고, 성인을 대상으로 한 결과는 좀처럼 반복되지 않는다. 이는 그것들이 만약 안정적인 근본적 선호도의 결과라면 기대할 수도 있을 결과와 정반대다.[17] 그리고 한 나라에서 발견된 결과들이 다른 나라에서는 좀처럼 발견되지 않는다.[18] 또한 실험 대상자의 경쟁 과제들이 전형적인 남성적 과제로 간주될 때 선호도 차이가 발견될 가능성이 더 많다는 증거들도 있다. 이는 고정관념 위협에 대한 사례다.[19]

그럼에도 결과들이 오로지 상황에 기인한다고 묵살하는 것은 잘못이다. 예를 들어 유전적 또는 호르몬적 요인들이 적어도 그러한 몇몇 성별 차이의 기초가 된다는 강력한 증거가 있다.[20] 하지만 그 밖의 다른 차이들은 이러한 요인들과 연관되어 있다는 설득력이 부족하다. 종합적으로 이러한 차이들은 호기심을 자극하지만, 그 차이들이 경제적 보상의 성별 차이를 설명하는 데 얼마나 중요한지는 추측의 문제로 남는다고 말하는 편이 안전해 보인다. 이 질문을 둘러싼 철저한 연구들은 아직도 초기 단계에 있다. 지금까지 그러한 선호도들이 노동시장 성과에 미친 측정된 영향력은, 더욱 일반적인 성격 차이들에 대해 측정된 영향력처럼 작다.[21]

여성은 요구하지 않는다?

여성의 경제적 보상에서 나타난 차이에 대해 두 번째 가능한 설명은 다음과 같다. 여성이 남성과 같은 양의 경제적 가치를 동료와 고용주를 위해 창출하더라도 여성은 그들의 지분에 대해 덜 공격적으로 협상하고, 그래서 결국 더 적은 보상을 받을 수도 있다는 것이다. 『여성은 요구하지 않는다Women Don't Ask』는 린다 배브콕Linda Babcock과 세라 래셰버Sara Laschever가 쓴 충분히 유명해질 자격이 있는 책이다(한국에서 『여성은 어떻게 원하는 것을 얻는가』로 출간되었다 ― 옮긴이). 그 책에는 협상을 꺼리는 행동이 여성에게 많은 대가를 치르게 할 수도 있음을 보여주는 사례 연구가 많다. 그들은 "첫 번째 직업에서 초봉을 협상하는 것이 경력 말기에 50만 달러 이상의 소득을 낳을 수 있다"라고 말한다.[22] 나중에 또 다른 동료와 행한 연구들에서 배브콕은 협상에 대한 여성의 태도 그 자체가 매우 상황 의존적임을 보여준다. 예를 들어 여성이 더욱 공격적으로 협상할 때는 협상이 타인들을 위한 것일 때, 협상 환경이 '합리적인' 동의가 무엇인지에 관한 단서들을 제공할 때, 협상 환경이 협상보다는 비대립적 '요구'를 위한 기회로서 마련되었을 때다.[23] 또한 배브콕은 여성이 공격적 협상을 꺼리는 것이 그들을 향한 억제뿐 아니라 자신의 행동을 타인이 어떻게 볼지에 대한 기민한 평가에도 근거한다는 점을 보여주었다. 타인을 잠재적 동료로서 평가하도록 요구되는 실험에서 남성은 제안을 그냥 받아들인 여성보다 협상한 여성을 훨씬 낮게 평가했다. 그러나 여성은 그러한 경향을 전혀 보이지 않았다.[24]

위험과 경쟁적 환경에 대해 서로 다른 선호도를 지닌다는 발견들처럼, 이러한 발견들은 타당해 보이고 흥미도 불러일으킨다. 그러나 이를 경제적 보상의 성별 차이를 설명하는 중요한 요인으로 받아들이기 전에 어떤 퍼즐을 고려할 필요가 있다. "여성은 요구하지 않는다"라는 설명이 여성의 낮은 봉급에 대한 해명으로서 설득력이 커질수록 특정 직업들에서 나타나는 여성의 과소 대표에 대한 설명으로서의 설득력은 더욱 줄어든다. 참여의 대가로 케이크의 더 적은 지분을 기꺼이 수용하는 사람은 더 큰 지분을 받으려고 강하게 협상하는 사람보다 명백히 더 끌리는 동료다. 만약 여성이 남성만큼 가치를 창출하면서도 고용주의 비용을 낮춘다면 여성 고용을 선호하지 않는 고용주는 정상이 아닐 것이다.[25] 달리 말해 "여성은 요구하지 않는다"라는 설명은 여성에게 낮은 봉급을 지불하는 직업에서 여성의 **과대** 대표와 결부된 여성의 낮은 봉급에 대해서는 완전하고 설득력 있는 설명일 수 있다. 그러나 여성의 **과소** 대표와 결부된 여성의 낮은 봉급에 대한 설명으로는 충분하지 않을 것이다. 이렇듯 협상을 꺼리는 사람들인 여성이 그들의 방식으로 밀고 나가는 이익 창출 기회들에 편승하길 서두르지 않는 데는 반드시 다른 이유가 있다.

남성적 거품

지금껏 우리가 본 것에 비추어볼 때 어떤 다른 설명들이 우리에게 열려 있을까? 만약 평균적으로 여성이 남성보다 적은 재능을 통해서건, 아니면 커다란 기여를 해나갈 환경에 대한 상대적 혐오를 통해서건 그들이 일하는 환경에서 남성보다 적게 기여하는 것이 아니라면, 그리고 격차의 주된 이유가 그들이 지분에 대해 남성만큼 공격적으로 협상하길 꺼리는 데 있는 것이 아니라면 오직 하나의 가능성이 남는다. 즉, 남성은 개인적으로 또는 집단적으로 그들이 다른 남성과 협상할 때보다 여성과 더 혹독하게 협상하고 있다는 것이다. 그 혹독함은 편견 때문일 수도 있고, 습관 때문일 수도 있으며, 의식적인 조정에서 나온 것일 수도 있다.

제4장에서 우리는 남녀의 재능이 비교될 수 있는 분야들에서 여성은 적어도 남성만큼 재능이 있더라도 남성이 희소한 자원들을 독점하고 있기 때문에 경제적 보상의 분배에서 불리했을 수도 있다는 점을 보았다. 더 이상 수렵과 채집이 없으며, 여성이 희소한 자원을 전문적으로 생산하는 데 방해되는 것이 전혀 없는 현대 경제에서도 비슷한 일들이 일어난다고

상상할 수 있을까? 현대 경제에서는 규모가 작은 수렵·채집 공동체와 달리 한 블록으로서 남성은 한 블록으로서 여성과 협상하지 않는다. 그 대신에 개인 고용주들이 노동자, 또는 아마 노동조합과 협상한다. 노동조합 연대 혹은 고용주 조정 단체 같은 작은 사회집단이 있을 수 있지만, 전체로서 남성이 전체로서 여성에게 조건을 명령할 수 있는 메커니즘은 존재하지 않는다. 여성보다 많은 수의 남성이 고용주를 대표한다는 것은 분명하다. 그러나 대부분의 남성은 봉급 협상의 상대편에 있는 고용인이다. 봉급의 성별 격차는 모든 수준에서, 즉 여성 고용인과 남성 고용주 사이뿐 아니라 남성 고용인과 여성 고용인 사이에서도 나타난다. 남성이 여성과 더욱 공격적으로 협상하기 위해 그들끼리 어떻게 담합할 수 있었는지 알아보기란 어렵다. 이러한 담합을 조정하는 메커니즘이 무엇일지가 분명하지 않기 때문이다.

그런데 조정화 메커니즘 없는 개인적 쌍방 협상의 수백만 결과들이 어떻게 여성에 대한, 혹은 다른 비선호 집단들에 대한 체계적 차별을 낳을 수 있었는지 알기가 어렵다. 키가 소득에 미치는 영향으로 돌아가 그것이 비합리적 편견의 결과일 수 있는지 질문해보자. 누군가가 고용과 소득에서 키 작은 사람에 대한 체계적 차별이 있을 수 있다고 주장할 것 같아 보이지는 않는다. 마르크스주의자들이 한때 무엇을 주장했든, 고용주는 꺼려하는 프롤레타리아에게 그들의 의지를 강요하고자 서로 협력하는 외골수적 계급이 아니다. 각자 색다른 선호도를 지닌 수백만의 개인 고용주가 있다. 만약 어떤 고용주가 키 작은 사람이 재능이 있더라도 키 큰 사람보다 적은 봉급이 아니라면 고용하지 않겠다는, 비합리적 편견에 빠진 선택을 한다면 다른 고용주들은 그와 반대로 실행함으로써 더 많은 돈을 벌 수 있다는 사실을 금방 알아챌 것이다. 모든 고용주가 똑같은 비합리적 편견에 감염되었을지 모른다고 생각할 수 있지만, 그것이 어떻게 가능한지 설명될 필요가 있다. 더욱더 그럴듯해 보이는 이야기는 키 작은 사람이 고용주에게 덜 선호된다면 공교롭게도 그들이 고용주가 평균적으로 필요로 하는 다양한 재능을 더 적게 지녔기 때문이라는 것이다. 어떤 재능이든 반드시 단일 유형은 아니고, 고용주가 모두 똑같은 재능을 찾지는 않을 것이다. 그러나 고용주가 정말로 필요로 하는 재능과 키가 전혀 관계없다면 키에 근거한 고용 결정은 어떤 고용주에게도 도움이 되지 않을 것이다. 따라서 경제적 성과가 고용주 이익에 손해되는 방식으로, 키 작은 사람이 불리하게 체계적으로 편향되어 있다고 생각할 좋은 이유들이 발견될 수 없는 한, 검사가 키 큰 사람이 더 잘한다는 점을 보여준다는 사실은 그 검사들의 신뢰도에 관한 신호가 될 것이다. 그렇게 주장은 계속될 것이다.

이러한 방식의 논증은 현재 설득력이 적어 보인다. 한때 그것은 특히 재정 위기의 여파로 설득적이었을 수도 있다. 재정 위기 상태에서는 비합리적 편견들과 의절하면 번영할 수 있는데도, 비합리적 편견들이 매우 광범위하게 퍼질 수 있다는 것이 분명해졌다(예를 들면 부동산 실질 가격이 계속 오르는 경향에 대한 비합리적 편견 같은 것이다). 그런데도 편견들은 강력하게 두드러져야 하고, 사람들의 말속에서 강화되며, 모든 사람의 경험 속에 편견과 일화의 사례들이 증거와 과학을 기각할 만큼 충분히 포함된 그런 종류의 것이다. 건강에 관한 많은 믿음도 이와 같다. 예를 들어 동종요법의 효능을 둘러싼 믿음은 엄격한 증거가 티끌만큼도 없는 상태에서 번영하며, 플라세보 효과의 강력한 힘에 의해 강화된다.[26] 키의 경제적 효능에 대한 믿음도 단지 그러한 편견일 수 있으며, 결국 플라세보 효과로 강화될 것이다(예컨대 자신감은 경제적 수행도를 위해 좋으며, 키 큰 사람이 키가 정의라고 믿게 되어 더욱 자신감이 있다면 더 잘할 것이다).

앞서 보았듯이 키와 경제적 보상의 연결은 부분적일지라도 키와 재능의 진짜 연관에 근거하는 듯하다. 그러나 우리는 성별과 재능의 연결에 대한 어떤 증거도 찾지 못했으며, 분명 현대 경제가 요구하는 다중적이고 유연한 재능들에 관한 증거도 찾지 못했다. 동종 요법에 대한 뿌리 깊은 믿음처럼, 그러한 연결이 실제로 있다는 편견들이 노동시장에서 지속될 수 있을까? 아무도 그것이 경제 논리에 부합한다는 증거를 찾지 못하더라도 여성의 소득에 비해 남성의 소득을 부풀리는 남성적 거품 같은 것이 있을 수 있을까?

성별과 소득에 관한 상세한 연구들이 찾아낸 증거에서 기대할 만한 실마리를 조금 얻을 수 있다. 우선 여성의 더 적은 소득을 고려하면 여성에 대한 고등교육의 수익성이 남성보다 더 적음을 발견하리라 예측할 수 있을 것이다. 학사 학위 비용은 여성이나 남성이나 똑같다. 그런데 여성의 그 후 소득이 적다면 수익성이 떨어지는 투자로 들린다. 사실상 대부분의 연구가 여성이 남성보다 학교 교육으로 **더 많이** 되돌아온다고 밝혔는데, 이는 수수께끼다. 가장 그럴듯한 설명은 고학력 여성이 동일한 재능의 남성에 비해 소득 불이익에 직면하지만, 이러한 불이익은 저학력 여성이 직면하는 불이익보다 훨씬 적다는 것이다.[27] 따라서 교육에 투자하는 여성은 고용주에게 유용한 방식으로만 자신의 기술들을 증진하지 않는다. 고용주를 위해 창출한 가치에서 더 큰 지분을 얻는 데 필요한 것으로도 무장한다(그중에는 배브콕이나 래셰버가 말할 수 있을, 더욱 기꺼이 요구하려는 의지도 포함된다). 만약 불이익 속에 공유된 편견이라는 요소가 들어 있다면, 이는 이치에 맞는다. 편견을 행하는 자들에 대항하는 교육받은 여성이 더 많아질수록 편견은 생존하기 더욱 어려워질 것이다.

두 번째로 흥미로운 실마리는 마리안 버트런드Marianne Bertrand, 클라우디아 골딘Claudia Goldin, 로런스 카츠Lawrence Katz가 수행한 연구에 있다. 그들은 최고 경영대학에서 경영학 석사MBA를 취득한 사람들의 소득을 상세히 연구했다.[28] 이에 따르면 남녀의 소득은 졸업 후에 상당히 비슷하더라도 곧 갈라져서 시간이 지나면 여성의 소득이 남성보다 점차 적어진다. 예를 들어 졸업할 때 여성의 평균 소득은 11만 5000달러인 데 비해 남성의 평균 소득은 13만 달러다. 그러나 9년 후에 여성은 평균 25만 달러, 남성은 평균 40만 달러가 된다. 차별의 일부는 연구 표본에 속한 남성이 MBA를 받기 전에 여성보다 더 많이 훈련받았다는 사실과 연관된 것으로 보인다. 그러나 연구의 이야기 대부분은 평균적으로 여성이 남성보다 경력 단절이 더 잦고 일하는 시간도 더 적다는 것이다. 예컨대 9년 후에 여성의 30%는 적어도 한동안 일을 하지 않았는데, 남성은 그 비율이 10% 이하다. 이런 요인들은 모성과 연관된다. 아이가 없는 여성은 남성보다 경력 단절이 더 많지 않으며, 일하는 시간도 더 적지 않고, 남성에 비해 상대적인 봉급의 감소로 고생하지 않는다. 연구자들은 아이가 있는 여성과 없는 여성 간에 재능 차이가 있을 가능성을 조심스럽게 조사한다. 그런데 아이가 있는 여성이 없는 여성보다 이전 소득이 좀 더 높은 경향이 있음을 밝혀낸다.[29] 이야기의 줄거리는 놀랍지 않다. 그 상세한 이야기에서 흥미로운 것은 여성이 이러한 경력 단절로 치르는 대가가 매우 높다는 점이다. 아니, 좀 더 정확히 말하면 그것은 모든 이가 경력 단절로 치르는 대가다. 경력 단절을 겪은 적은 수의 남성도 여성처럼 상당한 봉급 불이익으로 고생한다.

버트런드, 골딘, 카츠가 분석한 비즈니스 세계는 일반 경제의 축소판이 아니다. 그곳은 사회적으로나 교육적으로 특권을 지닌 자들의 세계로, 그 안에서 남성과 여성은 얻을 수 있는 것에 대해 강하게 협상하도록 훈련된다. 그리고 그들은 많이 얻는다. 따라서 우리는 이 연구로부터 더욱 폭넓은 결론들을 도출하기 전에 반드시 조심해야 한다. 그럼에도 이는 차별을 염려하는 목소리가 자주 들려온 미국 노동시장의 한 단면을 보여준다. 그러한 목소리 중 특히 놀랄 만한 사례는 《포춘》 선정 500개 기업의 최고 경영자 중 단지 2.4%만이 여성이라는 사실이다. 그렇다면 이 축소판에 그려진 그림은 상당히 분명해 보인다. 서로 다른 봉급 역학들은 여성 차별의 결과가 아닌 듯하다. 경력 단절에 대해 똑같은 결정을 내린 똑같은 자격의 남성과 여성은 똑같이 잘한다. 연구자들은 다음과 같이 밝힌다. "그 자료는 잠시 일을 쉬는 동안 MBA 취득 여성이 MBA 취득 남성보다 잃는 것이 더 많음을 시사하지 않는다. 누구든 규범에서 벗어났다는 이유로 무겁게 불이익을 당하는 것으로 보인다."[30] 그 대신에 이야기는 하나같이 남보다 앞서기 위한 규칙들을 담고 있으며, 그 규칙들은 장시간 노동, 일에만 외골수적으로 전념하기, 어떤 휴식조차 거부하기를 강조한다. 남녀 MBA 취득자들은 모두 졸업 후 주당 평균 60시간을 일하며, 증권회사 종사자는 놀랍게도 주당 평균 74시간을 일한다. 이러한 규칙들을 따르며 일하길 원하는 여성이 극히 소수라는 사실은 여성을 불리한 입장에 놓는다. 특히 경력 단절은 그때뿐 아니라 명백히 수년 동안, 그리고 수십 년 후까지도 대가가 크다. 이는 서로 다른 선호도의 문제이지만, 분명 그런 선호도들이 수반하는 높은 대가의 문제이기도 하다. 그리고 결국 현대 세계에서 이런 규칙들이 이치에 맞느냐는 질문을 불러일으킨다.

현대의 직장인에게 가해지는 극심한 부담들은 21세기 경제가 요구하는 과제 유형들에 실제로 적합한가? 버트런드, 골딘, 카츠의 평가에 따르면 주당 평균 58시간을 일하는 사람은 52시간을 일하는 사람에 비해 소득 비례 증가보다 약간 더 보상받는다. 승진 전망에서 후속적 차이가 고려되지 않은 채 말이다. 그들의 주당 근무시간의 마지막 시간들은 고용주에게도 정말로 그만큼 생산적인가? 만약 그러한 경력 단절이 나중에 고위직에서 대표성 격차의 근거가 된다면, 가장 훌륭한 최고 경영자들은 정말로 삶에서 일 말고는 결코 아무것도 하지 않음으로써 자신의 가치를 회사에 증명한 사람들일까? 20대나 30대 때의 경력 단절이 50대나 60대가 되었을 때 그들의 기회를 제한할 것이라는 주장이 정말로 이치에 맞는가? 현대적 기업 조직에 관한 어떤 부분이 그러한 초점과 극단적 추진을 실제로 요구할 수도 있다. 그러나 만약 그렇다면, 사회와 직장 생활에 그토록 중요한 영향력이 있으며 개인 생활에도 극적인 다중 작업의 증가를 몰고 온 정보·통신 기술의 확산은 이러한 직업적 헌신에 필수적인 외골수성에 어떤 차이를 더 만들지 않는 것 같아 놀랍다.

제9장에서는 이러한 질문들로 돌아올 것이다. 지금으로서는 그러한 업

무 관행들을 지지하는 가운데 흔히 이루어지는 주장을 잠재우고 싶다. 즉, 그러한 업무 관행들이 효과적이지 않다면 경쟁은 이를 사라지게 만들었을 것이라는 주장이다. 제2장에서 보았듯이 이러한 주장에는 큰 결점이 있다. 공작새의 꼬리가 우리에게 상기시키듯이 자연 사회나 인간 사회에는 매우 비효율적인 사회적 실천이 엄청나게 많이 살아남고 퍼진다. 그것들은 자신을 채택하는 자들에 관해 무언가를 신호하기 때문이다. 그러한 신호들이 해석되는 방식이 주어지면 모두가 똑같은 균형을 확정 짓는 데 개인적 관심을 둘 수 있다. 그러나 자질들을 신호할 수 있는 덜 낭비적인 방법들이 이용 가능하다면 모두에게 더 좋을 것이다. 조직의 목표에 대한 헌신을 단지 장시간을 기꺼이 일하고 경력 단절이 결코 없음으로써만 신호할 수 있는 사회적 코드들은 그 유용성이 다된 것일 수 있다. 그러나 이는 개인이 불이익을 당하지 않고 그것들을 무시할 수 있다는 뜻은 아니다.

신호 함정

현대의 사무실은 우리가 처음 진화한 아프리카 삼림지대와 마찬가지로 상호 신호와 공작 행위가 생존에 필수적인 환경이다. 바쁜 사람들은 순전히 그들이 얼마나 바쁜지 보여주기 위해 자신과 모든 사람의 시간을 낭비하는 모임에 나간다. 중요한 사람들은 단지 타인에게 자신의 중요성을 상기시키기 위해 악수하느라 시간을 보내는 반면, 중요하지 않은 사람들은 그들의 비중요성을 영원히 초월하고 싶은 희망으로 악수의 손을 내민다.

상급 관리자들은 그들의 부지런함을 타인에게 신호하기 위해 일찍 출근하고 늦게 퇴근한다. 하급 관리자들은 상급 관리자가 될 희망으로 일찍 출근하고 늦게 퇴근하며, 상급관리자가 되어도 분명 똑같이 할 것이다. 그들의 퇴근은 회사에 이미 짓눌린 자들과의 교제로 더욱 지연되는데, 자신이 빠진 채로 동료들의 교제를 상상하는 것보다 그 전망이 차라리 더 낫기 때문이다. 대학 시절에 자신이 제3세계의 아이들을 위해 일하려고 결석까지 하며 시간 내는 것을 얼마나 좋아했는지 떠벌리고 다닌 사람들은 일단 기업의 고용주가 되면 태도가 돌변한다. 그들은 잠시만 휴가를 낸다는 생각에도 철저한 반감을 맹렬히 선전하는데, 분명 자기 아이들의 이득을 위해서는 아니다.

성공적인 기업 조직은 그 구성원이 상호 신호와 공작 행위를 피할 수 있도록 하는 기발한 방법들을 찾음으로써 번영한다. 그들이 상호 신호와 공작 행위에 보내는 시간은, 조직을 생존시키고 그들을 우선적으로 고용하게 만든 생산적 노동을 할 만큼 충분히 길다. 만약 여기서 냉소주의 냄새가 지나치게 난다면, 어제 당신이 과제의 가치에 직접 기여하는 대신 다른 사람들에게 그 가치를 신호하는 데 얼마나 많은 시간을 썼는지 자문해보라. 양육에 얼마나 시간을 바칠지에 대한 결정들이 다른 이들에게 어떻게 해독될지의 염려로 찢겨 있다는 것은 놀랍지 않다. 어떤 사람들은 자신의 결정들로 커다란 불이익을 받는데, 아마 항상 그런 식이었기 때문이다. 모든 사람을 이롭게 할 수도 있는 변화는 누구의 개인적 범위 안에도 없을지 모른다.

또한 여성이 직장에서 할 필요가 있다고 느끼는 신호 행위의 종류들은 남성이 필요로 하는 종류들보다 더 복잡하다. 따라서 동료들이 해석하기가 더욱 어려울 수도 있다. 제2장에서 필자는 많은 소수집단이 '커버링'의 압박감을 느낀다고 지적했다. 커버링은 정체성을 숨기는 것이 아니라 눈에 잘 안 띄게 만들어 그런 특별한 정체성을 공유하지 않는 동료나 친구의 레이더망에 더 이상 크게 잡히지 않는 것이다. 겐지 요시노는 마거릿 대처Margaret Thatcher의 경우를 인용하는데, 대처는 자신의 목소리 음색을 낮추기 위해 발성 코치에게 훈련받았다.[31] 상당히 남성적인 환경에서 일하는 여성은 누구나 자신의 여성성을 수치스러운 비밀로 대하지 않으면서도 스스로를 유능한 전문인으로 투사할 방법을 찾아야 하는 도전이 있다고 인정한다. 이는 그러한 압박들이 여성이나 소수민족 집단에게만 독특하다는 뜻이 아니다. 검정 양복을 똑같이 입은 중년 백인 남성들도 무엇인가를 누그러뜨리는 중이다. 모든 사람은 직장 동료들이 그림자보다 더 감지하지 못하는 배후지가 있다. 남성적으로 보인다는 걱정은 그들이 지닌 최고의 재능을 헐값에 팔도록 그들을 구속하지 않지만, 여성적으로 보인다는 걱정은 여성을 그렇게 하도록 구속할 수도 있다.

만약 여성이 신호 함정signaling trap에 빠져 있다면 이는 여성이 왜 경력 단절에 그토록 높은 대가를 치르는지는 물론, 협상 실패가 어째서 그렇게 높은 대가를 요구하는지에 대해서도 설명할 것이다. 앞서 제시했듯이, 동료들은 참여의 대가로 케이크의 더 큰 지분을 받으려 강하게 협상하는 자보다는 더 적은 지분을 기꺼이 수용하는 사람에게 '명백히' 더 끌린다. 하지만 그것이 결국 예상과 달리 명백하지 않다고 가정한다면? 대개는 여성이 강하게 협상하지 않는 것이 그녀에게 그만큼의 가치가 없기 때문으로 추정한다고 가정해보라. 그렇다면 여성의 낮은 봉급이 어째서 그들에게 낮은 봉급을 주는 직업들에서의 과대 대표로 이어지지 않는지 이해할 수도 있다. 따라서 그러한 신호 함정이 존재하는지, 만약 그렇다면 이것이 여성의 재능에 대한 끊임없는 과소평가로 이어질 때 신호 함정은 어떻게 그것이 지속되도록 관리하는지 알아보는 일이 시급하다.

신호 함정들은 직장 밖에서도 문제일 것이다. 그럼에도 여성이 아이들을 돌보기 위해 남성보다 더 자주 경력 단절을 선택하길 원한다면 이는 사회적 코드들이 남성의 육아휴직에 아직 충분한 가치를 두지 않기 때문만은 아닐 것이다. 더욱 미묘하게 말하면, 여성은 아이들을 보살피는 방법을 통해 성실함을 신호할 필요성을 남성보다 더 의식할지 모른다. 모성적 자질들을 신호하는 것은 수렵·채집 공동체에서 특히 중요했을 수도 있다. 그 공동체에서 여성은 아이들의 아버지가 죽는다면 다른 도움의 출처들을 찾을 필요가 있었을 것이다. 그 필요성은 아이들이 실제로 자라나는 훨씬 안전한 환경을 더 이상 반영하지 않을 만큼 심리적으로 깊이 뿌리박히게 되었을 수도 있다. 만일 그렇다면 현재 가정과 직장의 이러한 분리는 불운한 역사적 전개다. 제6장에서 보았듯이 아이들을 보살피는 여성은 고용주가 정말 가치 있게 여기는 자질, 즉 성실성을 신호한다. 그러나 고용주는 아이들과 함께 있는 여성을 기리려고 그 자리에 있는 것이 아니다. 따라서 여성은 아이를 키우는 세월 동안의 직장 공백으로 계속 높은 대가를 치르고 있다.

사회적 코드들이 살아남는 이유는 그것을 준수하는 사람들의 연결망 속에서 그것들이 강화되는 데 있다. 어떤 이는 궁금해할지도 모른다. 즉,

재능 있는 여성이 현대의 노동시장에서 덜 보상받는다면 어째서 총명한 기업가들은 이익 창출 기회를 알아채고 그러한 재능들을 창의적으로 활용하지 않는가? 아마 최선의 답변은 그토록 재능 있는 여성이 존재한다는 것과 총명한 기업가들이 그들을 확인하고 배치하는 것은 별개의 문제라는 사실이다. 이것이 어려울 수 있는 이유가 있다. 여성이건 남성이건 모든 사람은 자신을 더 넓은 세상에 나타내는 방식을 형성하는 여러 연결망 안에서 살며, 또한 일하고 있다. 그런데 이러한 연결망들에서 가시성의 정도는 다를 수 있다. 재능은 있지만 낮게 보상받는 여성은 보상을 더 많이 받는 남성 동료보다 가시성을 더 적게 누릴 수도 있기 때문이다. 사회·경제 생활을 위한 연결망의 중요성은 우리가 사회적 영장류로서 물려받은 유산에서 핵심적이다. 이것이 제7장의 주제다.

제7장

자발적 의지의 연합

나는 멀리할 수 없는 사람은 친구로 삼지 않으며,
다가갈 수 없는 사람은 적으로 만들지 않는다.

_ 탕크레두 네베스(Tancredo Neves), 브라질 대통령 당선자(1985)

싸움과 화해

모든 우수한 영장류 학자는 동맹들의 힘에 방심하지 않는 것, 그리고
집단 속 개인들의 지위를 만들거나 파괴할 수 있는 충성과 배신이 교차하
는 흐름에 방심하지 않는 것이 얼마나 중요한지 안다. 이는 동료 영장류
학자들을 상대할 때도 마찬가지다. 개코원숭이 또는 침팬지 집단 속 개체
들의 운명을 연구할 때 강함·교활함·행운만으로 충분하지 않다는 것을
안다. 타인의 지지를 얻어내는 능력이 없다면, 그리고 예상치 않은 도전
들에 직면해 그러한 지지를 요청할 능력이 없다면 집단생활을 하는 영장
류는 폭풍우 속에 홀로 있는 "가난하고 헐벗은, 쭈뼛쭈뼛해진 동물"이다.

프란스 드발은 거의 40년 동안 침팬지를 연구해왔다. 그는 침팬지의 정

치적 공작에 대해 전문가는 물론 대중의 관심도 불러일으키며 세계적 명성을 얻었다. 1975년부터 1981년까지 그와 그의 학생 집단은 네덜란드 아른험 동물원의 침팬지 군체들 간 싸움과 화해에 대해 상세히 연구했다. 그는 공격과 화해가 단지 가능한 합리적 사회질서의 불가해한 파경이 아니라 영장류의 적응 전략을 반영하는 행동 형태들이라고 믿었다. 그는 암수 침팬지의 행동에서 중요한 차이들을 발견했다. 특히 한 집단의 수컷이 암컷보다 더욱 많이 싸울 듯해도 "성인 수컷들 간 화해는 충돌의 47%에서 일어나지만, 성인 암컷들 간 화해는 겨우 18%에서 일어난다. 암컷과 수컷 간 화해의 비율은 그 사이를 오간다"라고 지적했다. 이러한 차이는 패턴의 일부를 형성한다. "수컷들 사이에서 대부분의 협동은 거래적 성격을 지닌 것으로 보인다. 그들은 받은 대로 돌려주기a tit fot tat를 근거 삼아 서로 돕는다. 반면 암컷의 협동은 친족 관계와 개인적 선호도에 근거한다."[1]

그 결과 수컷의 연합은 불안정하고 유동적이다. 순간의 필요에 따라 형성되고 흩어지며, 한순간 협동의 와해는 조금 후 재건에 거의 해를 끼치지 않는다. 암컷의 연합은 더욱 안정적이고 충실하다. 그들은 서로 거의 공격하지 않지만 원한도 마찬가지로 거의 해결되지 않으며, 단지 우연한 먹이 획득의 기회를 이용하려고 화해하는 법도 결코 없다.

암컷은 대부분 자식이나 가장 가까운 친구들을 방어하기 위해 갑자기 행동을 개시하는 반면, 수컷은 평소에 털을 손질해주며 선호하던 개인들에 대항해 팀을 짜고 파트너들과 교제하는 일이 빈번하므로 수컷의 연합은 예측이 훨씬 더 어렵다.[2]

암컷과 비교하면 수컷은 적들과 더욱더 기꺼이 화해하려고 하며, 더욱더 기꺼이 친구들을 배반한다.

억류된 침팬지의 성별 차이를 둘러싼 이런 발견들은 제인 구달Jane Goodall과 니시다 도시사다西田利貞, 그리고 각각의 조사 팀들에 의해 연구된 야생 침팬지 집단들 안에서도 폭넓게 확증되었다.[3] 그러한 발견들은 모든 영장류 중에서 가장 공격적인 붉은털원숭이에게도 들어맞는 것으로 보인다.[4] 이러한 발견들은 놀랍지 않다. 진화론적 생태학자 바비 S. 로Bobbi S. Low는 『성은 왜 문제인가Why Sex Matters』에서 "연합들은 또 다른 많은 현상처럼 번식적 전략일 수 있다. 그리고 이것이 참이라면 남성의, 그리고 여성의 연합들은 서로 차이가 생기는 경향이 있을 것이다"라고 적었다.[5] 과연 돌고래 같은 몇몇 비영장류는 물론 다양한 영장류에 걸쳐 남성 연합은 크기, 목적, 지속 기간이 여성 연합과 다르다는 것을 보여주었다.[6] 사회학자 마크 그래노베터Mark Granovetter가 1970년대에 만든 용어로 말하면 암컷 영장류는 '강한 유대strong ties'의 비중이 더 큰 연결망에 투자하는 데 반해, 수컷 영장류는 '약한 유대weak ties'의 비중이 더 큰 연결망에 투자하는 것으로 보인다.[7]

그러한 발견들이 인간과도 관련이 있는지 의문을 품는 것은 당연하다. 인간의 연합에서도 비슷한 성별 차이들이 발견되는가? 만약 그렇다면 그것들이 문제가 되는가? 남성 호모 사피엔스의 연합은 수컷 침팬지의 연합에서 보듯 더욱 유연하고 기회주의적인 성격을 띤다. 그렇다면 이것이 현대 노동시장에서 남성이 평균적으로 여성보다 더 많은 이익을 얻을 수 있는 길을 탐색하는 경향을 설명할 수도 있을까? 연결망과 연합을 구성하는 방식에 남녀 차이가 있음을 보여주는 증거가 많다. 그러나 불행히도 그 차이들이 무엇인지, 또한 그 차이들이 서로 다른 직업적·사회적 상황에 걸쳐 산발적으로 가지각색이 아닌지, 어느 정도로 안정적이고 체계적인지에 관한 문헌상 일치가 드물다. 더욱이 남녀가 평균적으로 타인을 만나 시간을 보내는 기회의 차이가 아니라 연결망들의 차이가 그들의 서로 다른 선호도를 반영하는지에 대해서도 일치된 의견이 거의 없다. 예를 들어 설령 우리가 ≪포춘≫ 선정 500개 기업의 최고 경영자만 받아들이는 클럽에 여성이 포함되는 경향이 없다는 점을 알게 되어도, 어째서 그토록 없는지에 대해 말해주는 것이 거의 없다. 그런 경향은 남녀 격차를 설명한 요인들의 결과이지 그 요인들에 대한 설명이 아닐 것이다.

무엇보다 이런 영장류 연구들과 인간 행동의 관련성은 평가하기 어렵다. 인간이 다른 영장류들보다 교류의 범위가 훨씬 풍부하기 때문이다. 영장류처럼 우리도 먹고, 싸우며, 성관계를 한다. 그러나 우리는 서로 통화할 수 있고, 명함도 교환한다. 서로 고용하며, 협박하거나 고문하고, 같은 정당에 투표하며, 같은 생일 파티에 참가하고, 웃음과 비웃음을 주고받으며, 트위터에서 서로 팔로우하고, 어떤 정책에 대해 서로 익명으로 비난하며, 같은 사무실에서 일하고, 서로 간지럽히며, 서로에게 돈을 지불하고, 같은 거리에 산다. 침팬지의 연합을 조사하는 영장류 학자들은 예상할 수 있는 행동이 어떤 종류일지에 대해 기민한 생각을 품고 있다. 예를 들어 서로 털을 손질해주는 행동은 관심 있는 개인들 사이에서 다른 종류의 상호작용이 나타날 수 있는 좋은 예측변수다. 인간의 연합을 조사하는 영장류 학자들은 어디서 시작할지 거의 모른다.

강한 유대와 약한 유대: 증거

하나의 유망한 시작점은 두 차원을 따라가며 연합들을 조사하는 것이다. 첫째, 단순히 한 집단의 공통 회원으로서가 아니라 개인 간 실제 연결고리들을 포함한 연합들을 조사한다. 둘째, 양 진영의 상당한 시간과 노력의 투자를 수반하는 연결고리들을 지닌 연합들을 조사한다.[8] 영장류 연구들의 일반적인 발견에 따르면, 암컷은 수컷보다 실질적이며 반복된 투자를 수반하는 연결고리에 더 많이 투자하는 경향이 있다(강한 유대). 반면 수컷은 암컷의 경우보다 낮은 수준의 투자를 수반하는 연결고리에 더 투자하지만, 이러한 연결고리가 상당히 많은 경향이 있다(약한 유대). 강한 유대는 돈독한 우정으로 특징지을 수 있으며, 약한 유대는 가벼운 우정 또는 지인 관계로 특징지을 수 있다.

여성의 그러한 경향은 관계에 대한 더 큰 선택성과 그런 관계에 들어간 더 큰 투자에서 비롯된 이해할 만한 결과일 것이다. 성적 관계에 관한 한 이러한 선호도들은 둘 다 성선택의 논리와 양립하며, 또한 그 논리로 예측된다. 선호도가 성적이거나 무성적인 더 광범위한 유대에 걸친 행동에 영향을 주는 것으로 보인다는 점에서 이러한 증거는 참신하다.

강한 유대와 약한 유대의 비율에서 나타나는 성별 차이가 차후의 경제적 성과에서 중요할 수도 있는 이유는 사람들의 구직 능력에서 개인적 인맥의 중요성을 연구한 마크 그래노베터에 의해 처음 발견되었다.[9] 당신은 일자리를 찾는 데 실제로 도와줄 연결고리의 종류가 당신의 강한 유대들이라고 기대할지도 모른다. 이들이 당신을 가장 좋아하고 당신을 돕는 데 가장 헌신적일 것 같기 때문이다. 그러나 이러한 사람들은 보통 당신과 매우 비슷하고, 당신이 아는 것과 똑같은 종류의 것들을 알고 있으며, 당신이 아는 사람들을 안다. 결과적으로 그들의 충고와 인맥은 아무리 진심으로 제공되더라도 쓸모없을 때가 많다. 오히려 약한 유대들이 일자리를 찾는 데 훨씬 더 도움을 준다. 이런 지인들의 더 낮은 헌신은 당신이 미처 알지 못하는 기회들에 대해 듣고 있을 공산이 있다는 사실로 충분히 보상되기 때문이다. 사람들에게 취업 기회를 알려주는 것은 사실상 개인 연결망의 혜택에서 최고의 사례다.

이 같은 현상은 경제학자들이 **외부효과**externalities로 부르는 것의 한 경우다. 내가 다른 누군가와 연락하는 데 조금씩 노력을 투자할 때마다 이는 잠재적인 미래의 이득을 가져온다. 그러나 분명 나에게도 언젠가 그들에게 건넬지 모를 가능한 정보가 있기 때문에 나도 그들에게 이득을 창출한다. 그러나 시간과 에너지를 어떻게 투자할지 결정할 때 그들의 이득을 반드시 고려해야 하는 것은 아니다. 우리가 그러한 이득을 적극적으로 고려할 경우, 결과적으로 모든 연결망은 어쨌거나 좀 더 작아질 것이다. 다른 말로 하면 우리는 연결고리들을 그렇게 자주 만들지 않을 수도 있고, 그것들에 많은 시간과 에너지를 쏟지 않을 수도 있다. 그렇게 하는 편이 종합적으로 이득이 될 수 있기 때문이다.

만약 여성이 평균적으로 남성보다 약한 유대에 적게 투자하는 경향이 있고, 그 이유가 부분적으로 여성의 능력에 가해진 제약에 있으며, 또한 부분적으로는 우리가 공유하는 영장류의 유산인 선호도에 있다는 것이 참이라면 이는 여성의 구직을 돕는 데 체계적 효과가 떨어지는 여성의 연결망을 설명할 수도 있다. 물론 모든 일자리는 아니다. 당신은 내막을 아는 사람들로부터 어떤 정보도 캐낼 필요 없이 안내문에 대답하는 식의 표준 절차를 통해 많은 일자리에 지원할 수 있다. 그러나 일부 일자리, 그리고 특히 기업의 최고위직 채용은 비공식적으로 진행된다. 즉, 입에서 입으로 전해지거나 헤드헌팅을 통해 이루어진다. 만약 여성이 남성보다 이러한 정보에 대한 체계적 접근성이 낮다면 이는 제5장에서 주목한 대표성의 격차를 어느 정도 설명할 수 있다.

그렇다면 이러한 추측에 대해 어떤 증거가 있을까? 여성이 남성과 다르게 연결망을 형성한다는 증거를 살피며 시작하자. 그다음으로 이것이 직업적 보상에 미칠 수 있는 영향에 관한 증거를 고찰한다. 사회학자 그웬 무어Gwen Moore가 1990년에 발표한 연구가 있다. 그는 미국 종합사회조사General Social Survey가 실험 대상자들에게 이전 6개월 동안 '중요한 사항들'을 논의한 사람의 이름을 다섯 명까지 말해달라고 요청한 뒤 받은 대답들을 조사했다.[10] 그는 여성의 대답에서 친족의 비율이 남성보다 훨씬 높고, 남성은 동료의 비율이 훨씬 높았다는 점에 주목했다. 그다음에 차이의 실질적 부분이 여성이 직면한 기회의 차이, 즉 여성의 더 낮은 고용률에서 뚜렷이 나타나는 기회의 차이로 설명될 수 있음을 보여주었다. 그런데도 어떤 성별 차이들은 여전히 남아 있었다. 이는 특히 여성이 비슷한 고용 상태에 있는 남성이나 그 밖의 다른 상황의 남성에 비해 친족과 친족 같은 유형들을 더 많이 언급했다는 점에서 현저히 나타났다.

이는 확실히 우리의 가설과 일치한다. 그러나 초점이 '중요한 사항들'에 관한 논의였기 때문에 과연 남성이 추가적으로 약한 유대들에 투자하고 있었는지 확신할 수 없다. 실제로 남성과 여성이 언급한 인맥의 평균 수는 거의 같았다. 각 경우는 거의 정확하게 세 명이었다. 또한 그 증거는 남성도 여성이 지닌 수만큼 강한 유대들이 있지만, 남성의 강한 유대는 직장 동료를 더 많이 포함한다는 가설과도 일치한다. 한두 개의 또 다른 연구들이 약간의 보강적 지지를 제공하지만, 우리 가설의 핵심 부분에 대한 직접적 증거는 불만스러울 만큼 전반적으로 부족하다. 가설의 핵심 주장은 남성이 강한 유대에 어떤 투자를 하든 평균적으로 그들의 경력에 유용할 수도 있는 유형, 즉 약한 유대를 더 많이 맺는 경향이 있다는 것이다.[11]

우리는 적절한 자료가 부족하다. 그 부분적 이유는 연결망들과 그것들이 경력 개발에서 수행하는 기능에 대한 가장 상세한 증거가 대개 단일 조직을 둘러싼 연구에서 나온다는 데 있다. 따라서 그러한 연구들은 동료와의 유대에 초점을 맞추는 경향이 있고, 이러한 인맥들이 개인의 전반적 연결망들과 어떻게 들어맞는지에 대한 관심은 적다. 나아가 그러한 조직들이 과연 전반적인 노동의 세계를 얼마나 대표하느냐는 질문도 피하기 어렵다. 그러나 이러한 연구들은 남성이 약한 유대에, 여성이 강한 유대에 더욱 집중한다는 간단한 견해에 몇몇 중요한 자격 요건을 제시했다. 첫 번째 자격 요건은 남녀 모두 (다른 조건들이 동일하다면) 동성 구성원들과의 네트워킹을 선호한다. 이러한 선호도는 비록 그 자체로 놀랍지 않더라도 여성이 과소 대표되는 조직들 안에서는 흥미로운 결과를 내놓는다. 동성과 우선적으로 연결망을 형성하는 행위는 권력과 영향력을 품은 연결망에서 여성을 제외하는 경향이 있기 때문이다. 그 결과 남성은 도구적으로 가장 유용한 직업적 유대가 사회적 유대와도 일치한다. 그러나 여성은 개인적 격려를 받기 위해서는 여성이 대부분인 동료 집단과 교류하고, 직업적인 도움·충고·승진을 위해서는 남성이 대부분인 집단과 교류하는 경향이 있다.[12] 이러한 경향은 미국에서 기록되었지만, 중국인 관리자들에 대한 연구에서도 뒷받침되었다. 이는 그러한 경향이 순수하게 지역적·문화적 요인들에서 기인하지 않을 수도 있음을 보여준다.[13]

결론적으로 여성은 직업적 충고를 구할 때 상대적으로 다른 소통을 거의 한 적이 없는 동료들로부터 구한다는 것인데, 이는 때때로 핸디캡일 수 있다. 그럴 경우 이는 그 단순한 견해에 두 번째 자격 요건을 제시한다. 직업적으로 도움을 주는 관계들은 반드시 누군가의 약한 유대가 아니라 적절한 전략적 요소들의 강한 유대를 수반하는, 약한 유대와 강한 유대의 올바른 균형을 지녔다는 것이다. 사회학자 로널드 버트Ronald Burt는 특히 조직 내 소수집단인 여성이 반드시 약한 유대를 결여한다고 볼 수 없는 방식을 보여준다. 여성이 결여한 것은 오히려 그것들을 효율적으로 이용할 수 있는 정당성legitimacy이다. 그러한 여성은 버트가 "전략적 파트너의 연결망 빌리기"라고 칭한 것에 의존한다.[14] 그들이 타인들의 약한 유대에서 혜택을 얻으려면 한두 개의 강한 유대관계가 필요하다. 반면 위계질서 안에 있는 남성의 정당성은 약한 유대들이 발견되는 곳마다 여성이 그것들을 이용할 수 있게 한다.

따라서 전반적인 그림은 이렇다. 남녀의 서로 다른 선호도들이 개인적 네트워킹과 직업적 네트워킹에 어떤 기능을 하지만, 다르게 가해진 제약들과 이용할 수 있는 기회들도 구별하기 쉽지 않은 방식으로 기능하는 듯 보인다. 그렇다면 선호도의 기능에 대해 다른 출처의 증거를 살펴보는 것이 유용한데, 남녀가 의사소통하는 방식들을 측정해 얻은 증거가 있다. 많은 설문조사는 남녀의 전화 통화 방식이 매우 다르다고 보고한다. 예를 들어 여성은 좀 더 개인적인 문제로 길게 통화하는 경향이 있고 남성은 실제적인 목적으로 통화하는 경향이 있는데, 예컨대 물류 배치를 결정하거나 협상에 착수하는 일이다.[15] 그러나 이러한 자료들은 자기 보고에 의존한다. 이는 오히려 실제 행동보다 기대된 성별 행동 유형에 대한 고정관념적 견해들이 반영될 수도 있음을 의미한다. 전화 통화의 실제 녹음을 조사한 연구는 워낙 적었다.[16]

프랑크푸르트 대학교의 기도 프리벨Guido Friebel과 필자는 개인적 상황과 직업적 상황의 통화에 대한 직접적인 요금 증거를 익명의 요금 기록으로부터 조사했다. 우리는 이러한 증거가 남녀의 의사소통 방식에 대해 말해줄 수 있을지 확인하고 싶었는데, 그들은 의사소통을 통해 자신의 연결망을 구축하기 때문이다. 그러한 증거에는 결정적이지 않더라도 확실히 흥미를 끄는 것이 있었다.[17] 첫째, 우리는 2006~2008년의 2년 동안 이탈리아와 그리스에 있는 이동통신 회사 가입자의 무작위 표본에서 남녀의 통화 길이를 비교했다. 나이와 소득 같은 다른 변수들을 제어하면 여성의 통화 길이가 남성보다 16% 더 길었다. 통화 횟수는 더 적었다. 각각의 연령 범주 안에서도 마찬가지였다. 20대 여성은 20대 남성보다 더 길게 통화했고, 또 다른 연령집단의 남성과 여성도 마찬가지였다.

나아가 그러한 차이들이 여성에게 열린 또 다른 직업적 기회와 그 밖의 다른 기회를 반영할 수 있는지 알아내기 위해 독일의 대형 소비자 서비스 회사 콜센터에 근무하는 남녀 직원의 통화 녹음들을 무작위로 조사했다.

남녀 직원은 같은 조건에서 일한다. 다른 변수들을 제어하면 여성에게 배정된 통화는 남성에게 배정된 통화보다 평균적으로 15%가 길었다(다시 말하지만 전체로서의 표본뿐 아니라 각각의 연령 범주 안에서 남녀 차이는 크며, 이 차이가 통계적으로 상당히 중요하다). 또한 우리는 판매를 포함한 영업 활동을 조사해 이러한 차이가 여성 직원이 그 일을 해나가려는 열정이 덜하다는 것을 반영할 수도 있을지 검사했다. 그 결과 여성이 남성보다 교대조 당 판매가 좀 더 많으며, 따라서 체계적으로 다른 의사소통 전략들을 사용하는 것으로 보이고, 직원으로서 상당히 유능하다는 점이 밝혀졌다.

그런데 여성의 더 긴 통화 시간이 남녀의 선호도 차이를 반영한다고 결론짓지 못하도록 하는 것이 하나 있다. 이는 전화를 건 남녀가 여성과 통화하고 싶어 한다는, 발신자의 선호도를 반영할 수 있다는 점이다. 그 두 개의 동기부여를 분리해낼 실제적 방법은 없다. 결국 모든 대화는 두 사람 사이에서 처리되기 때문이다. 누구도, 아마 당사자들 자신조차 전반적인 대화가 그들이 가장 선호하는 대화와 어느 정도까지 닮았는지 확신할 수 없을 것이다. 그러나 이러한 불가능성이 심리 분석가에게 고용을 보장해주는 것일지 몰라도 우리의 목적에는 실제로 별 문제가 아닐 수도 있다. 삶의 모든 대화도 마찬가지이기 때문이다. 따라서 이런 자료들에 대해 여성이 관련된 의사소통 전략은 좀 더 적은 횟수의 약간 긴 대화로 이어지며, 그 차이는 결과적으로 여성이 만드는 연결망 연결고리의 유형에 영향을 미칠 수 있음을 시사한다고 받아들이는 편이 합리적이다. 그러나 더 많은 증거가 있다면 좋을 테고, 앞으로 수년 내에 사회적 연결망을 둘러싼 조사 연구들은 이를 우선 과제로 택할 것이 분명하다.[18]

네트워킹과 직업적 성공

여성의 연결망이 남성과 다르다는 증거가 시사적이긴 하지만 결정적이지는 않다면 우리는 이 문제를 반대 입장에서 볼 수 있을까? 여성의 연결망이, 그 구조가 어떻든 직업적 혜택을 가져오는 데 덜 효과적이라는 증거를 찾을 수 있을까? 이러한 질문에 대한 연구가 아직까지는 결론에 이르지 못했다. 그 주된 이유는 연결망을 측정하기가 어렵고, 충분히 크면서도 대표성이 있는 집단에 관한 연결망과 경력 수행도의 관련 자료를 얻는 데도 어려움이 있기 때문이다.[19] 프랑스 툴루즈 경제대학교의 마리 랄란 Marie Lalanne 과의 작업에서 필자는 바로 이 문제를 미국과 유럽의 이사 또는 고위 중역 약 1만 6000명에 관한 정보를 사용해 분석해왔다. 그들 중 오직 9%만이 여성이다. 이는 그러한 주제를 둘러싼 대부분의 조사 연구가 사용하는 기준으로는 방대한 자료 집합이지만, 그 방대함에는 대가가 따른다. 우리는 그 모든 사람의 실제 네트워킹 활동에 대한 정보가 없으며, 서로의 활동적인 사회적 연결망에 속한 사람들에 대한 정보조차 없다. 우리가 지닌 것은 그들이 과거에 똑같은 고용주를 위해 일했으므로 누구와 접촉할 **기회**가 있었는지에 관한 정보다.[20] 또한 우리는 그들이 이러한 기회를 이용해 무엇을 하려 했는지에 대해서도 아는 것이 없다. 그러나 암만 해도 여성의 연결망이 남성의 연결망보다 직업적 혜택을 불러오는 데 덜 효과적이라는 것이 실제로 참이라면, 이 사실은 우리 자료에 반영되어야 한다. 여성이 기회를 이용하는 데 남성보다 체계적으로 덜 효과적이어야 하기 때문이다. 특히 우리는 두 가지를 확인하기 원한다. 첫째, 우리는 자료 집합 속 각 개인이 과거에 우연히 마주친 사람 중 현재 영향력을 지닌 사람이 몇 명인지 셀 수 있다. 이것을 유력인사목록Index of Movers and Shakers: IMS이라 부를 수 있다. 우리가 예상한 바는, 연령과 교육 같은 요인들의 영향력을 허용할 경우 더 많은 유력인사목록을 지닌 개인은 인맥들이 직업적 혜택을 가져왔다면 더 높은 봉급을 받아야 했다는 것이다. 둘째, 남성의 연결망이 지닌 더 큰 효과성에 대한 우리의 가설이 옳다면 유력인사목록이 봉급에 미친 효과는 여성보다 남성에게 더 커야 한다고 예상한다.[21]

우리의 자료는 유력인사목록이 봉급에 미치는 매우 분명한 영향을 실제로 보여준다. 이를 측정하는 일이 단순하지는 않다. 그들의 경력에서 한 사람이 지녔던 기회의 횟수와 현재의 봉급은 둘 다 어떤 제3의 원인, 즉 재능과의 공동 효과일 가능성이 있기 때문이다. 이것이 참이라면 단순히 봉급을 유력인사목록과 연관 짓는 것은 그 목록이 봉급에 미치는 영향을 과장할 수도 있다. 이러한 가능성을 고려하기 위해 우리의 추정값을 조정하는 일은 간단하지 않다. 여러 다양한 방법이 있지만 그중 어떤 것도 이상적이지 않다.[22] 그러나 우리는 마침내 당신이 어떤 추정치를 특별히 선호하는지에 근거해, 평균적으로 유력인사목록 수치가 250인 사람이 약 150인 사람에 비해 2008년 평균보다 봉급이 2~4% 더 높다는 점을 찾아냈다. 스톡옵션 같은 또 다른 보수 형태들을 조사해볼 때 연결망 크기에서 오는 수익은 거의 두 배 정도 크다. 비록 거대한 수익은 아니지만, 잘 연결되어 있어 얻는 유용한 수익이다. 잘 연결되어 있다는 점이 당신을 부자로 만들지는 않을 것이다. 단지 지금 형편보다 약간 낫게 만들 수도 있다. 또한 연결들은 두 가지 방식으로 도움을 주는 듯 보인다. 첫째, 잘 연결되어 있다는 것은 현재의 직업보다 당신에게 더 잘 맞을 그런 직업의 취업 기회에 대해 알 수 있도록 돕는다. 둘째, 이는 현재의 고용주가 당신에게 좀 더 끌리도록 만들어 당신이 자신의 이익을 위해 좀 더 야심차게 협상할 수 있게 한다.[23]

이러한 효과를 발견하자마자 우리는 그것이 남성에게 그랬듯 여성에게도 효과적으로 작동했을지 궁금했다. 놀랍게도 이 측정에서 남녀 간 표면상 차이는 전혀 없었다. 하지만 자료들을 좀 더 세심하게 살피자 인상적인 것이 눈에 띄었다. 회사의 이사들은 사내이사와 사외이사라는 두 범주로 구분된다. 사내이사는 회사를 경영하며, 대개 풀타임 상근직이다. 사외이사는 이사회를 비롯해 때때로 다양한 분과의 이사 위원회에 참여한다. 그들은 동시에 여러 회사의 사외이사가 될 수 있으며, 흔히 그렇게 하더라도 거의 항상 파트타임이다. 사외이사는 보통 사내이사보다 보수가 훨씬 적다. 우리 표본에서 사외이사의 보수는 사내이사 보수의 30% 이하다. 표본에서 여성의 32%가 사내이사인 반면, 남성의 49%가 사내이사라는 사실은 당신을 놀라게 만들지 않을 것이다. 그러나 우리의 사내이사 표본 중 여성은 오직 6%다. 이는 편견이 계속 여성을 사내이사 자리에서 제외하기 때문인지, 여성은 노동조건이 더욱 유연한 자리에 지원하는 데 관심이 더 크기 때문인지 도저히 모르겠다. 우리 표본 속 대부분의 여성은 45세 이상이므로 아이들 때문에 제약될 가능성이 조직의 더 젊은 여성보다 적다. 그러나 봉급을 비교할 때 이사직에서 나타난 이러한 차이를 고려하는 것은 중요하다.

남녀 간 사외이사 봉급 비교는 평균 봉급에서건, 유력인사목록이 봉급에 미치는 영향에서건 큰 차이를 보이지 않았다. 여기서 연결망 인맥이 매우 중요하다. 우리의 유력한 추정으로는 유력인사목록 수치가 150 대신 250일 때 봉급이 8% 올라간다. 그리고 여성 사외이사도 분명 남성과 마찬가지로 그들의 인맥을 효과적으로 사용한다. 하지만 이것이 그러한 자리에 대한 접근성에 차별 가능성이 없다는 뜻은 아니다. 여성은 아직도 표본 중 12%만을 구성한다. 그러나 사외이사 자리에 있는 여성의 봉급은 비슷한 자격을 갖춘 남성의 봉급에 거의 필적하는 듯하다. 따라서 제6장에서 논한 가능성을 배제할 수 없다. 즉, 여성의 더 낮은 대표성은 그러한 직업들에 대한 선호도 차이에 부분적으로 기인할 가능성이다.

사내이사에 대해서는 이야기가 다르다. 우리 표본에서 여성 중역은 비슷한 자격을 갖춘 남성보다 평균 30%를 적게 받는다. 스톡옵션 같은 다른 형태들의 보수에 관한 자료를 포함할 경우 차이는 더욱 크게 나타난다.[24] 그런데 인맥이 보수에 끼친 영향을 살펴볼 때 인상적인 것이 있다. 남성 중역은 인맥에서 혜택을 얻는다. 평균적으로 150명보다는 250명의 인맥을 지닌 자들이 3~4% 더 높은 봉급을 받으며, 스톡옵션과 그 밖의 간접적 형태의 보상도 약 10% 더 높은 수준으로 받는다. 그러나 여성 중역의 경우는 그렇지 않다. 이전 경력에서 맺은 모든 인맥은 어떤 혜택도 가져오지 않는 듯하다. 인맥에 최근 영향력 있는 여성을 많이 포함하게 된 소수의 여성은 예외다. 그러한 인맥은 결국 상당히 가치 있는 것으로 밝혀진다. 그리고 봉급에 영향을 주는 남성과 여성 인맥의 서로 다른 산출력을 조정한 후에는, 보통 말하는 성별의 영향력은 작아지며 통계적으로도 더 이상 중요하지 않게 된다. 여기서 우리 가설은 사내이사의 경우에 확증되고 사외이사의 경우에 기각되는 것처럼 보인다.

　다른 식으로 말해, 회사 운영에 관해서라면 남성의 연결망은 여성보다 남성에게 비교적 유리하게 작용하는 듯 보인다. 그러나 단지 이사진에 들어가는 것일 경우 두 연결망은 거의 같은 수준이다. 다시 말하지만 여성은 실권이 있는 자리에 관한 한 가장 불이익을 받았다. 그런데 이는 이사진에서 여성 대표성을 증진시키기 위해 고안된 정책들이 사외이사의 여성 비율을 실질적으로 증가시키더라도 사내 중역직, 특히 최고 경영자처럼 실력을 행사하는 사람들의 여성 비율에서는 별 차이 없을 수도 있다는 점을 보여준다.[25]

　이런 결과들이 중역직에만 해당된다는 사실은 상황과 관계없이 작동하는, 남녀 간의 보편적 행동 차이가 있을 수 없다는 것을 의미한다. 여성의 연결망이 직업적 혜택을 불러오는지 여부는 여성이 어떻게 행동하는가뿐 아니라 남성이 그들 차례에서 어떻게 행동하는가에도 달려 있다. 또한 상기할 만한 것은 이러한 연구에서 살펴본 사람들이 인구 전체이기는커녕 사업 경영진에서도 가장 특권적인 소수라는 점이다. 그러므로 우리는 이러한 종류의 연구 결과들에서 남녀의 행동에 관한 일반적인 결론을 어느 정도까지 도출할 수 있을지 알 수 없다. 그러나 어떤 점에서 우리가 찾은 결과들은 예상보다 더 강력하다. 이들은 실제로 매우 잘 연결된 사람들이며, 네트워킹에 능숙하지 않았다면 우선적으로 이사진이 될 수 없었을 것이기 때문이다. 제5장의 주제 중 하나로 돌아가면, 이는 키가 농구 점수에 미치는 영향을 살펴본 것과 조금 비슷하다. 키가 크면 농구에서 더 나은 점수를 낼 수 있는지 시험해보고 싶다면 직업 농구선수들만 봐서는 안 될 것이다. 그들 모두는 이미 키가 매우 큰 사람들이며, 실제로 키가 크다는 점 때문에 선택되었기 때문이다. 그렇게 키가 큰 집단에서 농구 기량의 편차는 주로 그 밖의 다른 요인들과 관련된다. 존재하는 키 차이와는 거의 관계가 없다.[26]

키의 경우와 비슷하게 여기서는 엄청나게 성공적인 여성과 남성의 집단을 다루고 있으며, 아마 그들은 모두 성공적인 네트워커일 것이다. 따라서 농구 점수에 남은 차이를 설명하기 위해 직업 농구선수 간 키의 편차를 찾듯이 직업적 성공에 남아 있는 차이를 설명하기 위해 네트워킹 능력의 편차를 찾는 것도 잘못된 것임을 예상할 수 있다. 하지만 우리는 그러한 영향을 발견했다. 이 모든 것은 우리에게 할 일이 남아 있음을 보여준다. 즉, 여성은 현대사회의 여러 다른 직업 중에서 경력을 선택하는데, 이렇듯 다른 선택들로 인해 치르는 높은 대가에 남성 연결망의 책임이 있다고 자신 있게 결론 내리기 전에 해야 할 일이 많다는 것이다. 그런데 미국과 유럽의 선두 회사들에서 힘 있는 자리를 배정하는 문제에 관한 한 남성의 연결망이 여성의 연결망보다 놀라울 정도로 다른 역할을 수행한다는 증거를 고려하면, 연결망은 더 넓은 세계에서도 역시 주된 용의자로 남는다.

연결망 선택: 신중함 또는 선호도?

남녀가 사회적 연결망과 직업적 연결망을 선택할 때, 유용성의 시각으로 선택하는지, 아니면 집이나 사무실을 장식하는 가구에 대한 취향을 채우듯 단지 소통하기 원하는 부류의 사람들에 대한 선호도를 채우는지 묻는 것은 자연스러워 보일지도 모른다.[27] 그러나 이는 잘못된 질문이다. 사람들은 두 가지 동기를 다 지녔다는 거의 확실한 대답 하나가 있을 수 있기 때문이다. 이 질문은 또 다른 이유로 잘못되었다. 즉, 우리가 교류하는 사람의 부류에 대한 우리의 선호도는 이미 수억만 년의 진화로 형성되었기에, 여기에는 우리 선조들이 교류하기 가장 타산적이라고 본 사람들이 반영되었다고 생각할 만한 좋은 이유들이 있기 때문이다. 제3장에서 보았듯이 우리의 선호도는 신중함이 받아 적었을 일종의 속기, 즉 불완전한 인지능력과 불완전한 헌신 능력의 세계에 적합한 속기다. 우리는 웃는 사람에게 끌리며, 따라서 그들 주위에 있고 싶다. 또한 그들을 더 신뢰하는데, 그렇게 하는 것이 평균적으로 옳음을 시사하는 증거도 있다.

로가 시사하듯이, 연합에 대한 남녀의 선호도들은 이러한 연합들이 선사시대에 중요한 번식적 목적에 기여했기 때문에 발달했을 가능성이 있다.[28] 특히 개인은 선사시대의 수렵·채집 조건에서 필요로 한 번식적 이득을 가져오는 데 가장 신뢰할 만한 개인을 연합 파트너로 선택했다. 만약 다른 조건이 같다면 남성은 남성과의 교류를 선호하고 여성은 여성과의 교류를 선호할 때, 추정컨대 그러한 선호도들은 제4장에서 논한 강력한 노동 분업에 비추어 의미가 있을 것이다. 하지만 이러한 노동 분업은 더 이상 없다. 그것과 함께 온 선호도들은 이제 전적으로 시대에 뒤진 것일까? 남성이 여전히 다른 남성과 교류하기를 원하는 것이 적어도 부분적으로는 남성이 남성을 더 잘 이해하고 서로 얼마나 신뢰할 수 있는지 더 잘 판단할 수 있기 때문이라는 것이 참일 수도 있지 않은가? 그리고 여성이 똑같은 이유들로 다른 여성과의 교류를 선호한다는 것도 마찬가지 아닐까? 적어도 직장에서는 남성이 남성적 성격의 여성보다 더 나은 판단자일지, 아니면 여성이 여성적 성격의 남성보다 더 나은 판단자일지에 대한 증거가 적고 그 증거조차 상반된다.[29] 마찬가지로, 동성의 또 다른 선수와 짝을 이룰 때 남성과 여성이 더 신뢰할 수 있는 방식으로 행동하는지에 대한 연구소의 진실 게임 실험들에서 나온 증거도 상반된다.[30]

하나의 가능성은 남녀 모두 타인의 행동에 관한 신호들을 소속 그룹에 대한 꽤 조잡한 일반화에 비추어 해석한다는 것이다. 이 경우 여성을 판단하는 남성과 남성을 판단하는 여성은 동성 개인들의 집단을 판단할 때보다 성별에 관한 판단을 포함시킬 공산이 더욱 크고, 이 판단들은 고정관념일 가능성이 많다. 직원이 얼마나 진지하게 회사에 헌신하는지 평가하는 남성 고용주는 여성보다 남성을 평가할 때 아마 더 폭넓고 세련된 기준 집합을 사용할 것이다. 제6장에서 버트런드, 골딘, 카츠가 발견한 것으로 돌아가 보자. 여성이 경력 선택들로 치르는 대가는 남성보다 많다. 이는 여성이, 그리고 여성을 고용하는 남성이 신호 함정에 걸렸기 때문이라고 할 수 있을까? 물론 이러한 신호 함정에서는 남성보다 여성이 헌신과 재능을 신호하기가 더 어렵다.

필자는 제9장에서 이러한 질문으로 되돌아올 것이다. 그 전에 우리는 그림을 넓힐 필요가 있다. 찰스 다윈이 아주 잘 깨달았듯이, 집단과 연합이 집단생활을 하는 영장류 구성원의 적응도를 결정하며, 남녀가 성선택 게임에서 사용하는 신호와 전략은 모든 개인이 집단과 연합을 항해하며 사용하는 여러 신호와 전략 중 그저 한 표본이다. 우리는 성적 파트너들에게 인정받으려는 결의를 괴롭히는 불안감이 그리 짐스럽지 않은 듯 행동하는 동시에, 우리 재능이 직장 내 잠재적 협력자들에게 성별에 대한 관심과 별개로 어떻게 높이 평가받을지 걱정해야만 한다. 당신은 현대의 정보 경제에서 이런 종류의 불안이 줄어들 수 있다고 생각했을지도 모른다. 온라인 데이트부터 일자리 찾기에 이르는 모든 분야에서 매칭 기술이 직업적·개인적 파트너를 탐색하는 과정을 더욱 효과적으로 만들기 때문이다. 제8장에서는 이러한 낙관적 비전이 너무 훌륭해 과연 참일 수 있을지 탐구한다.

제**8**장

매력의 희소성

나는 유황이며 초석, 당신은 얼음.

_ 피에르 드 롱사르(Pierre de Ronsard)(1578)

필경사와 대서인

1980년대에 필자가 대학원생으로서 현장 연구를 한 인도 마을에는 브라만 출신의 교사가 있었다. 그 교사의 부업 중 하나는 스스로 글을 쓸 수 없는 마을 사람들을 대신해 편지를 쓰는 것이었다. 공교롭게도 마을 사람들 거의 모두가 글을 쓰지 못했다. 보통은 공무원 또는 큰 회사의 인사부 직원에게 보내는 요식적인 서한이지만, 가끔은 아들이나 도시 어딘가의 성공한 가까운 친척에게 보내는 가족 편지도 있었다. 때때로 아들이나 딸의 혼처를 찾는 편지이기도 했는데, 편지에 나타난 문해력literacy과 부유함이 젊은이의 행운과 행복에 모든 차이를 만들 수도 있었다. 필자는 교사가 봉사료를 얼마나 매기는지 전혀 몰랐다. 그러나 수익성 있는 그 부업이 문맹인 동료 마을 주민의 지속적인 인원수에 의존함을 고려하면, 때때로 그 부업이 선생으로서 그의 동기부여에 미치는 영향이 궁금했다.

수년 후 2007년 ≪뉴욕 타임스The New York Times≫에서 G. P. 사완트 G. P. Sawant에 관한 기사를 읽을 때 그 교사가 떠올랐다. 사완트는 뭄바이에 사는 전문적인 편지 대서인代書人이다. 그도 모든 부류의 수신인에게 편지를 쓴다. 성매매를 하려고 시골에서 도시로 온 젊은 여성들을 위해 무료로 일하기도 한다. 많은 사람이 문맹이며, 대부분은 자기가 무슨 일을 하는지 가족에게 정확히 말하고 싶지 않은 이유가 분명하다. 그래서 사완트는 대서인으로서 자리를 지켜야 할 뿐 아니라 그들에게 어떤 삶을 고안해주어야만 한다. 이는 도시에서 겪는 갈등과 성공에 대한 이야기로, 고향에 전송되었을 때 부모나 형제자매가 편안함을 느낄 수 있는 이야기다. 이는 하나가 아닌 여러 방식으로 이루어지는 참신하고 시적인 소명이다. 그러나 ≪타임스The Times≫의 기사에 따르면 사완트의 생계는 이제 휴대전화 보급으로 위협에 놓여 있다. "다른 누군가에게 친밀한 것들을 받아쓰도록 하던 일이 이제는 그 마을로 전화하거나 문자 메시지를 보내는 것으로 대체되었다."[1]

인간성과 오래된 것이 지닌 매력을 몰아내는 현대 과학기술에 관한 이 같은 이야기를 들으면 가슴이 아프다. 현대문학은 현대 과학기술 때문에 사라져가는 삶의 방식들에 대한, 또는 원초적 핵심이 잊힐 때까지 민속학적 의례들로 천천히 변해가는 오래된 기술들에 대한 감동적 은유로 가득하다. 장 지로두Jean Giraudoux는 어린 시절의 프랑스 시골에 관해 다음과 같이 썼다. "두 나막신을 서로 맞때리는 양치기 여인: 20년 전에 그것은 늑대에 관한 경보였지만, 지금은 여우에 대한 경보다. 그리고 20년 안에 그것은 오직 족제비에 대한 경보로 쓰이게 될 것이다."[2] 그는 독자에게 이전 시대들의 풍부한 음색이 사라지는 슬픔을 말하고 있다.

그러나 편지 대서인의 소멸을 둘러싼 이 특별한 이야기와 관련해 앞뒤가 맞지 않는 부분이 있다. 150년 전에 헨리 메이휴Henry Mayhew는 그의 방대한 연구 저작『런던의 노동자와 런던의 빈민London Labour and the London Poor』의 몇 쪽을 "거리의 화가들, 혹은 구걸 편지와 탄원의 대서인들"에 대해 바치고 있는데, 그들에 관해 "대중은 그들이 몇 명인지 혹은 얼마나 부도덕한지 전혀 상상할 수 없는 자들로 이루어진 계급"이라고 서술했다. 계속해서 메이휴는 "그들의 역사는 그들의 능력만큼이나 상당히 다양하다"라고 말한다. "일반적으로 말해 그들은 서기, 교사, 점원, 몰락한 신사, 또는 귀족의 사생아로 태어난 아들들이었다. 반면에 그 밖의 사람들은 교양 교육liberal education을 받은 후 부모의 통제에서 벗어나 젊은 시절에 그 '직업'을 시작했으며, 아마 무덤에 갈 때까지 추구할 것이다."[3] 이 직업을 사라지게 만든 것은 존경할 만한 사람들의 도덕적 반감이 아니었다. 이동전화 서비스업의 출현도 분명 아니었다. 바로 보편적 문해력이었다.

문해력은 인도에서 느리게 진전되었다. 그러나 문맹자는 과거보다 비교적 더 적어졌으며, 그들을 돕고자 경쟁하는 문해력 있는 사람도 상당히 많아졌다. 필자는 이전에 머물던 마을의 브라만 출신 교사가 실직 중이거나 적어도 그런 종류의 일을 하지 않는다고 생각하고 싶다. 지금은 그가 은퇴하고 그의 아이들이 동료 주민들에게 컴퓨터 프로그래밍 같은 다른 기술을 팔고 있을 가능성이 높다. 인도는 현재 200만 명이 훨씬 넘는 컴퓨터 기술자를 보유하고 있는데, 이는 미국이 보유한 수와 거의 맞먹는다.

그들의 봉급은 미국 기준으로 보통 수준일지 몰라도, 그들의 부모 세대가 생각할 수 있는 액수를 훨씬 능가한다.[4] 전국 방방곡곡의 학교와 대학에 다니는 많은 젊은이는 컴퓨터 프로그래머가 무엇을 얻어낼 수 있는지 확인하며 자신도 자격증을 획득해 벌이가 좋은 넉넉한 생활을 하게 되길 꿈꾼다. 이들 부모의 상당수도 학사 학위가 부유함을 보증할 것이라고 꿈꾸었지만, 많은 사람이 학위증을 얻어 그것에 더 이상 큰 가치가 없어지자 실망했다. 컴퓨터 자격증에 대한 최근의 열광도 상당한 실망을 남길 듯 보인다. 각고의 노력 끝에 얻은 기술들은 진지하고 명예로운 보상을 가져오지만, 그 이상은 아니다. 행운을 만드는 유일한 방법은 타인이 따라할 수 없는 방법들로, 그리고 수요가 있는 방법들로 숙련되는 것이다. 성공하기 위한 하나의 방법은 인도의 첫 컴퓨터 기술자 세대처럼 유행하기 전에 그 기술을 습득하는 것이다. 다른 방법은 법률 업무의 자격증처럼 훈련을 제공하는 기관들에 의해 인위적으로 공급이 제한되는 기술을 획득하는 것이다. 그리고 또 다른 방법은 대부분이 아무리 열심히 시도해도 모방하기 어려운 고급 기술을 갖는 것이다.

매우 가난한 자들의 생활을 편하게 해줄 정보통신기술의 잠재력을 향한 정당한 열광은 인도뿐 아니라 사하라 사막 이남의 아프리카 같은 또 다른 최빈곤 지역들에서도 일어났다. 2011년 현재 아프리카에서 휴대전화 가입자는 5억만 명을 넘었고, 인도와 중국에서는 각각 7.5억 명 이상이 가입했다.[5] 오늘날 휴대전화 가입자는 약 60억 명이다.[6] 이는 중복 가입자를 감안하더라도 현재 세계 인구의 대다수가 휴대전화를 가지고 있다는 의미다. 불과 25년 전만 해도 휴대전화는 공상 과학소설의 소재가 될 만한 기계장치였다. 그 밖의 많은 사람들은 가입하지 않은 채 휴대전화를 이용한다. 아프리카에 전역에서는 길 한 켠에 앉아 휴대전화가 없는 사람들에게 초 단위로 통화 시간을 파는 사람들을 볼 수 있다. 비록 가난한 국가의 발신자들이 채팅이 더 알맞고 중요하더라도 채팅만 이용하는 것은 아니다. 그들은 인터넷뱅킹과 의료 상담처럼 살림을 꾸려주거나 생명을 구해줄 수도 있는 온갖 종류의 서비스를 사용한다.

인터넷은 아직 휴대전화만큼 많은 사람에게 도달하지는 못했다. 국제전기통신연합International Telecommunication Union: ITU 의 평가에 따르면 2009년 중국의 인터넷 가입자 수는 1억 1100만 명이지만, 인도는 1500만 명에 불과하다. 물론 인터넷 사용자는 훨씬 더 많다. 국제전기통신연합의 평가로는 아시아·태평양 지역에서 10억 명이 넘고, 아프리카에서 1억 500만 명, 그리고 전 세계적으로 약 24억 명이다. 여전히 전체 인구의 소수다.[7] 그러나 이는 겨우 20년 만에 이룬 놀랄 만한 발전이다. 비록 인터넷이 사용자에게 휴대전화 연결망보다 더 높은 수준의 문해력을 요구한다 해도, 그것이 가난한 자들의 생활까지 변화시킬 것이라는 점에는 한 치의 의심도 없다. 많은 사람이 인터넷이 없을 때의 지리적·경제적 환경이 허용한 수준보다 더 높은 교육에 접근할 것이다. 이미 유튜브YouTube 에서 무료 강의를 들을 수 있도록 만든 칸 아카데미Khan Academy 덕분에 수백만 명의 학생이 세계적으로 인정된 수준의 학문적 주제들을 배우는 것으로 보인다.[8] 한 가정에 문해력 있는 사람이 한 명만 있어도 인맥·시장·일자리를 어떻게 찾는지 알고 비상시에 어떻게 도울 수 있는지도 알게 되므로 전 가족의 장래를 증진할 수 있다. 한낱 문해력이 고립되고 가난한 자들에게 그러한 차이를 만든다면, 인터넷으로 완전하게 연결된 교육이 무엇을 할 수 있을지 생각해보라.

인터넷과 통신 기술은 사람들을 서로 연결한다는 이유만으로도 세계시민의 생활을 증진시킬 것이다. 때때로 연결은 귀중하다. 그렇지 않았더라면 분리된 틈새에 스스로 안주했을 개인들을 함께 불러내 조정의 문제들을 해결하기 때문이다. 이는 제3장에서 보았다. 만약 당신이 상상할 수 있는 가장 비극적인 곤경 중 하나가 의학적 관심을 받지 못해 아이가 죽어가는 것이라면, 불과 몇 킬로미터 떨어진 텅 빈 수술방에 있는 의사와 통신을 못해서 아이가 그냥 죽어간다는 것은 얼마나 더 비참하겠는가? 그러나 연결이 가져올 수 있는 혜택에는 한계가 있다. 더 정확히 말하면 매칭 기술의 혜택은 주목의 희소성the scarcity of attention 에 의해 제한된다. 당신이 연결되고 싶어 하는 모든 사람에게 당신과 연결될 시간이나 의향이 있는 것은 아니다. 정보 경제에서 주목이란 궁극적으로 희소한 자원이다.[9] 자연선택이 당신 안에 심어놓았거나, 비싼 교육을 통해 습득할 수 있는 재능의 상당수는 타인의 주목에 대해 권리를 주장할 수 있는 무기이며, 이것들을 통해 다른 경쟁자가 받을 수 있는 주목을 감소시킬 수 있다. 모든 무기 경쟁 논리에서 그러한 재능을 획득한 사람의 수가 많을수록 재능의 가치는 떨어진다. 더욱 진전된 통신 기술은 과잉 주목에 의한 낭비를 엄청나게 증가시키는 반면, 나태한 주목에 의한 낭비는 상당량 줄일 것이다.

글쓰기의 역사는 마술적인 것이 일상적인 것으로 변형되는 기나긴 서사시적 이야기다. 최초의 필경사筆耕士들이 설형문자나 상형문자로 된 문서들에 통달했을 때, 그들이 습득한 지식은 평민들에게 매우 불가사의한 것이었다. 평민들은 보통 서기들에게 물질적 보상뿐 아니라 사제적 지위도 부여하고 있었다. 교육의 보급은 글쓰기의 민주화로 서서히 이어졌으며, 여러 문화가 서로 다른 시기에 알파벳 활자를 채택한 것은 교육을 덜 어렵고 덜 비싸게 만들며 그 과정에 공헌했다. 가장 최근에는 중국에서 문자 메시지를 열성적으로 사용하는 사람들이 알파벳 활자를 쓴다. 결과적으로, 재능을 증명하기 위해 무엇을 해야 하는지를 둘러싼 관습은 진화 중이다. 그저 문해력이 있다는 것만으로는 더 이상 어느 누구도 감동시키지 못한다. 문자로 된 시written poetry가 청중에게 구술되거나 노래로 불리는 종류와 구별되는 하나의 예술형식으로 떠오른 것은, 한 페이지 위에 의미를 새기는 단순한 예술이 그 원초적 마술의 훌륭한 부분을 잃을 만큼 글쓰기가 광범위하게 퍼지면서 나타난 자연적 결과였다.

현대 직장에서의 매력

우리는 똑같은 무기 경쟁이 더욱 현대적인 기량들에서도 작동하는 것을 볼 수 있다. 한 세기 남짓한 과거에 동영상 제작은 그것을 처음 접한 특권적 관중에게 분명 마술적으로 보였을 것이다. 반만 년 전에 글쓰기의 예술도 마찬가지였다. 뤼미에르 형제Lumière Brothers가 1895년 그랜드 카페Grand Café에서 최초로 영화를 공식 상영했을 때 카페의 벽에 깜박거리는 이미지들은 센세이션을 불러일으켰고, 그다음 해에는 런던, 뭄바이, 뉴욕, 부에노스아이레스에서 투어 초청을 받았다. 지금은 기술적으로 훨씬 더 인상적인 창작물들이 유튜브에 올라와 있지만, 기껏해야 창작자의 관대한 몇몇 친구가 시청할 뿐이다. 기술적 세련도가 더욱 만족스러운 창작을 가능하게 하는 만큼, 이는 모두에게 혜택을 가져다주는 진보를 나타낸다. 그러나 기술적으로 뛰어난 영화를 만드는 것이 이전보다 더 쉽다면, 그런 일로 생계를 꾸려나가기는 이전보다 훨씬 힘들 것이다. 성공한 사람들은 추가적으로 어떤 것을 지니고 있다. 이는 똑같은 기술적 기량이 있는 경쟁자로부터 그들을 뚜렷하게 구분해주는 어떤 것이다. 만약 당신이 관련된 단어를 원한다면, **매력** charm 이다. 매력은 좋고 격려하는 것처럼 들리지만 그렇지 않다. 정의상 거의 모든 사람은 그것이 없거나, 필요할 때 갖지 못했다. 그리고 매력이 작동하는 모든 사람에 대해 다른 누군가는 속앓이를 하고 좌절한 채로 남는다.

매력은 몇몇 직업에서 그 밖의 다른 직업에서보다 더 중요한 기능을 한다. 그 작동을 확인하는 한 가지 방법은, 같은 일을 하는 사람들의 소득이 얼마나 효과적으로 동료, 고객, 협력자 같은 타인의 주목을 끄는지에 따라 실질적으로 얼마만큼 달라질 수 있는지 주목하는 것이다. 타인의 기여에서 전적으로 독립되어 일하는 사람은 거의 없다. 거의 모든 사람이 근본적이며 광범위한 방식으로 타인에게 의존한다. 이는 일을 잘해나가려면 타인이 함께 일하도록 설득할 필요가 있다는 뜻이다. 만약 한 팀을 이루도록 타인을 설득할 수 없다면 당신의 보상은 빈약하고 충만감도 적을 것이다.

매력이 중요시되는 여러 직업에서 나타나는 시간에 따른 봉급 변화를 통해 이를 확인할 수 있다. 소득 불평등은 최근 미국을 비롯한 그 밖의 많은 산업국가에서 증가하는 추세다. 당신은 소득 불평등의 이유를 단지 이미 보수가 좋은 특정 종류의 직업들에서 다른 직업들에 비해 이전보다 훨씬 보수가 올랐기 때문이라고 생각했을 수도 있다. 예를 들어 은행원의 보수는 호텔 벨보이의 보수보다 상대적으로 올랐다. 그러나 몇몇 직업의 경우 불평등은 같은 일을 하는 사람들 사이에서조차 증가했다. 그리고 이는 매력에 대한 보상이 그러한 직업들에서도 시간이 지나며 오르고 있었기 때문이라고 생각할 좋은 이유들이 있다. 매력은 필수적인 요소이지만 모두에게 충분하지는 않다.

미국 노동통계국의 증거가 이러한 방향을 가리키고 있다. 통계국은 정확히 규정된 직업 범주들의 봉급 불평등 수치를 게재한다. 사실상 800개가 넘는다. 우리는 이러한 증거가 필요하다. 예를 들어 당신이 "자동차 노동자"의 봉급이 더욱 불평등해지고 있음을 발견했더라도 이는 우리에게 아무것도 말해주지 않을 것이다. 그 범주들은 기술의 서로 다른 유형들을 너무 많이 다루고 있기 때문이다. 그 범주는 제너럴 모터스의 구내식당에서 마시는 차를 만드는 사람부터 그 회사의 연구부서에서 소프트웨어를 설계하는 사람에까지 이른다. 이토록 넓은 집단에서 벌어지는 소득 격차는 마시는 차茶보다 컴퓨터 이용 설계CAD에서 과학기술이 더 빨리 증진되기 때문에 일어날 수 있다. 그렇다면 우리는 이렇듯 섬세하게 등급이 매겨진 직업적 소득 통계들로부터 무엇을 배울 것인가? 어떤 직업들에서는 최고 수입의 전문직 종사자들과 최저 수입의 전문직 종사자들 간 소득 차이가 다른 직업들에서보다 훨씬 크다. 예를 들어 미국 노동통계국은 2008년에 상당수 직업의 소득 중앙값이 똑같지만 분포들은 매우 다르다고 보고한다. 신호와 선로 스위치 수리공 중 소득분포의 10번째 백분위 수에 있는 사람들은 시간당 16.5달러를 조금 넘게 받았는데, 90번째 백분위 수에 있는 사람들은 시간당 30달러를 조금 넘게 받았다. 이와 대조적으로 영화와 비디오 편집인 중 10번째 백분위 수에 있는 사람들은 시간당 겨우 12달러 이하를 받았는데, 90번째 백분위 수에 있는 사람들은 약 4.5배인 시간당 54달러를 받았다.[10] 비디오 편집인의 보수가 신호와 선로 스위치 수리공보다 더 좋다는 사실은 중요하지 않다. 중앙값에서 그들은 정확히 같은 봉급을 받고 있기 때문이다(이것이 이 비교에서 중요한 점이다). 요점은 다른 직업에서보다 한 직업에서 상위 10%에 진입하는 것이 더 많은 봉급 수익을 가져다준다는 점이다.

이러한 차이에 대해 가능한 설명이 많지만, 매력의 기능이 가장 가능성 있는 것들 중 하나로 보인다. 어떤 직업이든 당신이 반복해 배울 수 있는 것과 그럴 수 없는 것의 조합, 즉 방법과 재능의 조합을 요구한다. 이는 어떤 악기건 연주하는 일은 완벽한 기술과 음악적 해석 감각의 혼합을 요구하는 것과 같다. 신호와 선로 스위치를 수리하는 일은 비디오 편집일보다 방법은 더 많이, 그러나 재능은 덜 필요로 하는 듯하다(이는 재능이 전혀 필요 없다는 말이 아니다. 상당수의 까다로운 수선은 끈덕진 인내뿐 아니라 상상력도 필요하다). 그러나 신호 수리 재능의 이득은 아마 때때로, 그리고 우연히 생기는 반면, 비디오 편집에서는 그 이득이 늘 중요하다. 오늘날 만들어지는 모든 비디오는 엄청난 수의 다른 비디오들과 주목 끌기 경쟁을 해야만 한다. 전체를 창작곡으로 만들 수 있는 편집인은 차이를 만들며 우위에 설 수 있을 것이다. 또한 재능 있는 편집인이란 단지 임의의 비디오 집합을 더 훌륭하고 더 주목을 끄는 전체로 구성해낼 수 있는 자만이 아니다. 재능 있는 극작가·배우·감독, 그리고 첫 공동 작업에서 바로 성공할 공산이 있는 사람들을 끌어당길 수 있는 자이며, 그런 사람들이 찾을 수도 있는 자이다. 가장 재능 있는 신호 수리공은 이 정도까지 협력자를 끌어당기지는 않으며, 협력자의 자질도 한층 덜 문제시된다.

어떤 직업에서건 매력에 대한 보상 말고도 다른 많은 요인이 소득분포에 영향을 줄 수 있으며, 직업들 간 비교에도 영향을 미칠 수 있을 것이다. 그러므로 2000~2009년에 다양한 직업에서 소득분포가 어떻게 변했는지 비교해볼 가치가 있다(참고로 직업에 따른 소득 격차를 이 기간보다 더 오래 측정하기는 어렵다. 노동통계국이 현대 직장의 변화 성격에 따라 직업에 대한 정의들을 규칙적으로 바꾸기 때문이다). 매력이 소득 결정에 많은 역할을 하지 않을 것 같은 두 직업, 주차 안내원과 패스트푸드 주방장을 살피며 시작하자. 불평등은 90번째 백분위 소득 대 10번째 백분위 소득의 비율로 측정된다. 이 두 직업의 소득 격차는 정말로 낮다. 90번째 백분위 소득에 있는 개인들은 10번째 백분위에 있는 개인들보다 각각 1.8배와 1.5배 많다.[11] 이는 21세기 첫 10년 동안 의미 있을 정도로 변한 것이 아니다.

우리는 이 두 직업을 이전보다 매력이 많은 기능을 할 것 같지 않은 또 다른 두 직업, 회계사와 법무사와 비교할 수 있다. 이 직업들은 보수가 높으며, 10번째와 90번째 백분위 간 소득 격차도 다소 높다. 회계사의 경우 2.8배이고, 법무사의 경우 2.5배다. 이는 그런 개인 상당수가 팀으로 일한다는 점, 매력 있는 개인이 높은 보수를 받는 팀에서 높은 보수의 직업을 가진 고객을 위해 일할 공산이 크다는 사실에도 기인할 수 있다. 격차는 10년에 걸쳐 매우 조금 벌어졌지만(2000년에 회계사의 격차는 2.6, 법무사의 격차는 2.4), 변화는 아직도 상당히 작다.

그럼에도 정말로 흥미로운 변화들은 영상 산업의 다양한 직업에서 일어난다. 보통 영상 산업은 소득이 더 불평등해졌어야만 하는 산업이라고 생각하고 싶을 것이다. 규모가 매우 큰 스튜디오들과 다수의 작은 독립 영화제작자가 양극화되는 방식, 영화 배급에서 국제화가 증가하는 방식은 몇 명의 슈퍼스타가 세계 최고의 소득을 요구할 수 있도록 만들기 때문이다. 그러나 이렇듯 커가는 불평등은 그 산업 안에서 오직 몇몇 직업의 특징이다. 필름 편집인, 배우, 분장사의 소득은 실제로 21세기의 첫 10년 동안 실질적 오름세를 보였다(필름 편집인의 경우 격차는 3.8에서 4.5로, 분장사의 경우 4.2에서 5.7로, 배우의 경우 이미 상당히 높은 7.4에서 9년 만에 9.3으로). 그러나 같은 영상 산업에서 그 밖의 상당히 많은 직업의 경우 격차가 내려간다(특히 방송장비 기술자는 4.6에서 3.7로, 촬영기사는 4.5에서 4.0으로, 영상기사는 2.7에서 2.1로).

무슨 일이 벌어지고 있는가? 요즘 상대적으로 과학기술 관련 직업에서 기술이 일에서 오는 매력을 천천히 앗아간다는 것이 합리적 추측으로 보인다. 세련되고 사용자 친화적인 똑같은 과학기술로 당신과 나 같은 사람들도 고화질 동영상을 만들어 유튜브에 올릴 수 있게 되었다. 따라서 숙련 기술자라 해도 그 기술만으로는 대중보다 충분히 돋보일 만큼 창의적이기가 어렵다. 즉, 점점 많은 사람이 이러한 과학기술을 습득할수록 창조성을 발휘할 기회는 갈수록 더 줄어드는 것으로 보인다.

말하자면 이러한 통계들은 명백한 결론을 내릴 기회보다는 추측의 기회를 더 많이 제공한다. 예를 들어 패션모델의 10번째 백분위와 90번째 백분위 간 소득 격차는 오르는 중이며(2.8에서 3.3으로), 작가의 소득에 대한 같은 측정은 약간 내려간다는 점이 조금 놀랍다(4.0에서 3.8로). 실제로 목돈을 버는 작가들은 극소수라서 90번째 백분위로는 베스트셀러 작가들의 소득을 파악하기도 거의 어렵다. 적어도 현대 경제의 대부분 직업과 비교했을 때 글쓰기는 혼자 하는 직업으로 유명하다. 법원 집행관의 소득 격차가 오르는 것은(3.2에서 3.6으로) 그 직업이 금세기 말 얼마나 창의적이 되었나에 대한 가슴 아픈 논평이다.

마지막으로, 컴퓨터 산업의 직업들에 대한 두 가지 통계를 고찰할 수 있다. 그 통계들은 거기서도 영화 산업에서와 같은 종류의 이중적 현상이 일어나고 있었을 것임을 시사한다. 컴퓨터 프로그래머의 소득 격차는 약간 올랐지만(2.7에서 2.8로), 컴퓨터 지원 기술자의 소득 격차는 내려갔다(3.0에서 2.7로). 이 두 직업은 겹치는 점이 많더라도 폭넓은 차이가 어느 정도 존재한다. 프로그래머는 아주 새로운 문제에 대한 창의적 해결을 보통 팀 안에서 생각해내야만 한다. 컴퓨터 지원 기술자는 유지 관리와 오류 수정을 더 많이 하고, 이전에 본 문제들을 정기적으로 재확인하며, 혼자 일하거나 개인적 자율성이 거의 없는 커다란 콜센터에서 일하는 경향이 있다. 과학기술의 점진적 정교화로 일에서 오는 도전이 어느 정도 줄어든 방송 기술자처럼, 컴퓨터 지원 기술자 또한 과학기술이 그들을 남아돌게 만들지는 않더라도 판에 박힌 일의 비율을 늘리고 있음을 아는 것 같다. 그리고 판에 박힌 일의 비율이 증가한 것은, 아직은 아니더라도 미래의 기술혁신이 그들의 생계를 위협할 수 있다는 신호일지도 모른다. 확실히 소득 격차의 변화, 고용의 변화, 10년에 걸친 중간치 소득의 변화 사이에는 작지만 중요한 상관관계가 존재한다.[12] 전 직업에서 시간이 지날수록 높아진 불평등은 미국인이 고용과 임금 상승에 대해 평균 이상의 전망을 지닌 직업들을 택함으로써 치른 대가로 보인다.

다시, 성선택

이러한 수치들에 너무 많이 기대지 않는 것이 중요하다. 그것들은 시사적일 뿐 결론적이지 않다. 앞서 우리는 최근 인도 컴퓨터 프로그래머들의 고수익이 그들의 상대적 희소성이 만든 가공물이고, 시간이 지나면 감소할 것이므로 빈곤 문제의 해답이 아니라고 주장했다. 만약 컴퓨터 프로그래머가 인도 빈곤 문제의 해답이 아니라는 논증이 당신에게 설득력이 없다면 소득 불평등에 관한 이런 통계들은 중요하지도 않을 것이고, 중요하지 않아야만 할 것이다. 온갖 종류의 것이 소득 격차에 영향을 줄 수 있으며, 이런 직업들에서 매력의 변화하는 기능은 그중 하나에 불과하다. 하지만 그것들은 과학기술이 현대 경제에서 생산관리 팀을 구축하는 과제를 순전히 판에 박힌 일로 만들지 않는다는 상기제로서 기능할 수도 있다.

오늘날 제품 생산과 서비스는 거의 항상 팀워크의 문제다. 때때로 팀의 구성원들은 팔을 뻗으면 완전히 닿는 거리에서 업무를 수행한다. 그 자리에서 맡은 일을 처리하고, 시장 거래를 통해 그다음 사람에게 넘긴다. 셔츠같이 비교적 간단한 것을 만드는 일조차 여러 대륙의 구성원으로 이루어진 팀의 협동을 요구할 수 있다. 그러나 협동의 큰 부분은 시장에서 생겨날 수 있다. 더 일반적으로 말해 사람들은 생산과정의 부분을 관리하고자 팀에서 함께 일한다. 더욱이 팀에 어떻게 동기를 부여하고 관리할지 결정할 수 있기도 전에 팀의 구성원들은 함께 일하는 데 동의해야만 한다.

당신은 사람들을 모아 생산 팀을 만드는 것이 대체로 그 팀에 참여할 적임자를 찾는 문제라고 생각했을 수도 있다. 이러한 과정이 인터넷 탐색은 물론이요, 정보 경제가 낳은 매우 인상적인 과학기술들로 엄청나게 쉬워졌을 것이라고 예상할 수도 있다. 그러나 사람들을 모아 팀을 만드는 것은 적임자를 찾는 문제일 뿐 아니라, 협동해야만 한다고 그들을 설득하는 문제이기도 하다. 그리고 첫 번째 과제를 더 쉽게 만든 똑같은 검색 기술들이 두 번째 과제를 더욱 어렵게 만든다. 매력적인 왕자님이 신데렐라를 찾기가 더 쉬워질수록 그녀는 애교 있게 얼굴이 빨개지며 수줍어하는 대신 이렇게 답할 가능성이 더욱 높다. "스케줄을 맞출 수 있나 보죠. 아마 만나기는 만나야 할 것 같은데, 언젠가 점심을 하죠." 직업적 삶에서건 낭만적 삶에서건, 이상적인 파트너를 찾도록 도운 바로 그 과학기술은 주목을 끄는 파트너가 넘쳐나게 만들며, 그 무리로부터 돋보일 방법들을 찾는 경합에서 강수를 두게 한다. 어떤 소프트웨어와 알고리즘, 누구나 모방할 수 있는 어떤 공식적 훈련도 우리가 함께 일하고 싶은 사람들이 우리와 일하고 싶어 할지 보증할 수 없을 것이다.

더욱 정교한 매칭 기술이 매력의 필요성을 낮추기보다 오히려 높인다는 이러한 곤경이 제7장에서 논한, 연결망의 수수께끼 같은 특징을 설명하는 데 도움을 줄 수 있을 것이다. 재능 있는 여성이 경력 단절이나, 명백히 남성을 기준으로 한 길고 지루한 근무시간보다 덜 일하는 등의 경력 선택을 한다는 이유로 과도하게 높은 대가를 치르는 것이 정말로 참이라고 가정해보자. 이러한 선택들이 실제로 그러한 여성은 재능이 비슷한 남성보다 더 적게 보상받는다는 의미라면, 어째서 현명한 기업가들은 그런 여성과 손잡고 이익 창출의 기회를 찾아내려 하지 않는가? 필자가 제시한 답변은 다음과 같다. 기업가들은 그런 여성이 있다는 것을 알지만 찾기가 힘든데, 경력 단절 여성들은 기업가들이 잠재적 기회들을 찾아내기 위해 사용하는 연결망에서 누락되기 때문이다. 분명 당신은 이곳이 바로 현대 정보기술이 변화를 만들어낼 수 있는 곳이라 생각할 수도 있다. 그러나 현대 과학기술은 사람들을 매칭해주는 데 너무 능숙하기 때문에 선택 문제를 쉽게 하기보다 오히려 더 어렵게 만들 수 있다. 인터넷상에서는 모든 사람이 매력적인 왕자님이므로 좀 더 매력적인 왕자님이 되어야만 할 것이다. 그리고 소프트웨어가 더욱 효과적으로 작동할수록 신데렐라는 좀 더 매력적인 왕자님을 받아들이는 것이 아주 매력적인 왕자님이 나타나기를 기다리는 것보다 덜 끌리는 선택이라고 생각할 가능성이 더욱 커진다. 이것이 바로 연애 시장에서의 문제다. 이 이야기의 현대판에서는 일단 매칭 문제가 해결되면 신데렐라는 영원히 행복하게 사는 것이 아니라 경력 단절을 겪는다. 그리고 자신이 경력을 시작한 벽난로 청소보다 좀 더 격상된 어떤 직업을 희망하며 다시 일을 시작할 때 아주 실망스러운 사실을 알게 된다. 즉, 오늘날은 누구에게나 유리구두가 있다는 점이다. 유리구두는 대단한 것이 아니다.

연결망들이 기능하는 이유는 그것이 정보로 가득 찬 세상을 향해하도록 우리를 도와준다는 데 있다. 과학기술이 연결망들을 더욱 합리적으로 만들고 조직할 수 있게 할수록 처리할 정보는 더욱 많아진다. 또한 역설적으로 우리는 교류 중인 다른 사람들이 편안함을 느끼도록 해주는 우리의 본능적이고 직관적인 연결망에 더욱 의존할 것이다. 지원자가 단 세 명일 때, 헌신적인 일꾼들을 찾는 고용주는 면담에 기꺼이 많은 시간을 들여 지원자들의 개인적 자질을 발견하려 할 것이다. 그러나 온라인 구인 광고를 통해 3만 명의 지원자를 받은 고용주는 지원자 수를 다루기 쉬운 규모로 줄이기 위해 모든 종류의 비과학적 어림 감정에 의존할 것이다. 3만 명이라는 지원 결과에 겁먹은 고용주가 다음부터는 그 지점에 이르는 것을 피하기 위해서라도 지인들에게 추천해달라고 요청하는 등 여러 비공식적인 방법에 기댈 수도 있다.

물론 오늘날의 법은 세련된 방법들을 활용한다. 일단 여성이 어떤 자리의 공식적인 최종 후보자 명단에 포함되면 차별로 고통받지 않는다는 것을 보증한다. 그러나 이러한 방법들은 여성이 실제로 그 중요한 최종 후보자 명단에 들어가도록 보장하지는 못한다. 정보가 넘쳐나는 오늘날 세상에서 그 명단은 최종 결정권자의 머릿속에 있는 비공식적인 것이기 때문이다. 만약 여성이 현대 경제에서 완전히 동등한 참여를 갈망한다면 21세기 세상의 모든 것 중에서 가장 근본적인 희소성을 띠는 자원에 대한 접근 수준을 높일 방법을 찾아야 할 것이다. 즉, 다른 사람들의 뇌 속 병목 the bottleneck 을 통과해야 한다.

이러한 병목은 여성 못지않게 남성에게도 영향을 준다. 실제로 어떤 사람들은 그것이 남성에게 훨씬 더 많은 영향을 미친다고 주장한다. 이는 참일까? 따라서 남성 권력에 관한 질문은 더 이상 적절하지 않다는 의미일까?

남성의 위기는 존재하는가?

제2부의 서론에서 언급했듯이, 최근에는 '남성의 위기'에 관해 말하는 것이 유행이다. 이 현상을 둘러싼 논의는 적어도 두 개의 관찰을 하나로 합친다. 첫 번째는 사회의 소외 집단 대부분에는 여성보다 남성이 훨씬 많다는 것이다. 특히 노숙자와 교도소 수감자가 그렇다. 이는 확실히 참이며, 언제나 참이었다. 그리고 이 책에서 논의된 어떤 것보다 더 중요한 현상일지 모른다. 하지만 이것이 몇 년 전 출간되어 베스트셀러가 된 책의 제목에서 사용한 '남성 권력의 신화myth of male power'의 증거는 아니다.[13] 많은 남성이 무력하다는 사실은 그 밖의 일부 남성이 정말로 무척 권력적일 수 있다는 가능성을 배제하지 않는다.

'남성의 위기'에 대한 증거로서 때때로 인용되는 두 번째 추세는 미국에서 여성의 대학 등록률이 실질적으로 남성의 등록률을 넘어섰으며, 결과적으로 20대나 30대 여성이 그 연령대 남성보다 교육 수준이 더 높다는 점이다. 이러한 진전은 분명 미국에만 국한되지 않는다. 주요한 예외 국가인 독일, 일본, 한국을 제외하면 산업화된 그 밖의 많은 나라가 비슷하다.[14] 그러나 이는 남성의 교육적 열망에 무슨 변화가 생겨서가 아니다. 미국 통계국에 따르면 2010년 현재 적어도 학사 학위가 있는 미국 남성의 비율은 65~69세의 30.7%이며, 30~34세의 29.9%다. 어떤 사람들은 35세 이후에 졸업한다는 사실을 고려하면 이 차이는 무시할 수 있는 정도다. 대략 열 명 중 세 명이 대학을 졸업하는 추세는 35년 동안 본질적으로 변하지 않은 채 남아 있다. 극적으로 변한 것은 여성의 열망 수준이다. 65~69세 여성은 오직 23.3%만 학사 또는 그 이상의 학위가 있는 반면, 30~34세 여성은 그 비율이 38.2%다.[15] 교육적 성취 면에서 여성은 이전에 뒤처진 만큼 남성을 앞서며 전진하고 있다. 이는 주목할 만한 성취인데, 그렇다면 어떤 의미에서 남성의 위기인가?

이 추세에 대한 좀 더 신중한 평가는 그것이 어떤 남성에게는 나쁜 소식이고 다른 남성에게는 좋은 소식이며, 한편으로는 모든 이에게 우선순위의 재조정을 요구하리라는 점이다. 물론 우선순위에 대한 재조정은 잠재적으로 스트레스를 유발한다. 그러나 이는 사실상 그 밖의 다른 경제적 관계들과 다르지 않다. 중국이 미국보다 더 빠른 경제적 성장을 즐길 때, 이는 미국에 일반적으로 좋은 소식이었다. 미국의 노동자는 중국에 제품을 더 많이 팔 수 있었고, 미국의 소비자는 중국인이 생산한 제품을 더 많이 살 수 있었기 때문이다. 비록 어떤 점에서, 예를 들어 제3국가에 대한 수출 문제에서 중국이 미국의 경쟁국일지라도 경제적 협력자로서 중국의 역할이 훨씬 더 중요하다. 경제적 관계를 스포츠 경기로, 즉 한 국가의 성공을 반드시 상대 국가의 실패로 간주하는 것은 이치에 맞지 않는다. 그러나 한편으로 어떤 사람들은, 예컨대 중국이 가난할 때 중국과 거래하며 돈을 번 사람들은 경기력을 향상시켜야만 할 것이다. 그리고 필수적인 조정들은 양쪽에 스트레스를 불러일으킬 것이다.

마찬가지로 교육도 스포츠 경기가 아니다. 스포츠 경기라면 고학력 여성의 수가 많다는 사실은 반드시 남성의 실패를 예고해야만 한다. 직업적 동료로서, 공적 생활에 대한 기여자로서, 개인적 친구로서 고학력 여성은 원칙적으로 모든 이에게 좋은 소식이다. 그들의 잠재적 배우자에게도 분명 그렇다. 여성들 스스로 잠재적 배우자에 대한 비현실적 기대를 품지 않는 한 말이다. 평균적인 미국 여성은 그들의 어머니보다 훨씬 고학력이다. 하지만 이러한 사실이 그들의 아버지보다 훨씬 고학력인 남성을 배우자로 선택할 자격을 부여한다고 생각한다면, 평균적으로 커다란 실망을 자초하는 것이다.

그 실망은 현실적이다. 결혼과 연애가 걸린 내기에서 요즘 이것은 매우 가혹하게 느껴지는 듯하다. 이성애 커플의 혼인율은 수년간 떨어지고 있다. 결혼한 미국 백인은 1970년에 70% 이상이었는데, 2010년에는 60% 이하다. 이러한 하락은 의심할 여지없이 언약한 커플의 결혼 적합성과 관련된 사회적 관습의 변화를 부분적으로 반영한다. 그러나 실제로는 파트너가 있는 많은 개인이 현재 파트너에게 느끼는 헌신의 범위나 정도에 대한 재평가도 반영할 것이다. 여성의 좀 더 큰 선택성이 설명의 일부가 될 듯하다. 즉, 많은 여성은 자신의 교육적 성취가 현재 찾을 수 있는 남성보다 더 높은 학력의 파트너를 만날 자격을 주는 것처럼 느낀다. 소수 고학력 남성의 좀 더 큰 선택성도 아마 관련이 있을 것이다. 즉, 현재 그들에게는 선택할 수 있는 여성이 더 많다. 혼인율이 아프리카계 미국인들 사이에서 가장 빠르게 하락하고 있다는 사실은 우연의 일치일 것 같지 않다. 이 그룹 여성의 교육적 성취는 최근 남성의 성취를 훨씬 앞질렀다.[16] 그러나 보강적인 일화가 적지 않더라도 이러한 추측들에 대해 신뢰할 수 있는 체계적 증거를 찾기란 쉽지 않다. 경제학자 베시 스트븐슨Betsey Stevenson 과 저스틴 울퍼스Justin Wolfers는 미국 여성의 행복도가 지난 35년에 걸쳐 하락 중이라고 주장했다. 이것이 참이라면 하락은 실제로 이러한 교육 격차에서 유발된 관계의 실망을 반영할지도 모른다.[17] 스티븐슨과 울퍼스는 이 기간에 저학력 남성의 행복도가 내려갔지만, 고학력 남성의 행복도는 올라갔다는 것을 발견했다. 그러나 고학력 여성이 저학력 여성보다 행복도의 하락이 더 적다는 점도 발견했는데, 이는 그러한 추세에 숨겨진 주요인이 교육 격차가 몰고 온 관계의 실망일 경우 예상할 수 있었던 것과 상반된다.[18]

이러한 추측들이 정확하다면 이는 분명 저학력 남성에게는 관계의 위기를 시사한다. 한마디로 그들 대부분은 동시대 여성에게 매력을 잃었다. 그런데 최근의 증거 상황을 봤을 때 이러한 추측들은 추측으로 남는다. 하지만 그것이 위기라면, 적어도 기대에 찬 여성이 새로운 교육적 불균형이라는 현실에 적응하지 못하고 실패하는 한 여성에게도 영향을 미친다. 교육은 삶에서 소중한 많은 것에 대한 접근성을 증진하기에는 좋다. 그러나 인원이 고정된 잠재적 배우자에 대한 접근성을 동시에 더 많이 갖는 것은 누구에게나 어렵다.

제9장

부드러운 전쟁

더 오랜 시간 함께할수록

우리의 고뇌는 더욱 깊어가네

연인들에게 최악의 덫이란

평화롭게 살아가려고 하는 걸 거야

물론 그대는 쉽게 눈물을 흘리지 않았고

나도 이제야 무너지고 있지

풀 수 없는 우리 이야기들을 질투하지 않고

우연의 손길에 남기지도 않네

흐르는 물결이 조심스럽지만

부드러운 전쟁은 여전하네

　　　　ㅡ자크 브렐, 『오랜 연인들의 노래(La chanson des vieux amants)』(1967)

인류학자 방문하기

　사회인류학 분야의 대학교수직에 인간 외의 다른 종 구성원이 지명된 적은 없다. 이는 여러 면에서 유감이다. 우리는 동물 행동 연구에 재능 있는 유일한 종이 결코 아니다. 예를 들어, 많은 포식자가 먹잇감의 행동적 취약점과 특이한 성격을 절묘할 정도로 섬세하게 이해한다. 우리는 인간 사회를 이해하기 위해 심리학자, 사회학자, 경제학자는 물론 사회인류학자의 통찰에 의존한다. 그런데 사회인류학자는 자신들이 연구하는 바로 그 종에 속한다는 사실 때문에 참으로 기괴한 인간 행동의 많은 측면에 관해서 꼭 눈이 멀지는 않았더라도, 적어도 둔감해졌다.

따라서 다른 종 출신의 인류학자가 우리를 어떻게 생각할 것인지 상상해보아야만 한다. 더 쉽게 이해하기 위해 유인원만 보도록 하자. 돌고래가 풋내기 선원 같은 우리의 서투름에 대해 어떻게 생각할지 상상하기는 힘들다. 침팬지는 싸우지 않고도 뭉치는 우리의 능력에 대해 의심할 여지 없이 놀랄 것이다.

호모 사피엔스 구성원은, 우리에게는 신체적 경계에 대한 참을 수 없는 침범으로 보였을 것에 대해 반응은커녕 알아채지도 못하는 것 같다. 많은, 아니 대부분이 단 한 번의 주먹질도 오가지 않은 채 하루 종일 타인들의 근처에 초대받지 않고 머무를 수 있다. 초기 조짐이 좋았던 우리의 현장 연구인 '도쿄 지하철에서의 폭력적 갈등'은 몇 주간의 참을성 있는 관찰 이후에 폐기되어야 했다. 단 하나의 기록적인 사건도 올리지 못했다.

보노보는 분명 다른 데서 놀랄 것이다.

가장 편견 없는 참관인을 놀라게 한 것은, 호모 사피엔스 구성원이 성에 관해 생각하고 말하며 번민하는 데 바치는 방대한 양의 시간·에너지와, 그들이 실제로 성에 관여하는 데 바치는 미세한 양의 시간·에너지 사이에 선명한 불일치가 있다는 점이다. 분명 건강한 남성과 성적으로 수용적인 여성은 어떤 신체 접촉도 없이 몇 시간을 함께 보낼 수 있는 것으로 보인다. 비록 신뢰할 만한 원주민 제보자들이 그러한 상황에서 신경 활동이 매우 요동칠 수 있다고 보고하더라도 그렇다. 그들이 시간을 내서 해야 할 일이 더 많은 것처럼 보이지도 않는다. 먹이 찾기는 하루에 두세 시간만 필요로 하며, 나머지 시간은 신체 장식의 잦은 변경을 포함해 정교한 과시 활동을 하며 보내는데, **대부분 결코 성교로 이어지지 않는다.** 초반에 조짐이 좋았던 우리의 현장 연구 '고위직 기업체 중역들 간의 성교'는 몇 주의 참을성 있는 관찰 이후 폐기되어야 했다. 기록할 만한 가치가 있는 사건이 너무 드물었고, 지속 시간도 무척 짧았다. 따라서 그것들은 당시 성관계를 맺고 있던 우리 현장 연구원들의 주목에서 애초부터 벗어났다.

고릴라 인류학자가 호모 사피엔스에 관해 가장 주목할 점은, 일부다처의 희귀성과 은밀함을 빼면 아마 어른의 삶이 아이에 의해 지배되는 방식일 것이다.

호모 사피엔스의 청소년 구성원은 먹이를 찾는 것이 신체적으로 충분히 가능해진 이후에도 떠먹여주고 손질해주기를 기대한다. 사회적 코드는 우리가 일상적이라고 간주할 모든 종류의 신체적 접촉에 반대할 수 있는 권리를 청소년에게 부여하며, 심지어 그러기를 기대한다. 청소년에 대한 폭행은 그들이 성인 남성에 가까워 발생하는 직업상 재해라기보다는 바람직하지 못한 것, 심지어 충격적인 것으로 간주된다. 청소년에 대한 이와 같은 존대는 알파 개인들 스스로가 베타들의 괴롭힘을 빈번하게 허용하는 더 광범위한 체계적 양식의 일부로 보인다. 실제로 고위층들은 그들이 높은 신분을 남용했다고 믿는 하위층 집단들의 조직화된 적개심에 직면해 일종의 강요된 유순함을 곧잘 취한다. 보아하니, 이러한 태도는 그저 베타들을 다독거릴 뿐이다.

전문적 인류학자로서 유인원들은 우리 행동을 보고 어떤 충격이나 도덕적 동요도 표현하지 않으려 조심하겠지만, 최선을 다해 우리의 행동을 환경 제약에 대한 적응적 반응으로 이해하려 할 것이다. 여러 종이 모인 연구 팀은 우리 삶의 세 가지 측면, 즉 낮은 수준의 집단 내 폭력, 성에 관해 실제로 행동하기보다 말하는 데 더 많은 관심을 두는 것, 아이들의 필요를 둘러싼 사회단체가 그런대로 연결되었다는 추측을 시작할 것이다. 그들은 통찰들을 모아 이러한 이야기를 내놓을지도 모른다.

호모 사피엔스는 자손에 대한 대규모의 정교하고 협동적인 투자에 의존하는 진화적 틈새를 개척했다.[1]

이 틈새는 호모 사피엔스가 협동적 활동의 복잡한 그물망에 관여하도록 요구한다. 이러한 그물망 안에서 거의 모든 중요한 활동은 지속적인 팀워크의 산물이다. 최근 천 년간 그 틈새는 호모 사피엔스를 규모가 크고 인구가 조밀한 공동체 안에 살게 했고, 이러한 협동적 잠재력은 극대화되었다.

하지만 그러한 협동을 가능하게 만든 과밀 거주와 상호 의존은 동시에 폭력과 반사회적 활동에 대한 심각한 유혹도 초래한다. 이는 물론 방대한 덜 반사회적인 행위들도 포함하지만, 희소한 경제적 자원들과 성적 자원들을 이유로 경쟁자들을 살생하는 행위도 현저하다.[2]

따라서 인간 사회 구성원의 행위들이 지속적으로 감독·통제되지 않는다면 구성원 자신의 사회적 근접성이 지닌 중압감과 그들의 상호 의존성이 품은 복잡성에 짓눌려 인간 사회는 안으로부터 붕괴될 것이다. 유인원 기준에 따르면 모든 인간은 사실상 경찰국가 상태에서 살고 있다. 그 안에 있는 다른 모든 사람이 경찰이다.

특히 어떤 행동이 허용되는지를 지배하는 정교한 사회적 코드를 위반한 개인은 개인적 관계뿐 아니라 타인으로 이루어진 연합들의 집단적 관계도 자극한다. 이는 지위가 높은 개인들에게조차, 혹은 아마 그들에게 특히 적용된다. 강제라는 권력적 수단에 대한 접근성 때문에 특히 경쟁자들을 학대하고 제거하려는 유혹에 빠질 것이기 때문이다. 그들의 행위는 지위가 낮은 개인들에 의해 소상히 검토된다. 지위가 낮으면 혼자서는 확실한 도전자가 될 수 없지만, 연합에 들어간 개인들은 만만치 않은 대항력을 형성할 수 있다.[3]

이론적으로 그러한 사회는 폭력적 긴장을 낮추는 압력 밸브와 평화적 협동에 대한 보상의 형태로서 풍요로운 섹스를 다룰 수 있다. 대부분의 보노보 사회가 그렇다.[4] 이는 보노보 사회에서 실현 가능한 선택이다. 보노보의 임신에 들어가는 대부분의 비용을 애초 그 성적 보상에 대한 접근을 통제하는 유일한 자인 어미가 떠맡기 때문이다. 그녀가 그렇게 하는 이유는 대부분의 종에서 대부분의 시기에 그랬듯이 수컷은 암컷이 기꺼이 수용하는 만큼의 성교를 요구하고, 암컷의 판단이 성적 행위가 얼마나 많이 일어날지를 결정하기 때문이다.

그러나 일찍이 호모 사피엔스에게 점령된 진화적 틈새가 의미한 것은 모든 임신이 아버지, 조부모, 이웃, 형제자매에게 커다란 비용을 부과했다는 점이다. 그들은 한 명의 신생아가 생존하는 데 필요한 전체적인 지원 팀이었다. 피임도 할 수 없으며, 아이 양육을 위한 친족 협동의 유인들을 관리하는 데 미묘하게 의존하는 세상에서, 성교에 대한 결정들이 사회화되지 않는다면 성교의 비용 또한 사회화될 수 없을 것이다. 따라서 인간의 경찰국가는 성적 삶의 모든 측면으로 확장되었다. 그런데 그것이 부과한 제재들은 남성보다 여성에게 더 가혹했다. 여성은 더욱 선택적인 성으로서, 성적 보상에 대한 접근을 통제했던 자들이기 때문이다.

잘 알려진 것처럼 경찰국가에서 사람들은 실제로 위반에 개입하기보다는 위반에 대해 말하고 생각하며 상당히 많은 시간을 보낸다. 실상 위반에 대해 말하고 생각하는 것은 스트레스가 심한 집단생활과 양립할 수 있는 대리적 즐거움의 강력한 형태가 되어가고 있다. 그것은 위반 자체보다 상당히 온건한 사회적 결과를 낳기 때문이다.[5]

간단명료하게 말해 이러한 특징들은, 그렇지 않았다면 매우 유인원 같았을 인간 사회의 매우 유인원 같지 않은 이런 세 측면의 연결고리들에 대해 사촌 유인원들을 놀라게 만들 법하다. 더군다나 그들이 빌 클린턴Bill Clinton과 모니카 르윈스키Monica Lewinsky의 이야기를 이해하려고 노력할 때는 그들의 전문적 객관성도 쓰라린 시험에 직면할 것이다. 그 이야기는 1990년대 중반 몇 년간 세상에서 가장 강력한 나라의 가장 높은 지위에 있는 우두머리 남성이 공식적 파트너가 아닌 다른 사람과 합의하에 구강 성교를 했는지 아닌지를 밝혀내느라 그 나라의 경제정책, 국내 정책, 외교 정책은 중요도에서 두 번째로 밀렸다.[6] 구강성교로는 임신에 이르지 않는다고 아무도 호모 사피엔스에게 말해주지 않았던가? 이는 헐뜯음이 주는 대리 만족이 관련자들이 그 원래 행위들에서 찾았을지 모를 만족보다 더 엄청난 사회적 결과를 초래한 경우가 아니었을까? 성을 감시하는 경찰국가는 통제 불능의 상태로 빠져들었나?

피임과 그 결과

현대사회에 만연한 피임의 유용성은 섹스가 어떤 결과도 낳지 않음을 의미하지 않는다. 그것과는 거리가 멀다. 그 결과는 섹스가 수렵·채집 공동체에서 가져온 결과들과 매우 달랐다. 우리의 사회적 습관들과 서로의 행동에 대한 감정적 반응들은 수렵·채집 공동체에서 처음 진화했다. 따라서 유인원 인류학자에 의해 제공된 유용한 그 이야기에서, 그러한 습관과 반응이 한때 적절했을 수도 있던 것처럼 지금도 적절한지를 묻는 것은 중요하다.

우리는 타인의 성적 행동에 대해 고질적으로 궁금해한다. 또한 우리보다 성적으로 더 활동적인 사람들, 또는 성에 더 사로잡힌 사람들, 혹은 그냥 다르기만 한 사람들에 대해서는 역겨움과 반감을 표하고, 우리보다 덜 활동적인 사람들에 대해서는 오만과 멸시를 머금은 채 빛의 속도로 판단한다.[7] 이러한 태도들은 자기 강화적이기조차 할 것이다. 반감은 우리보다 더 활동적인 사람들이 우리에게 우월감과 멸시감을 갖고 있다는 의혹 때문에 고조되며, 마찬가지로 멸시감도 우리보다 덜 활동적인 사람들이 우리에게 역겨움과 반감을 느낀다는 의혹 때문에 고조된다. 우리의 반응은 종종 민감한 방아쇠 위에 있어 한 상황에서는 감탄을 불러일으키는 행동이 다른 상황에서는 쉽게 혐오감을 불러일으킬 수 있다. 이 모든 것이 우리의 진화 맥락에서는 이치에 맞는다. 수렵·채집 사회에서 타인의 성적 행동은 잠재적으로 엄청난 결과를 불러왔다. 그것은 먹여 살려야 할 호구 수를 증가시킬 수도 있거니와, 성적 행동은 선조의 삶이 의존하던 연합들의 구축과 파기로 이어졌기 때문이다. 타인의 성생활, 그리고 우리 자신의 성생활로 우리에게 열리거나 닫힌 가능성들이 치열한 반성과 자기 성찰의 대상이 되어야만 했더라도 놀랍지 않다.

우리는 강렬한 욕망을 지니고 있다. 아울러 자신의 욕망에 **대한** 욕망, 그리고 가까운 사람들의 욕망에 **대한** 욕망도 있다. 이는 단지 질투의 문제가 아니다. 하지만 그 밖의 다른 영역에서도 욕망을 어떻게 관리하고 자극할지에 대해 그토록 많은 불안감이 존재하지는 않는다. 사람들은 어떻게 음식을 더 즐길 수 있을지, 또는 어떻게 권력을 음미할지 걱정하지 않는다. 그들은 축구를 보고 싶어 하는 자신의 욕망을 자극하거나 파트너가 축구를 보도록 유도하려고 의약품을 구입하거나 고대의 허브 치료제를 조제하지 않는다. 성적 욕망이 충분한가에 대한 걱정은 커다란 뇌의 기능장애에서 오는 부산물이 아니다(대뇌피질이 충분히 기능하지 못해서 우리가 욕망에 관한 욕망을 숙고하는 것이 아니다). 우리의 걱정들은 자연선택의 직접적 결과다. 성적 파트너십은 상호 욕망이 없으면 침몰한다. 만약 삶이 무언가에 관한 것이라면, 우리는 파트너십이 삶에서 가장 중요한 종들이다. 수렵·채집 사회에서 성적 파트너십은 사회적 협동의 버팀목이었고, 따라서 우리는 당연히 그 협동이 매달려 있던 욕망에 신경과 관심을 쏟는다.

피임할 수 있는 세상에서 파트너십은 더욱더 친밀감에 기초하며, 수렵·채집 사회에서보다 훨씬 다양한 목적으로 맺어진다. 그러므로 이러한 세상에서 욕망에 관한 욕망에 초점을 강하게 맞추는 것이 부적절해 보일 수도 있다. 불륜은 임신 가능성이 적을수록 덜 심각하며, 성적 욕망의 불충분함은 사회생활에서 대체 가능한 친밀감의 토대가 많을수록 덜 심각하다. 이 중 어떤 가능성이건 과거보다 덜 심각하게 그것을 다루지 못하는 무능력이 불필요한 고통을 야기하는 듯하다. 우리의 감정은 적응도에 문제를 일으키는 것들로 관심을 향하게 하는 자연선택의 방법에서 출발했는데, 그 자체로 문제가 되어버렸다. 또한 감정은 그것들이 우리의 항해를 도울 때마다 사용하곤 했던 적응도 지형이 전혀 알아볼 수 없게 바뀌었을 때조차 여전히 문제가 된다. 제3장에서 신체표지 가설을 논하며, 그리고 헌신을 신호하는 행위에서 감정의 기능을 논하며 보았듯이, 감정적 반응의 상대적 비유연성이 선사시대에는 필연적으로 불리한 점이 아니었으며, 어떤 상황에서는 긍정적인 적응성을 나타냈다. 그러나 오늘날 감정의 상대적 비유연성은 현대 세계의 여러 상황에 대한 감정적 반응이 과거 선사시대의 흔적에 여전히 물들어 있음을 의미하는 듯하다.

또한 피임에 의한 사회변화는 남성과 여성을 새로운 방식으로 작업환경에 가까워지도록 만들었다. 여성은 늘 남성의 성폭력 위험에 처해 있다 (특히 가사노동자에게 매우 빈번하게 강제되었다). 그러나 여성이 성적 강제에 직면하는 상황은 상당히 의미 있게 변화했다. 현재 성폭력은 여성이 남성과 똑같은 업무를 하려 할 때 여성에게 더 커다란 위험이다. 특히 여성의 편에서 증인 역할을 해줄 위치의 다른 여성이 업무 현장에 별로 없을 것이다. 확실히 수렵·채집 사회의 조건들은 적어도 부부 외적 관계에서 흔히 성적 강제를 저지했다. 여성은 보통 집단으로 먹이를 찾아다녔기 때문이다.[8] 농경 사회에서도 남녀는 사적으로 함께 일하는 경우가 드물었지만, 계층제와 노예·하인에 의존한 사회였기에 엄청난 성적 강제의 기회들을 만들어냈다. 오늘날 여성은 남성의 회사에서 혼자 있을 가능성이 더 많은 편인데, 이는 합의 또는 강제 성적 접촉을 더 용이하게 만드는 길이다. 남성은 여성에게 성적 접촉을 강요하기 위해, 그리고 강제라는 사실을 비밀로 하기 위해 경제력 또는 육체적 힘을 사용할 수 있거나 사용하겠다고 위협할 수 있다. 이러한 방식들이 수렵·채집 집단의 친밀한 환경에서는 어려웠을 것이다. 그 규범들을 둘러싼 합의된 위반에 과잉 반응하는 동일한 경찰국가는 성적 강제의 지속적 만연에 대해 적절한 반응을 고안하기가 무척 어렵다.[9] 실제로 인간 사회에는 명백히 성적 강제를 부추기는 많은 사례가 있다. 이렇게 조장되는 성적 강제는 남성적 규범을 여성에게 강요하는 수단이며, 그런 규범에 도전하려는 여성을 처벌하는 수단이다.[10]

피임이 성생활 안팎을 뒤집어 보인 유일한 과학기술적 변화는 아니다. 참으로 급진적인 또 다른 변화는 사진, 특히 사적 공간뿐 아니라 공적 공간까지도 사진 발송자의 의도와 전적으로 분리된 성적 신호의 파노라마로 변형할 수 있게 하는 과학기술이다. 우리는 한 번도 만난 적 없고 우리에게 전혀 관심도 없는 사람의 성적 신호를 받는 자신을 상상할 수 있을 뿐 아니라, 보통은 결코 기대하지 못한 장소의 신호에 주의를 빼앗길 수도 있다. 차를 몰며 번화가를 지나는 동안 필자는 속옷 차림으로 웃고 있는 여성에게 틀림없는 듯한 성적 초대 같은 것을 받을지 모른다. 이는 정말로 초대이지만, 쇼핑을 가라는 초대다. 여성을 계속 바라보면서 신호를 재해석하려고 곧 뇌의 배선을 바꾸었지만, 어떤 사람에게는 이러한 조정이 힘들다는 점도 놀랍지 않다. 좀 더 보수적인 사회에서 자라난 남성이 흔히 현대 자본주의를 역겨울 만큼 성적으로 타락했다고 간주한 이유 중 하나는 그들이 반복적으로, 그리고 당연하게도 쇼핑 초대를 섹스 초대로 혼동하기 때문이다.[11] 그럼으로써 그들이 파악에 실패한 많은 것 중 하나는 공공 누드가 몸을 탈성화脫性化하는 정도다. 여성은 누드인 채 지루해하거나, 누드인 채 냉담하거나, 누드인 것을 의식하지 못하는 모습으로 재현되거나 해석될 수 있다. 오늘날 길거리의 불협화음에서 그녀는 보통 이 세 가지에 즉시 해당된다. 이는 그녀의 이미지를 만들지도 않으며, 광고주들이 그것들을 사용하는 일은 성적으로 사소한 문제다. 하지만 그것은 우리의 석기시대 뇌에 까다로운 해석적 부담을 준다.

통신 기술의 변화도 성생활에 혁명적 영향을 주었다. 이전의 농경적 촌락의 삶과 비교해볼 때 산업화는 낯선 사람을 만날 기회를 확장했다. 이는 농업이 수렵·채집인이 직면하는 기회들을 변화시킨 것과 같다. 전화의 발명은 그러한 기회에 새로운 차원을 더했고, 최근 인터넷과 휴대폰은

한 번 더 혁명을 일으켰다.[12] 낯선 사람을 만나는 매번의 기회는 아이디어, 경제적 자원, 성적 호의를 교환할 수 있는 기회다. 수렵·채집인의 감정이 모든 것을 수수께끼 같고, 흥미를 자아내며, 자극적이고, 겁날 정도라고 보는 것은 전혀 놀랍지 않다. 그리고 타인의 행동에 대한 우리의 반응, 즉 수렵·채집인 선조가 창조한 성적 경찰국가에서 우리 모두가 역할을 맡은 부분은 통신 과학기술의 똑같은 변화들로 증폭되는 가운데 이제전 세계로 울려 퍼질 수 있다.

진화의 교훈

섹스는 더 이상 임신으로 이어질 필요가 없으며, 여성이 원할 경우 임신도 가치 있는 경제활동에 참여할 수 있는 여성의 능력을 더 이상 가로막을 필요가 없다. 그럼에도 섹스와 임신에 대한 본능적 반응 중 상당수는계속 우리의 사회 세계를 형성한다. 이는 오늘날 우리에게 무엇을 의미할까? 우리는 이러한 본능적 반응들을 알맞게 변경할 수 있으며, 또한 그렇게 해봐야만 하는가?

인간의 진화에 관해 무엇을 배울 수 있건, 그것은 우리가 무엇을 해야하는지 결정할 수 없다는 게 공통된 주장이다. 도덕적 처방은 사실 또는가정에서 논리적으로 도출될 수 없기 때문이다(우리는 사실에서 당위를 도출할 수 없다). 이 주장은 참이지만, 그리 흥미롭지는 않다. 많은 과학적 사실이 실제로 우리에게 행동의 근거를 주기 때문이다. 비록 논리적 연역으로 도출되지 않았더라도 말이다. 예를 들어 흡연이 폐암의 위험을 실질적으로 증가시킨다는 발견이 흡연하지 않을 이유를 가져다주지는 않는다. 당신은 사실적인 주장에서 "흡연하지 마시오"라는 금지명령을 논리적으로 도출할 수 없다. 그 대신에 사실적 주장은 건강 유지를 상당히 가치 있게 여기는 합리적 행위 모형을 이미 받아들인 사람들에게 흡연하지 않을 이유를 제공한다. 지금은 믿기 어려워 보여도 한때 담배가 건강에 긍정적이며 유익하다고 선전되는 것이 보통이었다. 예를 들면 "당신의 목에 휴가를 주어요. 신선한 담배를 피우세요", "목 치료 대신 올드 골드Old Gold에 불 붙이서요!", "더 많은 의사가 다른 담배보다 카멜을 피웁니다" 등의 문구를 포함했다.[13] 과학적 지식은 오늘날 그러한 주장들이 진지하게 받아들여질 수 없도록 만들었다. 건강 유지에 큰 관심이 없는 사람들과의 논쟁에서는 어쨌거나 얻을 것이 많지 않을 것이다.

호모 사피엔스의 진화론적 역사는, 흡연이 폐암을 야기한다는 가설처럼 확고하게 성립되어 근처 어디에나 있는 사회적 행동에 관한 결론들을 거의 산출하지 않는다. 그럼에도 남녀 관계를 둘러싼 몇몇 공통적 믿음에 진지한 질문을 던지는 증거의 축적으로 이어졌다. 말할 것도 없이 남녀 관계에 대한 공통적 믿음은 개인적 삶과 공공 정책에 관한 우리의 사고방식을 계속 형성하고 있다. 이 믿음들은 주요한 두 그룹으로 나뉘는데, 모형관계 관점model-relationship view과 분리된 직장 관점divided-workplace view으로 부를 수 있다. 모형관계 관점은 성적 파트너십에 대한 모형이 있으며 그것의 지침들을 따르기만 하면 남녀 갈등을 피할 수 있다는 생각에 기초한 믿음들로 이루어져 있다. 분리된 직장 관점은 재능과 적성, 또는 제약이 서로 다를 수밖에 없으므로 노동 세계를 둘러싼 남성의 관계와 여성의 관계는 반드시 서로 다르게 남아야 한다는 생각에 기초한 믿음들로 구성된다. 과학적 증거는 어느 쪽 생각이 틀린지 결정적으로 증명하지 않았다. 그들의 신뢰도가 근거하는 기초들을 천천히 깎아내릴 뿐이다. 이를 차례로 살펴보자.

모형관계

많은 사람이 자연은 남녀가 어떤 규칙들을 따르기만 하면 합리적으로 갈등 없는 관계를 맺을 수 있게 만들었다고 믿는다. 세계의 많은 종교가 혼인을 신에 의해 잉태·인도되는 하나의 성례로 간주한다. 보통 혼인을 신적인 것이 아닌 인간적 제도로 여기는 사람들은 열정적 인간관계들이 자연선택으로 형성되었다고 믿는다. 즉, 자연선택은 인간 몸의 장기들을 형성한 것과 똑같은 방식으로, 새로운 인간을 만들고 기른다는 목적에 극히 적합한 열정적 관계들을 형성했다. 이 견해에 따르면 그러한 관계들은 기본적인 친밀감, 즉 감정적이며 지성적인 교제, 에로틱한 열정, 성적인 정절, 파트너들 간 깊은 공감 능력, 한 파트너가 상대 파트너의 이해관계를 자신의 것으로 기꺼이 받아들일 수 있는 자연적 의지에 근거한다. 이전 시대들에서는 결혼이 에로틱한 열정의 공간이 조금도 없는 경제적 계약이었다고 해도 21세기의 미국, 그리고 민주주의가 번창한 다른 국가들에서 결혼은 점점 관계의 다양한 차원에 따라 매우 높은 기준의 열망을 허용하고 요구하는 것으로 보인다.[14] 독신자는 영원한 파트너에 꼭 맞는 사람을 찾는 데 많은 시간이 걸릴 수도 있지만, 일단 누군가를 찾아냈고 파트너십이 '제대로' 된 것이라면 사랑은 그 파트너들의 기본적인 이해관계들이 거의 조정되도록 보증할 것이다.

이 관점에서 에로틱한 구애는 매우 빨리 사그라지든가, 아니면 진정한 사랑에 불을 붙이는 불꽃을 만들어낸다. 중간 상태는 없다. 만약 그 불이 실제로 활활 타오르면 그 앞의 모든 것을 쓸어낸다는 의미에서 그 통제 불가능성은 열정이 이성을 대담하게 몰아냈다고 상상하기 쉽게 만든다. 또한 참사랑이란 일상의 자기 이익을 매력 없이 타협하는 곳과 멀리 떨어진 세상에 거한다고 상상하기 쉽게 만든다. 우리는 의지로 심장박동을 멈추게 할 수 없듯이 에로틱한 열정도 진압할 수 없다. 그렇다면 인간 심장의 생리학적 설계처럼, 에로틱한 열정도 생존을 위해 복잡하면서도 극히 적합한 설계를 지닌 것이라는 생각이 들 수 있다.[15] 또한 열정을 추구하는 과정에서 협상과 타협은 연인의 이해관계보다 자신의 사소한 이해관계를 우선시한다고 생각할 수도 있다. 그렇지만 이는 열정 자체의 실패를 입증하는 것이나 다름없을 것이다. 만약 나중에 심각한 이익 갈등이 생긴다면, 불륜이 벌어진다면, 서로 간의 에로틱한 열정이 사라진다면, 서로에게 완전히 정직하지 않다면 관계는 결함이 있을 뿐 아니라 무엇보다 '진정한 real' 사랑에 기초하지 않았을 확률이 높다. 그리고 모두는 아니더라도 이러한 관점을 지지하는 사람들은 열정적 관계를 맺는 능력이 정직과 품위를 보여주는 시금석이라고 믿는다. 따라서 우리는 사람들의 공직 적합도를 결혼의 성공도나 동성 파트너십의 성공도로 어느 정도 판단할 수 있다.

인간 진화의 생물학이 강력히 제시하는 바는 이러한 모형관계 관점이 잘못되었으며, 반대 증거가 있음에도 수많은 커플이 이 관점을 계속 믿는 바람에 불필요하게 불행해질 수 있다는 것이다. 자연선택의 논리로는 성적 갈등과 양립 불가능한 것은 없다. 오히려 갈등은 성적 관계의 바로 그 핵심에 놓여 있으며, 이는 관계가 기반으로 하는 협동의 거대한 잠재력에도 불구하고 발생하는 것이 아니라 그 잠재력 때문에 발생한다. 자연선택은 최적의 관계들을 만들어내지 않는다. 그것이 신체적으로 최적의 심장을 만들었다는 제한된 의미에서도 그렇지 않다. 특히 진화 중인 그 어느 것도 평생 지속되는 관계들을 선호해 택했을 리가 없다. 만약 관계가 평생 지속된다면 당사자들이 갈등의 이해관계를 조정하는 데 투명하고 건설적일 수 있어서다. 성적 불륜은 자연에 널리 퍼져 있다. 남성은 물론 여성에게도 있다. 이 자체는 불륜이 얼마나 좋을지, 또는 얼마나 나쁠지에 대해 아무것도 말하지 않는다. 살인 역시 자연에서 흔하다. 그러나 불륜이 파트너를 사랑해서 계속 함께 지내기 원하는 개인들 사이에서도 그렇지 않은 사이에서와 마찬가지로 일어난다는 사실은, 그것이 지속되는 관계와 양립 불가능하지 않음을 시사한다. 갈등이 왜 그토록 계속되는지 의문을 품고, 나아가 그 이유는 '진정으로' 사랑하지 않아서라고 의심하는 커플, 결혼 혹은 영원한 관계를 약속할지 숙고하며 자신들이 느끼는 것이 '진정한 것'인지 판단하기 위해 자기 성찰을 해보는 독신자, 파트너의 외도로 관계가 돌이킬 수 없이 변색되었다고 생각하는 사람, 에로틱한 욕망이 시들해지는 것은 보이지 않는 어떤 것이 앞으로의 관계를 대단히 나쁘게 몰고 갈 신호임에 틀림없다고 생각하는 커플, 이 모든 사람은 타당한 이유들로 당황해하거나 불행해질 수도 있다. 그러나 그들은 자연적이며 가능하다는 거짓 믿음의 기준에 스스로를 비교함으로써 필요 이상으로 불행을 더 악화시키고 있을지도 모른다.

사랑이란 무척 찬란한 것일 수 있지만, 그 찬란함이 갈등의 폐기를 포함하지는 않는다. 따라서 갈등의 지속은 사랑의 본성에 관해 아무것도 들려주지 않는다. 파트너가 당신의 정치적 견해에 완전히 설득되지 않는다는 사실은 그가 당신을 얼마나 사랑하는지에 대해 아무것도 말해주지 않는다. 사랑은 그가 자신의 몸을 당신에게 주길 원하도록 만들지 몰라도, 뇌를 빌려주도록 만들지는 못할 것이다. 만약 당신의 이익을 위해 그녀가 채식주의자가 되도록 설득했다면, 그녀가 계속 고기를 먹고 싶어 한다는 사실은 그녀가 지닌 식욕의 왕성함에 관한 무언가를 알려주겠지만, 그녀의 왕성한 사랑에 관해서는 아무것도 말하지 않는다. 만약 그녀가 또 다른 성적 파트너들에게 계속 끌리고 있다는 사실이 당신에게 그녀와 함께 사는 것을 더 이상 참을 수 없다는 의미일 경우, 당신이 꼭 그래야 한다면 그녀를 떠나더라도 그것이 당신에 대한 그녀의 사랑이 진정이 아님을 깨달았기 때문이라고 주장하지는 말아야 한다. 만약 그가 당신이 신경 쓰는 것에 대해 당신에게 덜 정직하다면 그의 부정직을 책망해야 하지만, 그가 당신을 진정으로 사랑할 수 없다고 추정하지는 말아야 한다. 당신은 그의 사랑이 커질수록 사랑을 추구하면서 과장하거나 숨기려는 유인들도 커진다는 점을 깨달을 만큼 충분히 투명해야 한다.

비록 질투가, 특히 남성의 질투가 자발적 통제를 벗어난 폭력적·원시적 감정으로 종종 간주되더라도 이는 사회적 상황에 극히 민감하다. 그리고 한 상황에서 질투를 '극복'했을 사람들은 마음먹으면 자기 감정을 다스리는 능력이 있음을 발견할 수도 있다.[16] 제4장에서 선사시대 여성이 다중적 파트너가 있었다는 증거를 논할 때 보았듯이, 다양한 문화적 실천은 남성의 질투가 지닌 파괴적 잠재력을 완화하는 데 도울 수 있다. 실제로 한 여성의 다중적 섹슈얼리티multiple sexuality에 대한 남성의 감정적 반응은 복잡하다. 불안감과 잠재적 공격성뿐 아니라 성적 흥분과 끌림이라는 요소까지도 수반한다. 결국 남성을 겨냥한 상당수의 포르노그래피는 다른 남성들과 섹스하는 여성들을 그리고 있으며, 그 목적은 남성의 폭력을 선동하기보다는 오히려 성적으로 흥분시키는 것이다. 다중적 섹슈얼리티에 대한 여성의 잠재력을 묘사하는 다른 방법들은, 그것을 위협적인 것으로 보는 시각과 매혹적 또는 매력적인 것으로 보는 시각 사이의 균형을 섬세하게 흔들 수 있다. 이러한 논평은 오드리 헵번Audrey Hepburn과 〈티파니에서 아침을Breakfast at Tiffany's〉의 촬영에 대해 논평한 샘 왓슨Sam Wasson의 책에 나온다. 헵번을 잊지 못할 세련된 매혹미의 상징으로 만든 그 유명한 '리틀 블랙 드레스little black dress'는 정확히 무엇이 문젯거리였을까?

수세기 전에 검은색 염료는 오직 거부(巨富)만 감당할 수 있었다. ……
빅토리아 시대에 …… 거의 전적으로 상중에 있는 사람들만 입었다. ……
그것은 고인의 아내라는 확실한 신호였다. 지나가는 남성에게 이는 착복자
의 성에 대한 지식, 즉 경험을 의미했다. 1920년대 신여성(flappers)이 그
옷에 끌렸다는 것은 놀랄 일도 아니다.

왓슨은 오드리 헵번이 〈티파니에서 아침을〉에서 입을 옷을 디자인한 위베르 드 지방시 Hubert de Givenchy 의 생각을 말해준다.

오드리 헵번이 (밤이 아니라 매우 이른 아침에) 입을 드레스였으므로 그 것이 이례적이었다는 점은 전혀 과장이 아니다. 오드리(건전하고 건전한 오드리)이기 때문에, 정숙하지 않다는 함축을 품고 있는 진한 색의 옷을 그 녀가 승인하고 입었다는 데 아이러니가 있다. …… 그 대비는 세련되었다. 오드리 헵번에게 검정색은 교묘한 분위기를 주었고 …… 그것은 매혹미의 정수다.[17]

즉, 남성의 질투는 올바른 문화적 상황에서, 그리고 충분히 능숙한 솜 씨를 통해 훨씬 더 활기차고 훨씬 덜 위협적인 것으로 바뀔 수 있다.

모형관계 관점은 많은 나라의 정치에도 강력한 영향을 준다. 즉, 공직 후보자들이 자신의 이미지를 좋은 배우자와 좋은 부모에 투사해야 한다 고 느끼게 만든다. 특히 미국 같은 몇몇 나라에서 결혼 파탄은 흔히 정치 경력에 손상을 줄 수 있으며, 때때로 그 경력을 끝나게 한다. 필자는 관계 가 지속되는 사람들, 그리고 불륜을 피한 사람들이 그렇지 못한 사람들보 다 공직을 더 잘 수행한다는 점을 보여준 어떤 과학적 연구도 알지 못한 다. 또한 그러한 연구가 어떻게 행해질지 상상하기도 어렵다. 이러한 경 우들에서는 과학적 증거의 미명으로조차 제공된 증거가 전혀 없기 때문 에 관계가 파탄 난 정치가에게 비난을 퍼부은 사람들은 증거로도 전혀 설 득되지 않는다. 그들은 다른 사람들의 섹슈얼리티에 대한 우리 혐오감의 악명 높게 예민한 특성을 정치적 반대자를 공격하는 데 쓰고 있을 뿐 아니라 우리가 고도로 진화한 본성의 일부로 본, 혹독하게 비판하기가 주는 즐거움에 그저 빠져 있을 것이다.

어쨌든 그런 증거가 있다면, 결혼이 깨졌을 때 정치에서 사임하는 경우는 사업, 언론계, 그리고 대부분의 다른 직업에도 적용되어야 함을 거의 확실히 시사할 것이다. 생산적 조직들에서 발생할 사임자 수는 생각하기도 무섭다. 증거가 없는 상태에서는 타인의 불운한 관계에 대해 대중이 정기적으로 분노를 폭발하는 것을 일종의 유혈 스포츠로 간주하는 편이 최선일 것이다. 다른 사람들의 합의된 관계에 간섭하는 우리의 기쁨은, 그것이 우리의 주목을 성적 강제의 더욱더 심각하고 어려운 문제로 돌리지 않는 한 재미있을 것이다.

간단히 말해 모형관계 관점은 어떤 사람들의 이상理想을 나타낼 수 있다. 하지만 이상이란 그에 부응하며 사는 데 실패한 사람들을 자책으로 마비시키지 않고, 그 모델과 일치하지 않는 관계들이 포함된 삶에 대해 명쾌해지는 것을 더 어렵게 만들지 않는다는 조건에서만 얻어질 수 있어야 한다.[18] 인간 진화의 생물학이 분명하게 지적하는 것은 커플 간 갈등이 지속된다는 사실이 사랑의 끝을 의미하지 않으며, 속임수나 불륜도 관계의 끝을 의미할 필요가 없다는 점이다. 그리고 관계의 끝조차 누군가의 세상의 끝을 의미할 필요가 없다. 이러한 주장은 완전한 관계란 없다는 뻔한 진리를 반복하는 것 이상이다. 관계들에 대한 어떤 특수한 생물학적 모형을 인간 몸의 장기들처럼 잘 적응된 존재물로 다루길 거부하는 것이다. 심장을 치료하려는 심장병 전문의는 우선 모형 심장이 어떻게 작동하는지 이해할 필요가 있다. 하지만 감정적 심장마비에 관한 치료는 다른 접근법이 필요하다. 즉, 공통 관심이라는 이상적 모형에 덜 집착하며, 파트너들이 무엇을 원하고 필요로 하는지에 대한 투명한 의사 표시에 열려 있으며, 특히 이러한 욕구와 필요가 서로 갈등할 때조차 좀 더 열려 있는 접근법이다.

분리된 직장

사업과 공적 생활의 영향력 있는 자리에서 여성의 지속적인 과소 대표뿐 아니라 여러 직업의 봉급에서 나타나는 성별 격차의 지속성은 현대의 직장 생활과 성취적인 여성이 잘 어우러져 있지 않다는 결론으로 이어질 수 있으며, 어떤 사람들은 그렇게 결론 내린다. 제4장에서 우리는 선사시대 남녀 사이에 뿌리 깊은 노동 분업이 존재했고, 이것이 확고한 경제적 불평등을 낳았음을 보았다. 그러한 노동 분업의 경제적 기초가 이제 완전히 사라졌지만, 불평등은 상당히 줄어들었다 해도 여전히 남아 있다. 제5장과 제7장에서는 이러한 격차들이 남녀의 재능 차이와 관련된다는 증거가 전혀 없음을 확인했다. 그 대신에 격차들이 다음 두 요인의 조합에 기인한다는 것을 제시하는 실질적 증거가 있다.

- 여성이 비합리적일 정도로 높은 대가를 치르는 선호도 차이의 경우, 경력 단절과 남성보다 적은 노동시간은 특히 커다란 불이익을 초래하

는 듯 보인다. 이러한 선택들은 자녀 양육 기간뿐 아니라 이후 수십 년 동안 여성의 승진에 역효과를 낳는다. 또한 직업적 환경에서 더욱 공격적인 협상 전략들에 대해 여성이 아니라 남성이 보상받는다는 점에서 차이를 만든다.

- 네트워킹 전략에서 남성과 여성의 미묘한 차이는 여성의 재능을 똑같이 유능한 남성의 재능보다 잠재적 동료와 고용주들의 눈에 덜 띄도록 작동할 수 있다.

이러한 두 요인은 대안적 설명이 아니라 상호 보완적 설명이다. 두 번째 요인은 첫 번째 요인이 어떻게 그토록 강력하고 지속적일 수 있는지 설명하기 때문이다. 연결망의 차이는 왜 모험적인 사업가가 현대의 총노동 인구 중 재능 있지만 낮게 보상받는 여성을 통해 제공되는 기회들을 활용하려 쉽게 움직이지 않는지를 설명한다. 어째서 여성이 자신의 선택에 그토록 높은 대가를 치르는지는 신호 함정과 관련이 있어 보인다. 여성은 자신이 할 수 있고, 또한 삶을 성취하기 위해 원해야만 하는 많은 목표를 수용하고자 자신의 삶을 조직한다. 그러나 신호 함정 안에서 여성은 자신이 목표를 갖고 꾸려나가는 삶과 일치하는 방식으로 재능과 동기부여를 나타내기가 어렵다. 남성이 추구하는 목표들을 모아보면 보통 다양성이 적은데, 부분적 이유는 그렇게 하게끔 조장하는 사회적 관습들에 있다. 고용주와 동료가 남성의 신호를 더 쉽게 해석하는 것은 이처럼 더욱 외골수적인 전략의 부산물이다.[19]

그러한 원인에 대한 더 깊은 이해가 덜 분리된 직장으로 이어질 수 있을까? 또한 우리는 그렇게 되길 원해야 하는가? 여성에게 선호도를 거슬러 행동하라고 강요하거나 압박하는 일은 그들의 존엄과 자율성을 존중하는 것이 아니다. 다음의 두 가지는 분리된 직장의 원인을 둘러싼 더 깊은 이해가 자연적으로, 어떤 강제나 집단적 괴롭힘이 연루되지 않고도 어느 정도는 분리의 완화로 이어질 수 있다고 제시한다. 첫째, 남녀 간의 명백한 몇몇 선호도 차이는 그들이 지닌 제약의 차이들을 반영하는 듯한데, 이는 사실 그러한 제약들이 치르는 실제 대가들이 분명해지면서 시간이 지나 흐려질 수 있다. 예를 들어 많은 남성이 선호하는 듯 보이는 전문적 외골수성은 부분적으로 남성이 자신의 편의를 도모해주는 유연성 있는 파트너를 찾기가 여성보다 더 쉽기 때문일 것이다. 전문직 여성도 남성 동료의 파트너와 같은 파트너를 찾을 수 있다면 실제로 남성 동료들처럼 외골수적일 수 있다. 테리 앱터Terri Apter 의 책 제목이 깔끔하게 표현하듯이 일하는 여성은 내조자가 없다Working women don't have wives.[20] 가정생활을 희생하지 않고 경력을 외골수적으로 추구할 수 있는 능력이 과거 많은 남성에게 사실로 간주되었던 것과 달리, 누구에게나 파트너와 터놓고 협상할 필요가 있는 것이 된다면, 이런 선택들에서 성별 차이는 지속될지 몰라도 지금보다 덜 극명할 것이다. 그리고 지속되는 이러한 차이들은 강요되기보다 선택될 경우에 쌍방이 감수하기가 더 쉬울 수도 있다.

둘째, 분리된 직장의 원인을 더 깊게 이해하기만 해도 고용주와 동료는 더욱 창의적인 주도권을 지닐 수 있다. 예를 들어 경력 단절이 있었던 개인이 비슷한 재능의 남성에 비해 덜 보상받는다는 사실을 이해하는 것은 더 많은 고용주가 그러한 여성을 체계적으로 찾아보도록 이끌 수도 있다.

즉, 여성이 더 적게 보상받는 이유는 그들이 일단 남성의 연결망에서 떨어져나가면 가시성이 없어지는 것과 관련된다. 그들의 경력 단절 자체가 재능이나 헌신의 결여와 아무 관련이 없다는 점을 깨달으면 고용주는 여성을 고용할 특별한 유인이 생긴다. 또한 고용주는 휴식 없이 같은 직종의 회사에서 평생을 보내는 사람들의 연결망 밖에서 채용하는 것의 장점을 보게 될 수도 있다. 그러한 사람들은 결과적으로 산업체 내 사람들이 통상 당연시하는 현실 안주적 가정들을 알아채지 못할 수 있기 때문이다. 기업 문화는 실제로 그 본질이 보수적이다. 기업의 인사 담당자는 여러 측면에서 자신들과 중요한 방식으로 차이가 나는 사원들을 체계적으로 찾는 데 서툴다. 이것이 바로 경쟁은 물론 특히 그 산업계 밖의 회사에게 열린 진입 개방성이 모든 차원의 혁신을 자극하는 데 중요한 이유이며, 제품 못지않게 채용 절차에서도 중요한 이유다. 그러나 신호 함정에서는 어떤 일이 있을 것이라는 기대도 중요하다. 만약 사업가들이 통상 남성만으로 채워진 중역 회의실을 기대한다면, 이는 자신들이 아는 범위 밖에서 사원 모집을 하는 데 전혀 노력하지 않은 것을 정당화하기 쉽게 만든다. 만약 그들이 (주주 모임에서 주주가 그들에게 말하는 방식, 고객과 소비자의 반응, 다른 회사 동료의 보고, 언론 기사를 통해) 활용 가능한 인재 풀의 절반에서만 고위 중역을 뽑는 것이 조금 이상하다는 점을 이해하기 시작하면, 가장 현실 안주적인 인사 담당자조차 현재 상황을 불편하게 여기기 시작할 것이다.

최근 여성의 교육적 성취가 남성에 비해 증가한다는 것을 제8장에서 서술했다. 이러한 현상과 맞물려 혁신적인 채용 유인책은 20~30년에 걸쳐 남녀의 경제력 차이가 대체로 사라질 것임을 의미할 수 있다.[21] 그럼에도 오늘날 기업 이사진이 채용되는 40대와 50대의 인재 풀에서는 이미 여성의 학력이 남성보다 평균적으로 좀 더 높다.[22] 따라서 만약 고위직에서 나타나는 놀라운 대표성 격차가, 예컨대 ≪포춘≫ 선정 500개 기업 최고 경영자 중 여성이 오직 2.4%를 차지하는 것과 같은 상태로 계속될 경우 이는 다음 20~30년에 걸쳐 나타날 더 큰 교육적 성취의 격차를 거스르면서 지속될 수도 있다. 또한 제8장에서 보고된 증거는 경영직 임명에서 불균형 문제가 제기되는 것을 피하기 위해 여성을 비상임 자리에 임명하는 경향도 있을지 모른다고 시사한다. 경영직은 조직에서 실력을 행사하는 자리다. 그래서 사외이사직 같은 가시적 자리에서 여성의 대표성에 진전이 있을지라도 이는 경영직의 균형 변화에 크게 기여하지 못할 수 있다.

여기서 공공 정책은 현실적으로 무엇을 할 수 있으며, 또는 무엇을 해야만 할까? 필자는 제8장에서 현대 경제 안에서 살아가는 모든 사람이 근본적인 도전에 직면한다고 말했다. 그것은 넘치는 정보 세계에서 잠재적 고용주·고객·동료의 희소한 주목을 끌어당기고 유지하는 일이다. 여성이 남성과 동등하게 경쟁하려면 주목 결핍으로 보이는 것을 극복하고, 자신의 재능을 똑같이 유능한 남성의 재능처럼 눈에 잘 띄도록 만들 필요가 있다. 필자는 이러한 주목 결핍을 바로잡는 가장 적절한 행동의 상당수가 공공 정책보다는 개인의 추진력을 통해 행해져야 한다고 이미 제안했다. 매우 미묘하고 포착하기 어려운 문제를 다루려면 어설픈 정책 수단들을 휘두르지 않도록 경계하는 것이 분명 적절하다. 그럼에도 많은 나라에서 이미 법체계의 일부인 차별 금지 조항들을 보완하기 위해 두 종류의 공공 정책이 자주 제안되었고, 둘 다 자세히 검토할 가치가 있다.

첫 번째 정책 유형은 인사 담당자의 주목 불균형을 처리하는 것이 목적이다. 고용에서 단순한 균등의 요구는 실행 불가능하다. 회사에 남성과 여성을 동수로 고용하라고 요구하는 것은 비현실적일 뿐 아니라, 이루어지더라도 21세기 회사가 이전보다 더욱 필요로 하는 덕목인 유연성과 적응성에서 상당한 대가를 치를 것이다. 그러나 양성의 합리적 균형이 반영된 최종 후보자 명단에서 고용할 남성과 여성을 선택하도록 요구하는 것은 훨씬 덜 비현실적이고 덜 강요적이다. 합리적 균형은 직업에 따라 다를 것이다. 항공기 조종사의 고작 1.3%가 여성일 때 조종사 모집 최종 후보자 명단에서 여성이 50%가 되어야 한다는 주장은 현실성이 없지만, (전적으로 개방적인 채용 과정에서, 지원자가 없다는 것을 알 수 없는 한) 모든 최종 후보자 명단이 적어도 여성을 일부 포함해야 한다고 주장하는 것은 그럴듯할 것이다. 또한 균형 잡힌 최종 후보자 명단은 성별 할당제에서 주요한 장점이 있다. 아무도 단지 할당량 때문에 직업을 얻었다고 느낄 필요가 없다. 할당제가 최종 후보자 명단에 들어가도록 보증했기 때문에(꼭 필요한 경우일 것이며, 그렇지 않다면 그 정책은 비효율적일 것이다) 어떤 여성이 직업을 얻은 것이 사실일지라도, 최종 후보자 명단에 있는 다른 후보자들을 정정당당하게 이긴 것 또한 여전히 사실이다.

물론 그러한 정책을 회사가 체계적으로 겉치레로만 취급한다면 완전히 비효과적일 것이다. 즉, 여성을 최종 후보자 명단에 더하기만 하고 이전보다 비율을 조금도 높이지 않은 채 뽑지 않는 것이다. 그러나 지금까지 논의한 증거는 회사가 여성을 배제하려고 체계적으로 노력함을 시사하지 않는다. 회사의 행위는 주로 엄청 심각한 상상력의 실패를 통해 이러한 영향을 끼친다. 즉, 편협하고 자기 영속적인 그들의 연결망 시야 바로 바깥의 인재 풀을 알아채지 못하는 실패다. 만약 그렇다면 최종 후보자 명단에 이전보다 더 많은 여성을 요구하는 일은 이러한 인재들이 기업의 시야 안으로 더 많이 들어오도록 도울 것이다. 우리의 증거는 이것이 실질적으로 채용 결과를 변경시킬 수도 있음을 시사한다. 그러나 논증을 그 논리적 결론까지 추진하는 것이 중요하다. 이러한 정책이 작동할 경우 강제적일 필요가 없을 것이다. 그것은 회사의 자기 이익 안에 존재할 테고, 따라서 자발적인 실천 규칙들을 통해, 그리고 회사가 채용 절차에서 성별 균형을 진지하게 다루고 있음을 바깥세상에 신호한 인증 절차를 통해서도 똑같이 잘 시행될 수 있을 것이다. 회사가 체계적인 성별 균형적 후보자 명단만으로도 얻을 수 있던 품질 수준은 당연히 노동시장에서 충분히 매력적인 신호일 수 있다. 이때 회사는 어떤 법적 강제 없이도 그러한 헌신을 하기 원했을 것이다.

두 번째 정책 유형은 자녀 양육으로 인한 경력 단절이 고용에 대한 동기부여나 재능의 결여로 해석되지 않음을 보증함으로써 신호 함정을 약화하는 것을 목표로 한다. 어머니 육아휴직의 활용 가능성과 정확히 일치하는 의무적인 아버지 육아휴직이 그러한 조치다.[23] 아버지 육아휴직의 이론적 근거는 그것이 고용의 성별 균형에 미치는 영향과 아무 관련이 없다. 즉, 부모는 자녀를 양육하는 방식에 대해 사회의 나머지 사람들에게 책임이 있다는 생각이다. 이는 아이가 커가면서 동료 시민에게 만들어낼 긍정적이거나 부정적인 커다란 외부효과 때문이다. 아이 양육은 사적 결정들이 광범위한 사회적 반향을 지니는 영역이다. 따라서 사회가 아이 양육의 책임이 어머니뿐 아니라 아버지에게도 있으며, 아버지 육아휴직 조항은 이를 분명하게 만드는 하나의 방법이라고 주장하는 것은 매우 합리적이다. 비록 공공 정책이 남성의 현명한 또는 생산적인 육아휴직 사용을 보증할 수 없더라도, 부모됨parenthood은 당사자의 재능 및 동기부여와 상관없이 경력 단절을 수반한다는 사실을 관례로 수립할 수 있다. 어떤 남성은 아버지로서 의무가 직업적 책임부터 가정적 책임까지 언제든 한 치의 우회 없이 충족될 수 있다고 믿는다. 이들은 동료 시민이 그들에게 요구하는 것의 본질을 오해하고 있다.

그러한 정책의 정당화가 아버지의 책임이 사회의 나머지 사람들에게 반향을 일으킨다는 사실에 근거하더라도 이는 성별 대표성에까지 추가적 혜택을 가져온다. 바로 신호 함정에 끼친 영향에서 오는 이득이다. 일단 회사가 잠재적 최고 경영자 대부분은 아버지 육아휴직으로 경력 단절이 있었던 사람들일 것이라는 사실에 눈을 뜨면, 경력 단절 결정이 최고 경영자의 바람직하지 않은 자질을 드러낸다고 간주하는 일을 멈출 가능성이 크다. 어떤 부모가 다른 부모보다 더 길게 휴직하는 경력 단절을 택해도 막을 수 없을 것이다. 그런 경력 단절의 성별 분배가 조만간에 동등해지지는 않을 것이다. 그러한 정책들이 초래할 듯한 영향에 관해 증거를 찾기란 쉽지 않다. 정책들을 시도한 몇몇 나라에서 아버지 육아휴직 신청은 대체로 자발적이었기 때문이다. 이는 자발적으로 신청한 사람들의 행동과 그렇지 않은 사람들의 행동을 비교하기 어렵게 만드는데, 개인의 동기부여를 포함한 많은 요인이 모두 가지각색일 공산이 크기 때문이다. 그럼에도 노르웨이에서는 이 문제를 탐구한 연구가 있었다. 노르웨이에서는 1993년 개혁으로 아버지 육아휴직을 상당히 유리하게 만든 이후, 자격 있는 남성의 휴직 신청이 몇 년 동안 4%(개혁 전)에서 60% 이상으로 증가했다. 이 연구에 따르면 흥미롭게도 의무적인 아버지 육아휴직은 여성이 자녀 양육을 위해 직장 휴가를 갖는 경향을 증가시킬지도 모르는데, 일단 양육이 분담되면 아이들 기르기가 더 즐거워질 수 있기 때문이다.[24] 이 육아휴직 실험에서 아버지의 경력 단절이 어머니의 경력 단절을 단순히 대체할지도 모른다는 생각은 입증되지 않았다. 오히려 실험의 메시지는 남녀 모두 경력에서 적은 대가를 치르며 경력 단절을 행할 수 있을 때 가정적 책임을 더욱 중요시할 수 있다는 것이다. 그럼에도 이러한 조치는 고용에서 신호의 평형상태를 변화시켜, 경력 단절을 택한 사람들이 사회 전체에 비용과 이익의 균형이 더욱 밀접하게 반영된 대가를 치르도록 보장하는 데 도움을 줄 수 있을 것이다.

필자가 강조한, 성별 불균형을 바로잡으려는 공식적인 법률 제정의 기능은 이 두 사례가 시사하듯이 해결의 단지 한 부분, 아마 매우 부수적인 부분일 것이다. 더욱더 중요한 것은 남성과 여성에게 똑같이 일어나는 규범과 관습의 변화일지 모른다. 이 변화는 우리의 깨달음과 병행한다. 우리는 경력 선택을 이유로 여성에게 벌칙을 가하는 조직 업무의 방식들이 불공평할 뿐 아니라 심각하게 어리석다는 점을 깨달았다. 마지막 몇 장에서 검토한 증거는 똑같이 재능 있는 남성보다 적은 보수를 받고 기회도 거의 얻지 못하는 재능 있는 여성이 도처에 있을 가능성이 많다는 점을 보여준다. 그렇다면 이제 남녀 누구든 여성을 잠재적 고용주와 동료에게 나타나도록 하는 기회에 눈을 떠야 하는 시간이다.

많은 노동 관습은 일종의 낭비적 과시다. 예컨대 집에서도 충분히 효율적으로 수행할 수 있는 과제를 하며 사무실에서 긴 시간을 보낸다. 이는 수컷 공작새의 꼬리같이 개별적으로는 합리적이지만 집단적으로는 무의미한 수고로서, 직업적 승진에서는 평균적으로 여성을 불리하게 만들지만 가내적·가정적 성취감에서는 평균적으로 남성을 불리하게 만드는 그런 수고다. 사실상 남녀가 치르는 이런 대가들은 남아 있는 불평등 그 자체 때문이기보다는, 행동을 취하기 위한 더 중요한 이유일 것이다. 실제로 문제가 되는 것은 이미 고액의 보수를 받는 일부 여성이 그들의 남성 상대자보다 보수가 적다는 사실이 아니다. 오히려 문제는 남성과 여성 모두 성취감을 찾는 데 실패하고 있다는 점이다. 현대의 생산 경제는 남녀 모두가 성취감을 발견할 수 있도록 만들어야 한다.

수컷 공작새의 꼬리 논리를 벗어나기는 쉽지 않을 것이다. 커다란 꼬리의 수컷 공작새를 무시해버리는 선택을 한 암컷 공작새는 적응도를 증가시키지 못할 것이다. 하지만 그렇게 한 것은 덜 적합한 수컷들에서 더 적합한 수컷을 구별해낼 다른 방법이 없었기 때문이다. 만약 암컷이 수컷의 적응도를 진단할 더 좋은 근거를 찾을 수 있다면 커다란 꼬리를 무시해버리는 행동은 실제로 매우 현명한 움직임이 될 것이다. 호모 사피엔스가 자신이 공작새보다 더 큰 뇌를 지녔다는 사실로부터 어떤 집단적 이득이라도 얻어내고 싶다면, 이러한 신호 함정을 피하는 데 독창성을 바칠 가능성을 반드시 포함해야 한다. 신호 함정을 피하는 길은 재능과 동기부여를 서로에게 드러내 보여주는 덜 낭비적인 방법들을 고안하는 것이다. 과학기술은 직장 생활의 물리적 제약을 변형시키고 있다. 그것이 몇몇 사회적 제약을 재조직할 수 있다는 희망이 비현실적으로 보이지는 않는다.

피임 기술의 혁명, 그리고 이를 동반한 사회 내 혁명은 인류 역사상 처음으로 남녀 간 성적 협력을 더 일반적인 경제적 관계로부터 분리할 수 있도록 만들었다. 이는 성이 직장에서 추방된다는 의미가 아닐 것이며, 의미해서도 안 될 것이다. 그러나 성적 관계와 경제적 관계는 각각 다른 쪽에서 드리운 그림자로부터 해방될 때 더 많은 것을 이룰 수 있다. 경제적 의존에서 해방된 성이 보통 더 좋은 성인 것처럼, 성에 대한 의존에서 해방된 경제가 더 좋은 경제다.

제1부 선사시대

제1장 서론

1 리처드 A. 포스너(Richard A. Posner)는 다음과 같이 서술한다. "(성이 봉사하는) 목적들은 세 그 룹에 속하는데, 나는 각각을 생식적 목적, 쾌락적 목적, 사회적 목적이라고 부를 것이다. 첫 번째 는 분명하다. 두 번째는 두 개로 나뉜다. 하나는 긴급한 성욕의 완화다. 비유하자면 가려운 데를 긁는 것이나 목마를 때 물을 마시는 것이다. 다른 하나는 성애의 기술, 즉 성적 쾌락의 능력을 의 도적으로 계발하는 것이다. 세련된 음악이나 고급 와인에 대한 취향을 계발하는 것에 비유할 수 있다. 세 번째 그룹인 사회적 목적은 가장 덜 분명하다. 이는 예컨대 배우자나 친구들 같은 다른 사람들과 관계를 구축 또는 강화하기 위해 성을 활용하는 것과 관련된다"(Posner, 1994: 111).

2 Sommer and Vasey(2006)에 나와 있는 많은 연구 참조. 그 연구들은 많은 영장류는 물론 들소, 고양이, 돌고래, 플라밍고, 거위의 행동을 탐구한다. 모든 연구원이 비인간 종의 동성애적 행동의 이유들에 관해 동의하는 것은 아니다. 그리고 하나의 설명이 모든 종에 적용될 수도 없을 것이다. 아울러 인간이 양성애와 반대되는 배타적 동성애에 특별한 성향을 보이는지에 관한 흥미롭지만 해결되지 않은 질문들이 있다.

3 이 단락에서 인용된 몇몇을 포함하는 많은 사례가 Arnqvist and Rowe(2005: e.g.1~13)에서 서술 · 논의된다. Muller and Wrangham(2009)의 여러 장은 성적 강제의 진화론적 기원을 둘러싼 가설 들을 포함해 성적 강제에 관해서 최근 알려진 것들에 대한 포괄적인 정리를 제공한다. Judson (2002: 특히 9~20)은 다양한 동물 종의 성적 갈등에 관해 재미있는 설명을 제공한다.

4 Barash and Lipton(2001)과 Birkhead(2000) 참조.

5 사자에 관해서는 Packer and Pusey(1983) 참조. 많은 영장류 종에 대한 증거는 van Schaik and Janson(2000)의 1장, 특히 도표 2.1과 40~41쪽에 요약되어 있다.

6 Arnqvist and Rowe(2005: 50~52).

7 Whitchurch, Wilson and Gilbert(2010) 참조. 킴 스티렐니는 필자에게 성적 관계가 이 점에서 특 이하다고 말했다. "그것은 얻을 것도 많고 잃을 것도 많은, 인간의 또 다른 협동적 연합들에서는 부적합해 보인다. 만약 우리의 잠재적 공동 저자들이 우리를 어떤 사람으로 생각하는지 확신할 수 없다면 우리는 그들에게 더 끌리지 않을 것이다. 그런데 책을 함께 쓰는 일은 크고 위험한 투자다. 그러면 불확실성을 성에서, 아니 성에서만 교섭의 지렛대로 만드는 것은 무엇일까?"(2011년 7월

필자와의 대화) 생각해보니 필자는 성적 관계들이 이 점에서 특이하다고 확신하지 않는다. 노동시장에서는 떠나겠다고 확실히 위협할 수 있는 고용인에게 흔히 높은 임금이나 보너스가 지급된다. 떠나겠다는 위협 자체가 전달하는 의미는 그 고용인이 자유시장에서 더 높이 평가되며, 따라서 (아마) 고용주에게 더 큰 가치가 있다는 점이다. 마찬가지로 애정과 애착이 바람처럼 어디로든 갈 것 같은 연인들은 자신이 타인들에게 더 매력적으로 여겨지기에 더 붙잡을 만한 가치가 있다는 점을 효과적으로 소통한다. 다른 영역의 경우, 양육에 관한 애착 이론의 여러 가설 중 하나가 아이가 세상을 탐험해나가는 출발점으로서 '안전 기지(secure base)'(Bowlby, 1988)를 필요로 한다는 것이다. 이 견해에서는 아이를 돌보는 사람들의 행동이 예측 불가능해질수록 아이는 주목을 요구하는 데 투자할 정서적 에너지가 더 많이 필요하며, 환경을 탐험할 수 있는 가능성은 더욱 적어진다. 애착 이론을 어른의 관계에 적용한 것은 Crowell and Walter(2005) 참조. 이 책은 Mikuliner and Goodman(2006)에 많이 기여하고 있다.

8 성 번식하는 동물 모두가 두 개의 성을 갖는 것은 아니다. 두 개의 성을 갖더라도 개체들이 결정적으로 한쪽 아니면 다른 쪽 성이라는 것도 항상 참은 아니다. 예를 들어 어떤 물고기들은 짝짓기 기회의 분포에 따라 성을 바꾼다. 이러한 요지의 내용들, 그리고 성 전략들은 다윈이 깨달은 것보다 훨씬 다양하게 전 자연에 걸쳐 존재한다는 내용이 Roughgarden(2004, 2009)에 잘 서술되어 있다. 여기서 필자가 논의하는 종들은 실제로 뚜렷이 구별되는 두 개의 성을 지니며, 모든 혹은 대부분의 개체가 결정적으로 하나의 성 또는 반대의 성을 갖는 종이다.

9 로버트 L. 트리버스(Rovert L. Trivers)는 그의 고전적 논설에서 남성과 여성이 이처럼 갈라지는 유인들을 만들어내는 것은 생식세포 크기 자체의 비대칭성이 아니라 (임신에 대한 투자를 포함한) 부모의 양육 투자 비대칭성이라고 강조했다(Trivers, 1972).

10 예를 들어 성들 간의 관계들을 하나의 시장으로 간주해 남성은 성적 서비스를 요구하고 여성은 공급한다고 생각하는 것이 가끔 이해를 도울 수 있다. 이러한 관점은 Baumeister and Vohs(2004)에서 발전된 관점이다. 그러나 이 견해는 목적들을 모형화하기 위한 단순화이며, 이러한 견해가 여성이 성, 또는 그들이 관여하는 성적 만남의 자질들을 평가하지 않음을 내포한다고 취급해서는 안 될 것이다.

11 Bowles and Choi(2007).

12 Barash and Lipton(2001: e.g.12)에서는 이 증거를 방대하게 다룬다. Birkhead(2000: 195~231)에서는 특히 여성의 불륜과 정자 경쟁에 초점을 맞춘다. 이전에 일부일처로 간주된 들쥐 종이 짝외교미(extra-pair copulation)를 한다는 놀라운 발견에 관해서는 Ledford(2008) 참조. Knight(2002)에서는 광범위한 종의 암컷들 간 다중적 섹슈얼리티에 대한 여러 연구를 간단히 이용할 수 있도록 조사했다. Judson(2002)의 1장은 또 다른 훌륭한 출처다.

13 Baumeister(2010: 221~229)에서는 관계를 지속하는 커플들이 성행위 빈도수에 관한 만족도를 각각 어떻게 보고하는지에 근거해 실질적으로 여성의 성욕이 평균적으로 남성보다 적다는 증거에 대해 길게 논의한다. 성적 만남들 간에 질적 구별이 없다면 그러한 증거는 오해의 소지가 생길 수 있다. 예를 들어 여성이 현재 파트너와의 성행위가 경험의 질에 비추어 충분히 빈번하다고 보고할지라도 만약 경험이 더 좋을 경우, 즉 파트너가 관대하고 자상하다면 자신이 성행위를 더 좋아할

지도 모른다고 느낀다. 남성이 최근에 한 것보다 더 잦은 성행위를 선호하는 것은 여성에 비해 노 섹스보다는 시시한 섹스를 선택하는 그들의 더 큰 선호도를 반영할 수도 있다. Meston and Buss(2009)에서는 여성이 인용하는 광범위한 성욕의 동기와 그러한 욕구를 촉발할 수 있는 여러 종류의 암시를 강조한다. 아울러 그러한 욕구가 상황들의 영향을 받는 경향이 얼마나 많은지 본다 면, 무조건적 성욕이라는 점에서 여성과 남성을 비교하는 것은 별로 유익하지 않다고 시사한다.

14 몇몇 잠재적 아버지가 하나로 합쳐지는 주관적 부성의 가능성을 지녔다면 혼란스러울 것이다. 그 러나 이러한 혼동을 암시하는 불확실성이 없으면 그들은 자신의 부성에 관해 확신하지 못할 수 있 다. 엄격히 말하자면 이러한 불확실성 속에서도 모든 잠재적 아버지는 자식 양육에 어느 정도 기 여할지 모른다. 어머니의 이해관계는 그들 각각이 자신이 아버지일 확률이 실제보다 높다고 믿게 만드는 것이다.

제2장 성과 판매술

1 Centorrino et al.(2011).

2 춤의 신호 기능에 대해서는 Brown et al.(2005) 참조.

3 만프레트 밀린스키(Manfred Milinski)에 따르면 향수는 면역 체계에 중간 정도로 차이가 있는 개인 간 짝짓기를 용이하게 하는 데 중요한 기능을 한다(Milinski, 2003).

4 Arnqvist and Rowe(2005: 74~77).

5 지각된 신체적 매력이 노동시장 보상(Hamermesh and Biddle, 1994; Mobius and Rosenbalt, 2006), 선거의 승리(Berggren, Jordahl and Poutvaara, 2006)와 긍정적 상관관계가 있음을 보여 주는 중요한 문헌이 있다. 이 발견은 Hamermesh(2011)와 Hakim(2011)에서 재고되며, 그 영향 이 논의된다. 친구와 동료에게 보내는 신호 행위에 관한 문헌은 방대하다. Miller(2009)에서는 비 전문적이면서 유쾌한 개요를 제공된다. Bénabou and Tirole(2006)과 Seabright(2009)에서는 신 호 행위 동기들을 위한 친사회적 행동의 활용 모형들을 발전시킨다. Ariely(2008: ch.13)에서는 신 호 행위 동기들이 레스토랑에서 주문하는 행동에 얼마나 영향을 미칠 수 있을지에 관해서 실제로 돈을 내고 주문한 음식들에 대한 지각된 품질을 통해 재미있는 실험적 증명을 보여준다.

6 로빈 핸슨(Robin Hanson)의 블로그(http://overcomingbias.com/2010/09/a-med-datum.html)에 서 「편향 극복하기(Overcoming Bias)」(2010.9.15) 참조. 점안기는 소독되지 않은 비품에서 나타 날 수 있는 것보다 더 많은 감염 위험을 지닌 방법들로 재사용되는데, 익명의 안과 간호조무사의 훌륭한 제보는 환자들 앞에서 허세 부리듯 알코올로 비품을 문지르는 행위를 묘사한다.

7 인간과 다른 영장류에 관한 증거에 따르면 성적 매력이 있다고 인지된 개인들은 성이 같은 구성 원들과의 교제를 포함한 비(非)성적인 교제에서도 더욱 큰 관심과 관대함으로 대우받는다. 앞서 주 5에서 인용된 문헌과 더불어 Sapolsky(2005) 참조. Wallner and Dittami(1997)에서는 평균보 다 크게 팽윤된 회음부를 가진 암컷 바버리마카크(긴꼬리원숭이과의 영장류 - 옮긴이)가 수컷에게 더 매력적으로 어필할 뿐 아니라 다른 암컷들에게서 우선적으로 털 손질을 받는 것을 보여준다.

여기서 인과관계가 성립되기는 쉽지 않다. 비성적인 교제를 하는 파트너들이 성적 성공을 더 크게 누릴 것처럼 보이는 개인을 선호하는 경향이 있는가? 또는 성적 매력이 있다고 인지된 개인은 사회적 성공을 더 많이 누릴 것 같아 보이기 때문에 성적 파트너를 더욱 끌어당기는가? 양쪽 모두 그럴듯해 보인다.

8   Goffman(1963), Yoshino(2006). 겐지 요시노가 인정하듯 다수 집단의 문화에 속하는 구성원들도 커버링과 비슷한 행동을 한다. 그들의 정체성은 다중적이며, 한 상황의 요건들을 다른 상황의 요건들에 대해 계속 균형 맞추고 있기 때문이다.

9   Fox(1984) 참조.

10 Tungate(2007: 15).

11 광고 캠페인은 다른 많은 상황에서 슈퍼모델을 활용했다. 그중 하나가 자동차 에어백과 그 밖의 안전장치들을 뽐내기 위해 여성 모델이 차를 의도적으로 확실하게 충돌시키게 만드는 것이다. 여기서 그토록 유명한 모델이 위험을 감수할 준비가 되어 있다는 사실 자체가 차의 안전 시스템의 신뢰성에 대한 광고주의 확신을 신호한다. 유튜브 동영상(http://youtube.com/watch?v=G71lOk-qoY) 〈시트로엥 엑사라 홍보 영상: 클라우디아 시퍼의 충돌 시험(Citroen Xsara Advert: Crash Test with Claudia Schiffer)〉 참조(검색일: 2011.5.18).

12 Doniger(2005)에서 주로 1장을 참조. 다른 많은 사례와 함께 케리 그랜트를 논하고 있다.

13 Miller(2009: 72).

14 Veblen(1925: 43).

15 Veyne(1996).

16 Foreman(2009).

17 Sexton and Sexton(2011).

18 Foreman(2009).

19 이는 전체 비행시간 24시간 이하를 기준으로 에어프랑스의 파리-도쿄 왕복 운임 1만 3400유로 (1만 6400 미국 달러)에 근거한 계산이고, 2010년 6월 30일에 인용되었다.

20 Searly and Novicki(2008) 참조. 멧종다리의 성실한 신호 행위가 지닌 문제에 관해 조사하고 논의한다.

21 Reid et al.(2005). 이런 종류의 연구는 보기보다 훨씬 어렵다. 이는 단지 새들을 놀라게 만들지 않으려고 덤불 속에서 기어 다니는 어려움이 아니다. 엄격히 말해 노래 목록이 더 많은 새가 후손을 더 많이 가진다는 사실은 오직 가임 능력이 더 높은 암컷이 노래 목록이 더 많은 새를 선택한다는 사실에 기인했을 것이다. 연구원들은 수컷의 기여가 중요하다는 것을 보여주기 위해 또 다른 증거를 제시한다. 즉, 노래 목록이 더 많은 수컷은 평균적으로 오래 살기도 한다. 이는 그들이 근본적으로 더 건강하다는 점을 시사한다.

22 MacDonald et al.(2006).

23 이 주장은 과학적 연구로 확증될 필요가 없다고 독자들이 느끼기를 바란다.

제3장 유혹과 감정

1 Damasio(1996) 참조. 이는 두뇌의 특수한 영역들이 특수한 감정들을 체현한다고 말하는 것이 아니다. 체현은 구조적이기보다 기능적인 것으로 보인다〔Lindquist et al.(2011) 참조〕.

2 이 작업은 Ellison and Gray(2009)에 실린 논문들에서 조사되었다.

3 Damasio(1994).

4 Frank(1988)와 Fessler and Harley(2003)는 인간 협동에서 감정의 기능을 조사·논의한다. 필자는 Seabright(2010)의 4장과 5장에서 감정이 인간의 친사회성에 긍정적 영향력이 있다는 증거를 논의하며, 특히 현대의 인간 사회에서 감정이 폭력 감소에 미치는 역할을 강조한다. Bowles and Gintis(2011)에서는 인간의 친사회적 행동의 진화를 매우 상세히 논의한다.

5 Stendhal(1962: 37)을 필자가 번역한 것이다.

6 Gambetta(2009: 258~259).

7 Miller(2000: 238~241) 참조.

8 킴 스티렐니가 심리학에서는 확실히 자리 잡은 발견이라며 필자에게 알려준 것이 있다. "강화는 그 일정이 변동적이어도 상당히 지속적인 행동으로 이어지므로 여성 경험의 변이성도 지속적인 성적 관심을 확보하기 위한 적응으로서 똑같이 취급될 수 있다"(2011년 7월 개인적 논평). 이것은 가능하다. 그러나 남성의 계속적인 관심은 보통 여성에게 더 중요하고 그 반대가 아니기 때문에, 이 논리는 남성의 오르가슴이 지닌 신뢰성이 더 적다고 예상해야 한다는 점을 시사할 수 있다.

9 이것이 그렇다는 증거를 제4장에서 고찰한다. 또한 그 주장은 개인적인 어떤 성적 만남도 임신으로 이어질 확률이 그리 높지 않다는 점을 분명히 요구한다.

10 바소프레신과 옥시토신의 영향에 관한 조사는 Caldwell and Young(2006) 참조. 옥시토신이 인간 주체들의 신뢰에 미친 사회적 영향에 대해서는 Kosfeld et al.(2005)을 보며, 바소프레신 수용기에서의 유전적 변이가 인간의 짝 유대 행동의 강도와 상관적이라는 증거에 대해서는 Walum et al.(2008) 참조. 오르가슴의 생리학은 Komisaruk et al.(2006)에서 매우 자세히 논의된다. Lloyd(2005: 특히 107~108)에서는 여성 오르가슴이 남성 오르가슴의 순수한 부산물이라는 도널드 시먼스(Donald Symons)의 이론을 펴며, 경쟁 이론들은 그 문제의 연구자 대부분이 남성으로 이루어진 과학자 공동체의 중요한 편견들을 보여준다고 주장한다. 여기서 필자가 제안하듯이 여성 오르가슴의 기원들에 관한 부산물 견해는 자연선택이 선별 행위처럼, 적응적 목적들을 위해 그러한 메커니즘을 만들었을지 모른다는 견해와 양립할 수도 있을 것이다.

11 Buss(2003: 223~234) 참조. 특히 여성 오르가슴은 '좋은' 유전자를 가진 연인들에게 선택적으로 반응하는 강점을 지닐 수도 있는데, 오르가슴은 정자가 자궁에 흡수되는 비율을 증가시킨다고 알려져 있기 때문이다.

12 Cunningham, Barbee and Pike(1990).

13 Owren and Bacharowski(2001: 156) 참조.

14 우리의 발견들을 Centorrino et al.(2011)에 제출했다.

15 허구적 상관관계를 피하기 위해 타인을 신뢰하겠다고 결정한 개인들이 웃음을 진짜라고 평가함으

로써 자신의 행위를 정당화하려 시도할 경우, 우리는 개인의 신뢰 행동을 다른 참가자들의 웃음 평가들과 비교한다.

16 Scharlemann et al.(2001)에서는 스틸 사진 속 웃음이 신뢰에 미치는 효과를 처음으로 보여주었다.

17 이 개념은 아모츠 자하비(Amotz Zahavi)가 생물학에 도입했으며(Zahavi, 1975), 앨런 그래펀(Alan Grafen)이 공식화했다(Grafen, 1990). 비슷한 이론들이 경제학자 마이클 스펜스(Michael Spence)와 제임스 멀리스(James Mirrlees)에 의해 나란히 발달되고 있었다(Spence, 1974; Mirrlees, 1997).

18 마이클 스펜스의 선별 모형에서(Spence, 1974) 노동자 개인의 생산성은 높거나 낮을 수도 있는 데, 이 가치는 고용주에게 관찰 가능하지 않다. 그러나 고용주는 고용인이 받고자 선택한 교육이 얼마나 많은지 관찰할 수 있다. 만약 높은 생산성을 지닌 고용인이 (적은 수고로도 수업에서 성공적일 수 있으므로) 교육을 받는 데 더 적은 비용이 든다면, 교육이 그들이나 고용주에게 전혀 이득이 없더라도(순수한 핸디캡) 낮은 생산성보다는 더 높은 수준으로 교육받은 고용인을 선택할 것이다. 높은 생산성을 지닌 노동자에 대한 교육은 두 가지를 신호한다는 점에서 가치가 있다. 즉, 그러한 노동자가 순수한 핸디캡을 지닐 수 있다는 점과 그들이 고용주에게 채용될 때 더 높은 생산성이 있을 것이라는 점을 신호한다.

19 Weatherhead and Robinson(1979).

20 Gibson and Hoglund(1992)와 Galef(2008)에서는 일본 메추라기의 배우자 모방 선택(mate-choice copying)에 관한 연구들을 정리한다. 이 발견은 단지 암컷에서만 확증되는 것이 아니라 수컷에서도 나타나며, 이는 수컷보다 암컷의 생식세포가 훨씬 더 부족하다는 사실과 양립한다. 그러나 여성이 이미 짝이 있는 남성에게 성적으로 더 끌리는지 아닌지의 증거는 뒤섞여 있다. 예를 들어 Uller and Johnsson(2003)에서는 그런 영향을 발견하지 못한다.

21 더 늙고 부를 과시하는 더 부유한 남성과 만나는 젊은 여성이 이러한 전략의 변종을 사용한다는 것이 필자의 비과학적 인상이다. 그녀들은 전화하거나 문자를 보내는 데 많은 시간을 보내면서 "나는 이 남자와 실제로 같이 있는 것은 아니다"라고 신호할 수 있다. 이러한 행동은 Thornhill and Gangestad(2008)에서 논의된 이중 전략과 양립한다. 그들은 인간 여성이 두 개의 구별적인 섹슈얼리티를 진화시켜왔다고 주장한다. '확장된 섹슈얼리티'는 임신이 불가능할 때 남성으로부터 물질적 혜택을 이끌어내는 것이 목적이며, '발정기의 섹슈얼리티'는 임신이 가능할 때 '좋은 유전자'를 얻는 것이 목적이다. 이렇듯 상이한 조건들에 기초한 성적 행동은 전적으로 구별되지 않더라도 눈에 띄게 다른 경향들이 있을 수 있다. 더 우수한 유전자를 얻을 가능성에 영향을 주는 행동은 유전자를 주는 남성의 행동에도 영향을 주었을 것이며, 자연선택은 인간 여성의 심리를 이러한 두 흐름의 어울림에 매우 민감하도록 만들었을지 모른다.

22 Darwin(1981).

23 Desmond and Moore(2009).

24 Carroll(2010: 122~127).

25 Coyne(2009: 92).

26 Ridly(2004: 186).

27 Gee, Howlett and Campbell(2009: 15).

28 Darwin(1856).

29 셰익스피어의 소네트 116. Boyd(2012)에서는 셰익스피어의 소네트에 대한 강력한 분석을 제공한다. 그는 신호 이론의 통찰, 그리고 더욱 일반적으로 진화 이론의 통찰을 설득 효과 분석에 활용한다. 이 소네트는 시인이 미모의 청년(The Fair Youth)에게 보내는 찬양 중 하나이며, 따라서 그 문맥은 한 남성이 한 여성에게 영감받는 표준적 페트라르칸(Petrarchan) 소네트의 그것은 아니다. 그렇더라도 이는 그 소네트의 관심사에서 신호 행위가 덜 중심적이도록 만들지 않는다.

30 Cooper(2008) 참조.

31 "참 정보와 거짓 정보는 편향을 지닌 유기체 안에 동시적으로 저장되는데, 참 정보는 무의식적 마음으로, 거짓 정보는 의식적 마음으로 향한다. 또한 주장되기로는 지식을 조직하는 이 방법은 바깥의 관찰자를 지향하는데, 그는 처음에 의식적 마음과 그것의 산출물을 보며 오직 나중에서야 타인의 무의식에 감춰진 참 정보를 발견한다"(Trivers, 2000: 115). 또한 트리버스는 자기기만에 대해 상이한 이론을 제안한다. 자기기만은 부모와 같은 타인들에 의해 믿음들의 구성요소들이 조작됨으로써 생긴다고 말한다. Trivers(2011)에서는 자기기만에 관한 트리버스의 견해들이 책 한 권의 분량으로 전개된다. 그의 첫 이론을 지지하는 경향이 있는 실험적 증거는 Valldesolo and DeSteno(2008)에서 보고된다.

32 동기화된 추론을 둘러싼 심리학 문헌은 풍부하다. 동기화된 추론에서는 어떤 결론에 도달하고 싶은 욕구가 인지 과정에 영향을 준다. 그 영향은 동기화된 믿음들에 대해 그럴듯한 합리화를 제공해야 할 필요성으로 그 인지 과정이 강요될 정도다〔Kunda(1990) 참조〕. Haidt(2007)에 따르면 이는 도덕적 추론에서 근본적인 역할을 한다. 더욱 명백한 도덕적 논증은 이미 존재하는 도덕적 직관들의 타당성을 입증하려 애쓰기 때문이다. 경험적이건 윤리적이건 그런 종류의 추리 형식들은 분명한 질문을 던진다. 왜 자연선택은 진실 추구에 더욱더 집중할 수 있는 추리 능력을 주는 대신, 우리를 이런 식으로 만들었는가? 이에 대한 연구자들 사이의 합의는 없다. 트리버스의 이론은 하나의 제안일 뿐이며, 그 이론의 적용 가능성은 타인에게 감추는 편이 전략적으로 가치 있었을 사실들에 관한 진실에 제한된다. 조너선 하이트(Jonathan Haidt)는 도덕에서의 동기화된 추론이 최근에 이루어진 진화의 부산물이라고 믿는다. "언어와 의식적인 도덕 추리에 관여할 수 있는 능력은 훨씬 나중에, 아마도 겨우 100년 전에 왔다. 따라서 인간의 판단과 행동을 통제하는 신경 메커니즘들이 유기체의 수동 조정에서 이러한 새로운 심사숙고 능력으로 갑자기 재설계되었다는 것이 믿기지 않는다"(Haidt, 2007: 998).

33 연인에게 거부당한 고통은, 고통스러운 육체적 자극들이 활성화하는 뇌 영역들과 비슷한 영역을 활성화하는, 실제로 육체적 고통이라는 점이 이제 분명해 보인다〔Kross et al.(2011) 참조〕.

34 성적 신호 행위가 보여주는 혼동과 역설에 관한 놀라운 이야기들은 웬디 도니거(Wendy Doniger)가 쓴 세 권의 책을 참조(Doniger,1999, 2000, 2005). 두 번째 책은 대부분 명백히 성에 관한 것이고, 첫 번째가 성별, 세 번째는 사랑에 관한 것이다.

제4장 사회적 영장류

1 원래의 라틴어 구절은 "Bellum ominium contra omnes"다. 이는 Hobbes(2008: ch.1)에 있다.

2 Darwin(1979: ch.14).

3 Darwin(1981: 162~163).

4 영장류 사회에 관한 문헌은 방대하다. 훌륭한 출발점은 de Waal(2001)이다.

5 Marmot(2004). 아르민 팔크(Armin Falk) 등의 최근 연구는 여러 실험실 설정을 통해 부당하게 낮다고 인지된 보수를 받는 것이 심장박동 수의 변이성을 증가시킨다는 점을 보여주었다. 이러한 변이성은 장기적으로 볼 때 심혈관 질병을 예측한다고 알려져 있다. 그들은 또한 여러 회사의 자료를 통해 심혈관 건강과 인지된 보수의 정당성 사이에 강한 연관이 있음을 보여준다(Falk et al., 2011).

6 Muller and Wrangham(2004).

7 de Waal(1982: 138). 킴 스티렐니가 필자에게 제시한 바에 따르면, 침팬지 사회에서 나타나는 연합의 상대적 불안정성을 상대적으로 규범 주도적이고 제도적으로 구조화된 인간 사회와 비교하는 것은, 고정 가격 없이 계속적으로 모든 것이 협상되는 시장 거래와 고정 가격이 있는 쇼핑의 대조에 비유할 수 있다(개인적 논평, 2011년 7월).

8 Gesquière et al.(2011).

9 Hartcourt et al.(1981). 관련된 연구 조사 대부분은 영장류에서 이루어졌다. 하지만 그 관계가 영장류에 국한될 이유는 없다. 고래과 돌고래에 대한 많은 검사는 아마 일부다처를 제시할 공산이 크다. Ridley(1993: 220) 참조. 이러한 관계는 종 안에서보다 종들 사이에서 나타난다. 고환이 더 큰 남성이 더 많은 여성과 성교할 능력이 있다는 증거는 전혀 없다. 그럼에도 고환 확대술에 집중하는 많은 웹사이트가 그렇게 주장한다.

10 곤충의 정자 경쟁에 대한 설명은 Simmons(2001) 참조.

11 Wrangham and Oetersonm(1996: 225~227).

12 Stanford(1999: 42).

13 고대 그리스의 선물 교환으로서 결혼에 대한 논의는 Leduc(1992) 참조. 클로딘 르덕(Claudine Leduc)은 매우 흥미로운 점을 지적한다. 여성이 시민이 될 수 있고 자신의 권리로 재산을 소유할 수 있던 곳은 스파르타와 고르틴처럼 사회적으로 더 보수적인 도시국가들이다. 실제로 시민권은 외부인이 들어오지 못하는 토지 소유자 공동체의 회원 자격에서 파생되었다. 아테네는 남성 외국인에 대해 사회적으로 더욱 혁신적이고 통합적이었다. 그러나 시민권의 소재지는 남성 가장 가구였으며, 여성은 아버지의 가구에서 남편의 가구로 넘겨졌고 동산 재산이기보다는 아이들처럼 취급되었다. 르덕은 이에 대해 "여성은 민주주의 발명의 가장 주된 희생자였다"라고 인상적으로 표현한다(같은 책, 239쪽).

14 Baron-Cohen(2003).

15 Croson and Gneezy(2008).

16 이 주제는 상당히 논쟁적이다. 측정된 IQ가 평균적으로 상당한 인종적 차이들을 보인다는 것은 심

각한 논쟁거리가 아니다. 논쟁점은 그러한 차이들이 유전적 변이에 어느 정도로 기인하느냐다. 이는 선택 효과들 때문이며, 적절한 종류의 거대한 환경적 변이에 대한 강력한 증거가 있기 때문이기도 하다. Rushton and Jenson(2005)에서는 유전적 변이에 기인할 확률이 크다는 주장이 나온다. Fryer and Levitt(2006)에서는 아주 어린 아이들에 관한 검사를 이용하는데, 점수에서 관찰할 수 있는 인종적 차이가 매우 적으므로 그럴 것 같지 않다고 주장한다. Hunt(2011: ch.11)에서는 우수하고 균형 있는 전체상을 보여주는데, 이처럼 어려운 문제에 관해 우리가 아직도 얼마나 아는 것이 없는지 강조한다. 필자는 지능 측정으로서 IQ의 결점을 제5장에서 논한다. 필자가 단지 여기서 지적하고 싶은 점은 성선택의 논리가 인간 개체군 간의 매우 작은 지능 차이를 예상하게끔 우리를 이끌 것이고, 남녀 간에서는 잠재적으로 매우 큰 차이를 예상하도록 이끌 것이라는 점이다. 그러므로 남녀 간 지능 차이를 찾기가 얼마나 어려운지는 매우 놀랍고도 흥미롭다.

17 Darwin(1998).

18 Wilder, Mobasher and Hammer(2004), Seabright(2010: 6).

19 Seabright(2010: 5~6). Cochrane and Harpending(2009)에서는 최근의 인간 진화가 비교적 급속히 진행된 방식들을 논한다. 그럼에도 이러한 방식들은 필자가 여기서 전개하는 논증과 일관된다.

20 플린 효과(제5장 참조)는 환경적인 것들이 검사 점수에 얼마나 큰 영향을 미치는지 보여주며, 개체군들 간의 점수 차이가 상대적으로 얼마나 작은지 보여준다.

21 예를 들어 Baron-Cohen(2003) 참조.

22 Sterelny(2012)에서는 이러한 변화들을 길게 논하며, 오랜 시간에 걸쳐 축적된 작은 문화적 수정들이 더해져 어떻게 중요한 질적 변화를 낳을 수 있는지 강조한다. 어떤 혁신들은 남성 간 권력 균형에 중요한 영향을 미쳤다. 예컨대 발사식 무기의 발달은 육체적 대항들이 단순한 힘에 덜 의존적이도록 만들었다. 힘의 성별 균형은 그 밖의 혁신들에서 영향을 받았을 수도 있다. 예컨대 처음부터 본질적으로 여성의 직업인 듯했던 직물 제조 같은 것이다〔Barber(1994) 참조〕. Adovasio, Soffer and Page(2007)에서는 로프와 그물 제작을 포함한 여성 주도의 이러한 기술들과 그 밖의 다른 기술들이 인간의 사회적 진화에서 중요한 역할을 했다고 주장한다.

23 Ryan and Jetha(2010: 12).

24 Mead(1973)와 Freeman(1983) 참조. 마거릿 미드에게 공평하려면 20세기 초기의 사회인류학은 비서구 문화들의 성적 실천에 대한 강한 흥미, 그리고 증거적 엄정함에 대한 자유롭고 만만한 접근을 합쳐놓은 것이라고 언급되어야 한다. 후자를 보여주는 글은 어니스트 크롤리(Ernest Crawley)의 『야만인과 성에 관한 연구(Studies of Savages and Sex)』(1929)에서 찾아볼 수 있다. 이 책의 '야만인들의 성적 충동' 같은 주제에 관한 조사에서 크롤리는 "흑인 여자조차 결코 그렇게 반할 만하지 않다"(Crawley, 1929: 9)라고 하는데, 이 말은 "프랑스 식민지 여러 나라의 흑인종을 잘 아는 프랑스군 외과 의사"를 언급한 해브록 엘리스(Havelock Ellis)에 따른 것이다. 마거릿 미드의 증거 수집은 비교적 철저하다.

25 Ryan and Jetha(2010: 217).

26 Hrdy(2009: 155).

27 Thornhill and Gangestad(2008) 참조.

28 Cornwallis et al.(2010).

29 Dunbar(1992). 그 관계는 자료에 나타나지만 통계적으로 매우 탄탄하지는 않다. 더 큰 집단에서 사는 것은 신경 처리 능력을 더 많이 필요로 하며, 따라서 더 큰 두뇌를 선호하는 선택으로 이어졌을지 모른다는 가설은 증거의 범위에 의존한다. 이는 Sterelny(2003)에 정리되어 있다.

30 Kaplan et al.(2000)과 Hooper(2011: 특히 figure 3.7) 참조.

31 Hawkes et al.(2000) 참조. 할머니들이 인간의 사회적 진화에서 얼마나 중심적이었는지에 관한 논쟁이 있다. Sternlny(2012: 특히 ch.4.3)에서는 그들이 이야기의 일부이지만, 크리스틴 혹스 (Kristen Hawkes) 등이 주장한 것보다는 덜 핵심적인 부분으로 이야기한다.

32 Wrangham et al.(1999), Wrangham(2009).

33 Hawkes et al.(1991)과 Kaplan et al.(2001) 참조.

34 예를 들어 Hawkes(2004) 참조. 이 점이 사례가 틀렸다는 것을 입증하지는 않는다. 남성의 통제권이 여러 문화와 상황에 걸쳐 불완전하고 변동이 심하더라도 남성은 다른 유인원 종의 경우보다 실질적으로 여전히 더 많은 통제권을 여성에게 행사하기 때문이다.

35 Hrdy(2009: 151).

36 Copeland et al.(2011), Alvarez(2004).

37 Hawkes(1991).

38 Boehm(1999).

39 Bowles(2009). Seabright(2010)에서 특히 3~5장은 채집 사회에서의 폭력에 관한 증거를 논하며, 훨씬 낮은 현대의 폭력 수준에 대해 설명한다. 이는 또한 Pinker(2011)의 주제이며, 폭력이 줄어드는 오늘날의 추세를 매우 자세히 기록하고 있다.

40 Steckel and Wallis(2009: table 2).

41 Seabright(2010: 265, n.2).

42 Sterns(2000: ch.1) 참조.

43 Diamond(1987).

제2부 오늘날

1 World Health Organization(2011: file DTH6 2004.xls).

2 World Health Organization(2011: file vid.680.xls).

3 베네수엘라 히위(Hiwi) 원주민에 관해서는 Hill, Hurtado and Walker(2007: figure 1) 참조. 볼리비아의 트시마네(Tsimane) 원주민에 대해서는 Gurven, Kaplan and Hurtado(2007: table 5)에서, 파라과이의 아체(Ache) 원주민에 관해서는 Hill and Hurtado(1996)에서, 탄자니아의 하자(Hadza)

원주민에 대해서는 Marlowe(2010: 137)에서 비슷한 증거를 보고한다. 이러한 정보에 관심을 가지게 해준 폴 후퍼(Paul Hooper)에게 감사한다.

4 Stevenson and Wolfers(2009)에서는 전국에서 행해진 시계열적 설문 자료를 인상적으로 보여준다. 그 자료는 미국과 유럽연합 국가들을 포함해 조사된 147개 국가 중 125개 국가에서 35년에 걸쳐 여성의 자기 보고 행복 수준이 남성보다 내려가고 있다고 지적한다. 자기 보고 행복도는 미국에서도 확실히 내려가고 있는데, 유럽연합은 그 정도는 아니다. 베시 스티븐슨(Betsey Stevenson)과 저스틴 울퍼스(Justin Wolfers)는 논문의 대부분에서 이러한 보고들을 실제 행복과 동등한 것으로 간주한다. 그럼에도 한 지점에서 "다소 놀라운 우리의 관찰을 어떤 사람은 주관적 복지의 결정 요인들을 더 잘 이해할 기회로 여길 수 있고, 행복에 관한 설문조사의 반응과 복지 개념 간의 매핑(mapping)을 더 잘 이해할 수 있는 기회로 삼을 수도 있을 것이다"(같은 글, 194쪽)라고 인정한다. 이는 그들이 인정한 것보다 훨씬 더 중요한 문제다. 그들의 미국 자료 수집 시점 이전인 1950년대와 1960년대의 여성, 특히 결혼한 여성은 가족을 위해 좋은 이미지를 보여주려고 자신의 행복에 대한 사적 의심들을 억누르며 자신의 상황이 낙관적이며 긍정적으로 될 것이라는 만연된 기대감을 품었던 것 같다[Koontz(1992)는 그녀가 미국 가정의 '노스탤지어 함정(nostalgia trap)'이라 칭한 현상의 다양한 측면에 관해 유창하게 논한다]. 페미니스트 운동의 결과들 중 하나는 여성이 불만족을 더 거리낌 없이 표현할 수 있게 된 것이다. 또한 여성에게 자신의 현재 삶과 대조적으로 평가될 수 있을, 실행 가능한 대안들이 있음을 보여주었다. 이것이 좋은 것이었는지에 대한 견해는 다를 수 있다. 그리고 불만족의 표현이 당사자가 느끼는 불만족의 실제 수준을 더 증가시킬 수 있다는 점도 분명 생각할 수 있다. 그러나 이는 여성이 자기 삶에 얼마나 만족하고 있었는지의 질문에 대한 답변들을 우리가 수십 년에 걸쳐 똑같은 방식으로 해석할 수 없다는 것을 의미한다. 이는 물론 저자의 결론이 옳지 않다는 뜻은 아니다. 실제로, 점점 커져가는 여성과 남성의 교육 수준 격차가 여성의 불만족에 불을 더 지펴 키우는 것도 가능하다. 필자는 이러한 가능성을 제8장에서 다룬다.

5 Wilder, Mobasher and Hammer(2004).

6 예를 들어 Tiger(1999)(『남성의 쇠퇴(The Decline of Males)』), Garcia(2008)(『남성들의 쇠퇴(The Decline of Men)』), Parker(2008)(『남성을 구하라(Save the Males)』), Robin(2010)(「남성의 종말(The End of Men)」) 참조.

7 교도소 수감과 노숙에 대해서는 Baumeister(2010: 17)를 보고, 비고용과 교육적 성취에 관해서는 Rosin(2010) 참조.

8 OECD(2011a).

9 Mather and Adams(2007: 특히 figure 1) 참조. 덧붙여 미국 통계국의 2010년 자료는 높아진 여성의 교육적 성취가 여성과 남성의 성취 격차 증가의 주된 이유이며, 성취 면에서 그 어떤 남성의 퇴보도 결코 아니라는 점을 등록률의 증거로 확증한다.

제5장 재능 검사

1 Gowin(1915).

2 Case and Paxson(2008: 515).

3 Case and Paxson(2008: 503).

4 Case and Paxson(2008: table 4).

5 이 발견은 Abot et al.(1988)에 보고된 연구로 입증되었다.

6 키와, 위험을 기꺼이 감수하려는 의지의 상관관계에 대한 독립적 발견도 있었다. Dohmen et al.(2011) 참조.

7 그들은 이것을 다중회귀분석으로 행한다. 이는 키가 소득에 미치는 영향과 재능이 소득에 미치는 영향을 동시적으로 평가할 수 있게 한다. 따라서 키의 영향은 재능의 영향을 고려해 측정되고, 재능의 영향도 키의 영향을 고려해 측정된다.

8 Cinirella, Piopounik and Winter(2009)에서는 독일에서 나타난 인상적인 증거를 제공한다. 독일은 학교 계열에 따라 학생을 진학시키는데, 이는 학생의 교육적 성취에 중요한 기능을 한다. 그 증거에 따르면 초등학생의 키는 교사가 가장 학구적인 고등학교 계열로 진학을 추천할 가능성에 영향을 미친다. 연구자들은 이러한 발견이 교사의 보상받을 만한 높은 사회적 기술들에 기인하는 듯하다고 말한다. 또한 키가 더 큰 아이는 일찍이 3세에 더 우수한 사회적 기술들을 지닌다고 언급한다. 후자의 영향은 키와 사회적 기술들로 이어지는 선천적 상관관계에 기인했을 수 있고, 어른이 키가 더 큰 아이와 더 많이 교류해 그들의 사회적 기술들을 더욱 세게 강화해주는 피드백 효과에 기인했을 수도 있다.

9 Ogilvie(2011: 56, 60, 113, 114).

10 Ogilvie(2003)에서 특히 서론 참조.

11 Greenwood et al.(2005)은 냉장고부터 세탁기와 진공청소기에 이르는 여러 가사노동 절약 기구들이 보급된 범위와 시기야말로 미국 경제에서 여성의 가사노동 참여 증가를 둘러싼 가장 타당성 있는 설명이라고 주장한다.

12 Goldin and Katz(2002)에서는 피임약은 독신 여성이 결혼을 늦출 수 있게 함으로써 교육과 직업훈련 투자에 대한 보상을 늘렸음을 보여준다. 그들에 따르면 피임약은 늦게 결혼하는 여성이 혼인시장에서 더 나은 선택을 할 가능성을 증가시키므로 결혼을 늦추는 여성은 그 피임약에 간접적으로 더 끌린다. 결혼과 관련된 일반적 관습을 바꾸는 것이 그리 특별하지 않고, 따라서 그렇게 하는 것이 판에 박힌 일이 아닐 공산이 클 때 늦게 결혼하는 여성은 상대적으로 더 매력적인 파트너일 것이다.

13 스칸디나비아는 예외다. 예컨대 1915년 스웨덴의 혼인법처럼 가장 급진적인 변화들은 제1차 세계대전 이전에 준비되었기 때문이다. Therborn(2004: 74) 참조.

14 법에서의 중요한 변화들은 투표권과 노동시장 참여에서 공식적 제한들의 폐지와 관련된 것뿐 아니라 결혼, 이혼, 소유·재산권에서 배우자 지위를 결정하는 것도 포함한다. Therborn(2004)에서 특히 2장 참조.

15 Brandt(2007: 84~85).

16 Bureau of Labor Statistics(2011a).

17 Bureau of Labor Statistics(2009).

18 Bureau of Labor Statistics(2011b).

19 Bureau of Labor Statistics(2011a).

20 이 사진들에 관해서는 Sores et al.(2010)을, 최고 경영자에 관해서는 CNN Money(2011) 참조.

21 Ryan and Haslam(2005).

22 Bureau of Labor Statistics(2011b).

23 공간 탐색에 대해서는 Astur et al.(1998) 참조. Hines(2011)에서는 테스토스테론이 상당수의 인지 기술에 미치는 영향에 대한 증거를 정리한다. 그러면서 소년들이 기계적인 장난감과 놀고 싶어 하는 강한 선호도는 그런 장난감의 형태나 색깔의 어떤 특수성이 아니라 그 장난감들이 공간을 뚫고 나가도록 고안되었다는 사실에 기인할 수도 있다는 것이 그럴듯하다고 본다. Buss(2004: 86~87)에서는 이러한 기술에서의 차이들이 남성의 수렵 전문화, 여성의 채집 전문화를 반영할 수도 있다는 증거를 정리한다. 이는 그 증거로 잘 지지되는, 기술 유형들에 걸친 성별 변동성에 관해 많은 예측을 불러일으켰다.

24 언어능력에 관해서는 Hyde and Linn(1988) 참조. Hoffmann, Gneezy and List(2011)에서의 발견에 따르면 부계사회에서는 물리적 퍼즐을 푸는 능력에 성별 차이가 나타나지만, 인접한 모계사회에서는 나타나지 않는다.

25 Fine(2011)의 특히 3장 참조.

26 Shih, Pittinsky and Ambady(1999). 고정관념 위협도 경쟁에 대한 반응에서 중요하다고 최근 밝혀졌다.

27 유전율은 개체군의 형질 변이 정도를 지칭하며, 이는 개체군의 유전적 변이로 설명된다. 유전율은 한 형질의 보유에 대한 유전자의 총기여와 다르다. 예를 들어 우리의 손가락 개수는 유전자로 대부분 완전히 결정되지만, 그것의 유전율은 0에 가깝다. 거의 모든 사람은 10개의 손가락이 있으며, 그렇지 않은 사람은 거의 항상 사고로 손가락을 잃은 것이므로 적은 양의 개체군 변이성은 대부분 환경적 요인에 기인하기 때문이다. Visscher et al.(2008)에서는 유전율 개념에 대해 가치 있는 재고찰과 설명을 제공한다. IQ의 유전율 정도에 대한 추정치는 IQ 점수에 대한 진정한 유전적 기여들이 모체의 환경에서 오는 기여들과 분리되는지 여부에 민감하다(떨어져 길러진 일란성 쌍둥이는 심지어 똑같은 자궁 환경을 공유하고 있을 것이다). Devlin et al.(1997)에서는 모체의 환경을 고려하는 것이 IQ의 유전학적 유전율(genetic heritability)의 추정치를 실질적으로 줄일 수 있다는 점을 보여준다. Herrnstein and Murray(1994)에서 주장된 60~80%로부터 그들의 추정치인 34%와 48% 사이의 어딘가까지 줄었다.

28 Flynn(2007).

29 그런데 Blair et al.(2005)에서는 그럴듯한 사례를 만든다. 이는 공식적 학교 교육에 접근하는 인구의 증가와, 최근 수십 년간 어린이 수학 교육에 대해 증폭하는 인지적 요구들에 접근하는 인구의 증가가 결합된 것과 관계 있다. 여기서 어린이의 나이는 전두엽 피질이 경험과의 반응에서 높은

신경가소성을 보이는 나이다. Ramsden et al.(2011)에서는 뇌 신경 영상 자료들을 제시하며 보고한다. 10대들의 표본에서 IQ 측정치의 변화들은 불변하는 근본적 기술들에 대한 측정 잡음에 기인하지 않는다. 그 변화들은 국지적인 두뇌 구조에서 시간이 지나며 일어나는 변이들과 상관적이다. 특히 (IQ의 언어 측정에 대해서는) 말로, 그리고 (비언어적 측정에 대해서는) 손가락 동작들로 활성화되는 영역들 내의 회색 물질과 상관적이다.

30 Lynn and Irwing(2004)에서는 레이븐 누진행렬 검사(Raven Progressive Matrices)를 사용한 57개 연구들에 대한 메타 분석에서 6~14세 소년들로부터는 우세점을 찾지 못하지만 성인 남성들로부터는 우세점 5점을 찾는다. 이것을 리처드 린(Richard Lynn)의 이론을 지지하며 해석하는데(Lynn, 1999), 남성은 여성보다 더 느리게 성숙해지므로 차이들은 사춘기 이후에 출현한다는 것이다. Jorm et al.(2004)에서는 다양한 사회인구학적 변수와 건강 변수가 제어될 때 남성이 우세했던 검사들에서의 차이는 사라지는 경향이 있었지만, 여성이 우세했던 검사들에서의 차이는 두드러지는 경향이 있음을 발견했다. Deary et al.(2007)에서는 성이 다른 쌍둥이를 비교하는 단일 설문조사에서 매우 작은 남성 우세점을 찾는다. 이는 1점보다 낮다. 게다가 남성이 더 높은 분산을 보인다고 보고한다(n.47 이하 참조). Colom et al.(2002)에서는 스페인에서만 시행한 웩슬러 성인용 지능검사(Wechsler Adult Intelligence Scale)에서 g에서의 성별 차이는 없었지만 전체 IQ 점수는 남성이 약 3.6점 우세한 차이가 있음을 발견했다. 그는 구성요소 점수들을 모두 합하는 방법이 g의 계산들로 보증되는 것보다 남성에게 더 많은 가중치를 준다고 지적한다. 그러므로 검사가 매우 높게 g 적재적이라는 사실은 평균 점수의 차이가 근본적인 g 점수들에서의 차이를 시사함을 의미하지 않는다. 그러나 Jackson and Rushton(2006)에서는 학업 평가 검사(Scholastic Assessment Test)에서의 17~18세 연령대 10만 명의 수행도를 분석하며, 평균 IQ 점수의 차이와 평균 g에서의 차이가 모두 IQ 범위 3.63점에 해당된다는 사실을 발견한다.

31 이 점은 Geary et al.(2000)에서 보고된 결과들로도 설명되었다. 데이비드 C. 기어리(David C. Geary)는 산술 추리 검사에서 남성 집단이 여성 집단보다 더 우수했으며, 산술 추리에서 나타나는 개인차는 IQ의 개인차와 관련성이 있지만, IQ 검사에서는 어떤 성차도 없었음을 보여준다.

32 Hunt(2011: 407).

33 Lynn(1999)에서는 지능이 단순하게 언어적 이해, 추리, 공간적 능력의 총합으로 규정되어야 한다고 단순하게 주장한다. 그러나 이것은 결코 논증이 아니다. 이는 살기에 매력적인 곳이 그곳의 나이트클럽 총합과 들판의 총합을 더한 것으로 규정되어야 한다고 주장하는 것과 같다.

34 Astur et al.(1998) 참조.

35 Milner et al.(1968) 참조.

36 Almlund et al.(2011) 참조.

37 성격심리학에 대한 일반적·비전문적 입문은 Miller(2009)에서 특히 9장과 12~14장 참조. Schmitt et al.(2008)에서는 결과들을 여러 문화에 걸쳐 안정적이라고 해석하는 데 조심해야 할 몇 가지 이유를 제시한다. 그 이유는 더 번영한 나라에서, 특히 남녀 간 성격에서 더 커다란 차이들을 보이기 때문이다.

38 사무엘 볼스(Samuel Bowles)와 허버트 긴티스(Herbert Gintis)는 이 분야의 선구자였다(Bowles

and Gintis, 1976). Bowles, Gintis and Osborne(2001a, 2001b)에서는 더욱 최근의 연구를 정리하고 있다.

39 Schmitt et al.(2008)에 따르면 55개국 연구에 속한 대부분의 국가에서 여성은 성실성에 더 높은 점수를 받는다. 그러나 Müller and Plug(2006)에서는 이 특성에서 여성과 남성의 어떤 차이도 발견하지 못한다. Nyhus and Pons(2005)에서도 네덜란드의 패널 데이터(panel data)를 기반으로 한 조심스러운 연구를 통해 성실성이 소득에 미치는 영향은 전혀 없으며, 평균적 성실성에서 남녀 간 어떤 유의미한 차이도 없음을 보여준다.

40 Almlund et al.(2011: figure 16)에서는 직업 수행도와의 상관관계들을 정리하며, 거기서 section 7.B는 그러한 발견들을 자세히 논의한다. 정서적 안정성과 생산성의 긍정적 연관은 이전에 Barrick and Mount(1991)와 Salgado(1997)에서 행한 메타 분석에서 발견되었다.

41 Müller and Plug(2006).

42 Almlund et al.(2011).

43 예를 들어 Duckworth and Seligman(2005) 참조.

44 Müller and Plug(2006).

45 Johnson, Carothers and Deary(2008, 2009) 참조.

46 Zechner et al.(2001). 제프리 밀러의 가설은 Miller(2000)에서 시작된다.

47 Hunt(2011: 382~386)에 있는 논의 참조. Hedges and Nowell(1995: table 2)에서는 서로 다른 37개 검사에서 성별 평균과 성별 분산에 나타난 차이들을 보고한다. 남성은 37개 중 23개에서 더 높은 평균을 보이지만, 37개 중 35개에서 더 높은 분산을 보인다. 비록 분산 격차가 평균들의 격차보다 더 높게 남을 것 같다고 내기를 거는 편이 안전해 보일지라도, 다른 검사들을 선택했다면 의심할 여지없이 다른 비율들이 산출되었을 것이다. Deary et al.(2007)은 g의 척도들에서 남성의 분산이 여성의 분산보다 실질적으로 더 크다고 보고하는데, 상위 2%의 점수들이 여성과 대략 그 두 배의 남성으로 대표된다는 점을 충분히 의미할 정도다.

48 Halpern et al.(2007) 참조. 이러한 차이들은 그 밖의 다른 성별 권한 척도들과도 전국에서 부정적으로 상관적이며, 이는 사회화가 중요한 영향을 미친다는 생각을 지지한다. Guiso et al.(2008) 참조.

49 논쟁의 개념에 대해서는 Gallagher and Kaufman(2005)에 있는 다양한 기여를 참조. Ellison and Swanson(2010)에서는 미국에서 가장 높은 백분위의 광범위한 성별 격차를 보고한다. 그 격차가 학교들을 통틀어 매우 큰 정도는 아니므로 이것이 환경적 영향의 기능이 제한적임을 시사할 수도 있다. 그러나 가장 높게 성취하는 소녀들이 학교들의 매우 작은 부분집합에 몰려 있다고도 보고한다. 이는 희박하게 관찰된 환경적 변이가 능력의 잠재적 분포에 대한 통찰을 거의 주지 않음을 시사한다. 저자들은 "극도로 높은 점수를 얻을 능력이 있을지 모르는 거의 모든 소녀가 그렇게 하지 않을 때, '능력' 분포들의 평가에 많은 노력을 쏟는 것은 별 가치가 없다"(같은 글, 29쪽)라고 논한다. Hyde and Mertz(2009)에서는 비록 시간이 지나며 줄어들더라도 어떤 격차가 미국에는 존재한다고 밝힌다. 이는 일부 인종적 그룹이나 일부 다른 나라에는 없다.

50 Zechner et al.(2001).

51 Kostyniuk et al.(1996)와 Mayhew et al.(2003) 참조. Associated Press(2007)의 보고에 따르면 미국 자동차협회를 위해 카네기 멜런 대학에서 행한 2007년 연구는 1억 마일 운전당 남성 사망지수 1.35와 여성 사망지수 0.77을 보고했다. 그러나 필자는 연구의 원본을 찾아낼 수 없었다.

52 Gouchie and Kimura(1991), Hunt(2011: 406). 테스토스테론이 발달에 미치는 영향과, 그 결과로 인한 행동의 성별 차이에 대한 검토는 Hines(2011) 참조. 그러나 Kocoska-Maras et al.(2011)에서 행한 매우 최근의 연구는, 규모가 크고 이중 맹검법을 사용한 무작위적인 조사에서 테스토스테론이 공간적 능력에 미치는 영향을 전혀 발견하지 못한다.

53 육체적 강함이 중요한 곳에서조차 격차들은 당신이 예상했을지 모를 것과 항상 같지는 않다. 여성의 평균 소득이 남성에 비해 가장 많은 산업들 중 두 개는 건축과 농업이다. Bureau of Labor Statictics(2011c) 참조.

제6장 여성은 무엇을 원하는가?

1 이 견해의 확장된 전개는 Browne(2002)에 서술되어 있다.

2 필자는 Bertrand(2011)에 빚지고 있다. 그것은 심리적 속성들이 지닌 성별 차이에 관해 훌륭한 조사를 제공하며, 필자가 여기서 포함할 수 있는 것보다 훨씬 더 자세한 논의와 문헌을 싣고 있다.

3 Carey(2011).

4 이것들은 Croson and Gneezy(2008)에 요약되어 있다.

5 Beyer(1990), Barber and Odean(2001), Niederle and Westerlund(2007). 이러한 성별 차이들은 Harris and Hahn(2011)에서 일반적인 과잉 확신을 둘러싼 연구들에 반대하며 행한 전반적 비판들의 영향을 받지 않는다. 애덤 해리스(Adam Harris)와 울리케 한(Ulrike Hahn)이 진단한 이러한 연구들 속 편견들이 여성과 남성에게 달리 작동하기를 기대해서는 안 될 것이다.

6 이것은 Bateman(1948)에서 처음 제시되었다. 또한 Trivers(1972)에서 특히 37~39쪽 참조.

7 예를 들어 Sukumar and Gadgil(1988)에서는 아시아코끼리 수컷과 암컷의 위험 감수적 행동에 차이들이 있음을 보여주는데, 수컷이 좀 더 큰 위험을 감수하는 경향이 있다.

8 Bertrand and Mullainathan(2010)에서는 최고 경영자가 그들의 노력이 회사 실적에 미친 영향을 보여줄 수 있는 것에 대해 보상받는 만큼 행운의 결과에 대해서도 보상받는다는 강력한 증거를 제공한다. 이러한 경향은 주주의 이해관계를 잘 관리하지 못하듯 그 밖의 다른 기준들로도 잘 관리되지 못하는 회사에서 더 강하게 나타난다. 그들의 그럴듯한 해석에 따르면 이러한 발견은 최고 경영자가 자신의 보수를 결정하려 한다는 사실, 그리고 행운의 결과에 대해서도 자신의 노력으로 얻은 결과가 받는 만큼 보상받는 데 관심이 많다는 사실을 반영한다. 이는 대답되지 않은 질문을 많이 남기는데, 특히 형편없이 관리되는 회사들조차 어째서 노력이 아닌 행운에 대한 지불을 반대하지 않느냐는 것이다. 최고 경영자가 자신이 원하는 만큼 지불받도록 선택할 수 없는 것처럼 그 회사들도 분명 어떤 저항을 하고 있음에 틀림없다.

9 Scotchmer(2008)에서는 위계 체계 안의 승진 모형을 발전시켜 이러한 통찰을 공식화한다.

10 Andreoni and Vesterlund(2001). Engel(2011)에서는 독재자 게임(dictator games)에 대한 메타 분석에서 여성이 체계적으로 남성보다 더욱 이타적으로 행동한다는 점을 발견한다. 그러나 이는 동의된 결론이 아니다. Baumeister(2010: 특히 ch.5)에서는 남성과 여성이 이타주의를 서로 다른 환경에서 표현하는 경향이 있다고 주장한다. 여성은 소규모 그룹과 친밀한 관계에서 우선적으로 표현하며, 남성은 규모가 더 큰 그룹과 더욱 공적인 환경에서 표현한다.

11 Chaudhuri(2011) 참조. Pinker(2011: 684~689)에 따르면 사회의 전반적인 폭력 수준은 여성이 힘 있는 자리를 차지한 정도에 영향을 받을 수도 있다.

12 Niederle and Westerlund(2007). 흥미롭게도 수행도의 최고 사분위수에 속한 여성조차 최저 사분위수에 든 남성보다 토너먼트를 선택할 가능성이 적었다.

13 Kuhn and Villeval(2011).

14 Gneezy, Niederle and Rustichini(2003), Niederle and Westerlund(2008), Booth and Nolen(2009)에서는 여학교 출신 소녀가 소년만큼 매우 열심히 경쟁한다는 점을 발견한다. 이는 경쟁적 행동에서 관찰된 성별 차이의 숨은 이유가 유전학적인 것이 아니라 사회적 학습임을 시사한다. 이러한 연구들은 취학연령 아이들에 제한되며, 그 발견들을 다른 연령집단에 일반화할 수 없을 것이다.

15 Kuhn and Villeval(2011).

16 어떤 차이도 만들지 않은 연구 사례에 대해서는 Gupta, Poulsen and Villeval(2005) 참조.

17 Gneezy and Rustichini(2004)에서는 달리기 시합에서 소녀들이 다른 소녀들과 경쟁하기보다는 소년들에게 더욱 강하게 대항한 것을 발견했다.

18 Drever, Von Essen and Ranehill(2011)은 스웨덴 아동에 대한 연구다. 이 연구는 Gneezy and Rustichini(2004)에서 이전에 이스라엘 아동으로부터 찾아낸 차이들을 발견하는 데 실패한다. Cárdenas et al.(2011)에서는 콜롬비아에서 경쟁성의 어떤 성별 차이도 발견하지 못하는 반면, 스웨덴에서의 결과들은 연구 과제에 따라 섞여 있다.

19 Günther et al.(2010).

20 Chen, Katuszczak and Ozdenoren(2009), Apicella et al.(2008), Dreber et al.(2009), Dreber and Hoffman(2010) 참조. 그러나 Apicella et al.(2011)에서는 미로 풀기에서 경쟁하느냐 마느냐의 선택을 둘러싼 어떤 호르몬적 상관관계도 발견하지 못한다.

21 Manning and Swaffield(2008)와 Manning and Saidi(2010). Booth(2009)에서는 그 쟁점들에 관해 훌륭한 개요를 보여준다.

22 Babcock and Laschever(2003: 7).

23 Bowles, Babcock and MacGinn(2005), Small et al.(2007).

24 Bowles, Babcock and Lai(2007).

25 이는 오래전 게리 베커(Gary Becker)가 차별에 관해 만든 요점이다(Becker, 1971).

26 Goldacre(2009: ch.4) 참조.

27 Dougherty(2005)가 이러한 핵심을 매우 효력 있게 짚었다.

28 Bertrand, Goldin and Katz(2010).

29 이는 재능 차이가 없음을 증명하는 것이 아니다. 나중에 자신들을 덜 성공적이게 만든, 어머니가

되기로 선택한 여성의 어떤 특징들이 있었을지도 모른다. 하지만 그러한 차이가 무엇이든 그들이 경력 단절을 결정하기 전에는 고용주들에게 보이지 않아야 했을 것이다. 따라서 더욱 구체적인 증거가 없는 상태에서는 경력 단절 그 자체가 봉급이 갈리는 이유에 대한 더욱 타당성 있는 설명으로 보인다.

30 Bertrand, Goldin and Katz(2010: 240).

31 Yoshino(2006: ix).

제7장 자발적 의지의 연합

1 de Waal(1989: 48).

2 de Waal(1989: 51).

3 Goodall(1986), Nishida(1996).

4 de Waal(1989: 122).

5 Low(2000: 181).

6 영장류에 대해서는 Henazi and Barrett(1999), Silk, Alberts and Altmann(2004), Pandit and van Schaik(2003), van Schaik, Pandit and Vogel(2004, 2005) 참조. 그 밖의 다른 종에 대해서는 Low (2000: 181~182) 참조.

7 Granovetter(1973).

8 한 집단의 공통 회원 자격이라는 사실 하나가 서로를 호의적으로 대하려는 자발적 의지를 결정할 수 있다는 것은 능히 가능하다. 만약 남성이 다른 남성을 단지 남성이라서 여성보다 더 호의적으로 대한다면 이는 고전적 차별의 한 사례가 될 것이며, 실제로 여성이 왜 노동시장에서 불리해 보이는지에 관한 부분적 이유일지도 모른다. 그러나 이러한 차별은 군대 같은 몇몇 조직에서 인원 채용의 경우를 제외하면 많은 나라에서 불법이다. 여기서 필자는 더 간접적이고 미묘한 과정에 관심이 있다. 이 과정에서는 구성원들이 쌍방 유대를 구축하는 데 어느 정도 노력을 투자한 연합, 그 연합의 회원 자격에 따라 더욱 우호적인 대우가 결정된다.

9 Granovetter(1973).

10 Moore(1990).

11 Chow and Ng(2007)에서는 연구를 통해 동료들 사이에서 여성은 나중에 호의적 도움을 받기 위해 접근할 필요가 있는 사람들과 교제할 공산이 남성보다 적음을 보여준다. 그러나 표본이 적고 무작위가 아니었다(삼분의 이가 남성인, 72개 경영자 교육 프로그램의 참가자들이었다). Forret and Dougherty(2004)에서는 여성의 네트워킹 행동이 남성에 비해 직업적 이해관계를 홍보하는 데 덜 효과적인 경향이 있다고 보고한다. 그리고 여성과, 네트워킹 활동의 주요한 세 가지 방법의 작은 부정적 상관관계를 보여준다. 네트워킹 활동에서 주요한 세 가지 방법은 '외부 인맥 유지', '사교', '전문적 활동 참여'다. 그러나 이러한 상관관계의 중요성을 시사하지는 않는다. Campbell(1988) 에서는 고용된 사람들의 직업 변경에 대한 표본을 통해 여성이 남성보다 더 작은 범위의 직업에서

교제했다고 보고한다.

12 Ibarra(1997).

13 Bu and Roy(2005).

14 Burt(1998).

15 Green and Singleton(2009), Igarashi, Takai and Yoshida(2005), Lemish and Cohen(2005).

16 그렇게 했던 두 연구는 Smorede and Licoppe(2000), Wajman, Bittman and Brown(2009)이다.

17 Friebel and Seabright(2011).

18 Tannen(1990, 1994)은 대화 전략에서의 성별 차이에 관한 연구들이며, 후자가 직장에 초점을 맞추고 있다. 그러나 통계적 증거가 아닌 사례들에 근거한다.

19 Forret and Dougherty(2004)에서는 몇몇 차원에 걸친 네트워킹 활동에 대한 자기 보고와 직업적 성공의 수단이 남성의 경우 긍정적으로 연관되더라도 여성의 경우는 종종 그 연관이 미미하다고 밝힌다. 그러나 이러한 발견이 다른 수단들에 걸쳐 일관적이지는 않다. Aguilera(2008)에서는 개인적 인맥으로 직업을 찾은 여성이 정규 노동시장 절차를 통해 직업을 찾은 사람들보다 중요한 의미에서 더 잘하지만, 이러한 효과가 남성에 대해서는 나타나지 않는다고 보고한다. 그럼에도 이러한 결과는 남성 고용의 경우 직업이 개인적 인맥을 통해 찾아지건 아니건 남성의 네트워킹 때문에 이미 더 보수가 더 많을 가능성과 양립한다.

20 우리는 교육적 링크들에 대한 정보, 비영리 협회의 회원 자격으로 통하는 연결들에 관한 정보도 있다.

21 Lalanne and Seabright(2011).

22 기본적 어려움은, 재능을 직접 측정할 수 없으므로 재능의 대용물을 찾을 필요가 있다는 점이다. 만약 회귀분석에서 재능과 불완전하게 상관적인 어떤 다른 변수들을 설명변수들로 사용한다면, 재능의 숨은 영향이기에 충분할 만큼 측정된 영향을 찾아내지 못할 것이며, 따라서 우리의 추정치는 실제보다 더 많은 양의 효과를 찾는 방향으로 여전히 편파적일 것이다. 그 대신 우리가 과거의 봉급액을 재능의 대용물로 사용한다면 이는 반대의 편견을 지닌다. 즉, 연결망들이 과거의 봉급에 어떤 영향을 주었건, 그 영향은 의미상 우리의 분석에서 배제될 것이므로 영향이 실제로 존재하는 곳에서 간과될 위험이 있다. 우리는 그 문제와 씨름하기 위해 이 두 번째 접근의 두 가지 변형을 사용하는데, 다행히 두 방법 모두 비슷한 결과들을 불러왔다. 하나는 봉급에 미친 연결망의 영향들이 실제 몇 년 동안 그 자체로 나타나도록 과거 몇 년간의 봉급을 통제변수들로 사용하는 것이다. 이것이 특히 중요한 이유는 사람들이 한 해 동안 만드는 인맥이 나중 몇 년까지는 경력에 이득이 되지 않을 수도 있어서다. 다른 하나의 변수는 사람들의 연결망이 시간에 따라 변할 때 단지 무슨 일이 발생하는지를 보는 것이다. 특정인의 연결망 증가가 봉급의 증가로 이어지는가? 더 자세한 내용은 Lalanne and Seabright(2011) 참조.

23 이 부분의 분석은 프랑스 은행의 니콜레타 베라르디(Nicoletta Berardi)와의 협동 연구에 근거하며, Berardi and Seabright(2011)에 발표되었다.

24 또 다른 연구원들은 거치 보상(deferred remuneration)의 성별 차이가 봉급의 성별 차이보다 훨씬 더 크다는 점을 밝혔다. Albanesi and Olivetti(2008), Kulich et al.(2009), Bebchuk and Fried

(2004), Geletkanycz, Boyd and Finkelstein(2001) 참조.

25 이는 새로운 관심이 아니다. Daily, Certo and Dalton(2009)에서 1990년대 이사진의 여성 대표성에 관한 증거를 검토할 때 같은 점을 지적했다. ≪옵서버(Observer)≫의 최근 보고에 따르면 영국 회사들은 이사진 25%의 여성 대표성이라는 자발적 목표를 권고한 「데이비스 보고서(the Davis report)」에 응해, 상임 이사가 아닌 비상임 이사 임명에만 초점을 맞추고 있다(Bawden, 2011). 이와 관련된 관심이 Gregoric et al.(2010)에 표현되었는데, 여성 대표성이 높은 이사회가 그 밖의 차원들에서 다양성이 더 낮은 경향이 있음을 시사하는 증거를 제시한다.

26 Hunt(2010: 97) 참조.

27 이런 동기부여들 중 어느 것이 더 중요한지에 대해 논의한 문헌들이 실제로 있다. Geletkanycz, Boyd and Finkelstein(2001)에서는 신중 이론의 한 특별한 버전을 선호하며 Bebchuck and Fried(2004)에서는 선호도 이론의 한 버전을 선호한다.

28 Low(2000: ch.10).

29 "성별이 같은 자에게 보고하는 응답자들은 성이 다른 상급자에게 보고하는 남성이나 여성보다 자신의 상급자를 상당히 더 높게 신뢰했다"(Scott, 1983: 319). 불행하게도 이 발견이 그들의 신뢰가 보증되었음을 나타내지는 않는다. 그리고 이는 "가장 높은 수준의 신뢰는 남성 상급자에게 보고하는 여성 하급자들 사이에서 발견되었다"(Barone, 1993: 1)라고 밝힌 Jeanquart-Barone(1993) 연구와 직접적으로 모순된다.

30 Bonein and Serra(2009)에서는 성별이 같은 선수들 간의 더 높은 신뢰를 옹호하는 증거를 찾는 반면, Sutter et al.(2009)에서는 그에 반대되는 증거를 찾는다.

제8장 매력의 희소성

1 Giridharadas(2007).

2 Giraudoux(1997: 32).

3 Mayhew(1861, 1: 311~312).

4 Nasscom(2009).

5 아프리카에 대해서는 GSMA/A. T. Kearney(2011a) 참조. 이는 상위 25개 아프리카 국가에서 휴대전화 가입자가 6억 2000만 명이라고 보고한다(같은 글, 4쪽). 인도와 중국에 대해서는 GSMA/A. T. Kearney(2011b) 참조. 이는 휴대전화 가입자가 인도에서 7억 5200만 명, 중국에서 8억 4200만 명이라고 보고한다.

6 GSMA/A. T. Kearney(2011b: 4).

7 인터넷 가입에 대해서는 Interantional Telecommunication Union(2001a)을 보고, 인터넷 사용자들에 대해서는 Interantional Telecommunication Union(2001b) 참조.

8 칸 아카데미(Kahn Academy) 비디오에 로그인 한 방문자는 5200만 명이 넘었다. 그러나 얼마나 많은 방문자가 그 과정들을 충분히 이용했는지는 추측의 문제다. 웹사이트(www.khanacademy.

org) 참조.

9 이는 잠재적으로 방대한 주제로서 원칙적으로 또 다른 저서를 요구할 것이다. 경제적 관점에서 본 흥미로운 이론적 논문들에는 Falkinger(2007, 2008), Anderson and De Palma(2009)가 포함된다. Klingberg(2009)에서는 인간의 주목을 둘러싼 신경과학적 제약들과 그것이 우리 일상생활에 미치는 결과들에 대해 매우 이해하기 쉽게 설명한다.

10 Bureau of Labor Statistics(2010).

11 다음 몇 단락에서 논의되는 직업적 소득에 관한 자료들은 모두 Bureau of Labor Statistics(2011d)에서 이용 가능하다. 필자는 「2009년 5월 국립 직업 고용 및 임금 평가(May 2009 National occupational Employment and Wage Estimates)」와 「2000년 국립 직업 고용 및 임금 평가(2000 National occupational Employment and Wage Estimates)」를 주로 이용했다.

12 더 정확히 말하자면 (2년 동안의 자료가 있는 686개 직업에서) 2009년대 2000년의 소득 격차 비율을 종속변수로 하고, 연간 중앙치 소득의 백분율 변화와 총고용의 변화를 독립변수로 한 최소자승 회귀분석에서 첫 번째 계수는 8.9%, 두 번째 계수는 2.4%다. 각각의 계수는 2% 이하로 통계적 의미가 있다.

13 Farrell(1993).

14 OECD(2011b).

15 US Census Bureau(2011) 참조.

16 백인과 아프리카계 미국인 간의 혼인율에 대해서는 「다운 또는 아웃(Down or Out)」(2011) 참조. 교육적 성취의 차이에 대해서는 US Census Bureau(2011) 참조. 30~34세 연령대 인구 중 흑인 여성의 27.4%가 적어도 학사 학위가 있는 반면, 흑인 남성은 오직 16.9%가 그렇다. Banks(2011)에서는 이러한 차이가 흑인 남성과 흑인 여성의 관계에 현실적인 위기를 불러일으킨다고 주장한다.

17 Stevenson and Wolfers(2009).

18 저자들은 또한 아프리카계 미국인 여성이 보고한 행복감에 강한 긍정적 추세가 있다고 전한다. 어떤 경우이건 시간의 흐름에 따라 보고된 행복감에서 추세를 해석하기는 어려움이 있다. 관련된 문제들에 관한 논의는 2부의 서론 n.4 참조.

제9장 부드러운 전쟁

1 유인원 인류학자들은 그들 이야기의 어떤 요소들이 이전에 인간 인류학자들의 작업으로 예상되었음을 인정할 것이다. Hrdy(2009)와 Kaplan et al.(2009)에서는 이러한 요점들 중 첫 번째 것에 관한 문헌을 요약한다. 세라 블래퍼 허디의 책은 비행기 여행에 동승한 승객들이 다른 유인원 종이라면 무슨 일이 일어났을지 상상하는 아주 흥미로운 사고실험으로 시작한다. "만약 내가 침팬지들로 꽉 찬 비행기를 타고 여행 중이라면? 우리 중 어느 하나라도 열 손가락과 발가락이 다 붙어 있고, 여전히 숨 쉬며 사지가 멀쩡한 아기와 함께 비행기에서 내린다면 행운일 것이다. 피 묻은 귓불과 다른 부분들이 통로에 흩어져 있을 것이다"(Hrdy, 2009: 3). Bowles and Ginitis(2011)에서는

정교한 협동적 목적들을 위한 친사회적 행동의 진화가 어떻게 그 밖의 다른 유인원들로부터 인간을 구별하는 상당수의 차별적 특성들을 발달시켜왔는지 논의한다. Burkhart, Hrdy and van Schaik (2009)에서는 협동적 양육에 근거한 인간 특유의 심리적 열등감을 구성하는 동기적 요소들에 대한 진화 이론을 제안한다. 그들의 주장에 따르면 침팬지는 순전히 인지적인 구성요소들을 이미 많이 지니고 있다.

2 이 주제에 관한 문헌은 Seabright(2010)의 특히 3~5장에서 조사된다. Pinker(2011)는 기록된 역사에서 폭력의 감소 추세에 관한 문헌에 대해 포괄적인 개요를 보여준다.

3 이 점은 Boehm(1999)에서 가장 강력하게 지적된다.

4 예를 들어 de Waal(2001)에서 특히 2장 참조.

5 이것은 Foucault(1990)의 중심 주제, 아마 주된 주제일 것이다.

6 이른바 정사(情事)에 관한 대중적 관심은 폴라 존스(Paula Jones)가 클린턴의 성추행 혐의를 제기한 소송과 관련해 클린턴이 르윈스키에 대한 증언에서 위증죄를 범했는지 여부에 집중되었다. 그러나 객관적인 관찰자는 대통령의 간음을 둘러싼 언론과 대중의 흥미가 압도적이 되었음을 부인하기 힘들 것이다. 그렇지 않았다면 르윈스키와 합의한 관계라는 주장이 어째서 존스가 제기한 성추행 혐의와 관련된 것으로 간주되어야 했는지 알기 어렵다. 또는 어째서 클린턴이 위증죄에 관해 선서하고도 거짓말에 그토록 강한 유인을 느껴야 했는지 알기 어렵다.

7 교육받은 사람들과 사려 깊은 사람들도 결코 그런 반응들에서 면제되지 않는다. 예컨대 철학자 엘리자베스 앤스컴(Elizabeth Anscombe)은 성도덕을 논의하며 "독신이나 동성애자처럼 당연히 불임일 수밖에 없는 유형의 사람들의 성적 활동 같은 것과 관련된, 정신의 대가 없는 수고"에 대해 썼다. 이는 같은 책(Michael Tanner and Bernard Williams, 1976)에서 논평자들이 동성애적 행위들과 관련해 "앤스컴 교수는 어떤 식으로 안다는 주장을 하는가?"라고 질문하는 것으로 이어졌다.

8 예를 들어 Marlowe(2010: 175) 참조.

9 Muller and Wrangham(2009)의 몇몇 장은 인간의 성적 강제를 논의하고, 그것을 비인간 영장류의 성적 강제와 비교해 얻은 통찰들을 논한다. 특히 마지막 장은 그 책의 많은 사례 연구로부터 일반적 교훈들을 이끌어낸다.

10 Muller and Wrangham(2009: ch.18).

11 이는 급진적 이슬람과 현대 산업사회 사이의 적개심 발달에 중요한 문제다. 무슬림 형제단의 이집트 창시자이며 오사마 빈 라덴(Osama bin Laden)과 9·11 비행기 납치범들에게 중요한 영향을 미친 사이드 쿠트브(Sayyid Qutb)는 1948~1950년의 미국 방문에서 상당한 영향을 받았다. 가말 압델 나세르(Gamal Abdel Nasser) 정권에서 추방되기 2년 전에 출판된 그의 베스트셀러 『이정표(Milestones)』에서 쿠트브는 "이런 동물 같은 행동을 당신들은 '성의 자유로운 혼합'이라 말하고, 이 상스러움을 당신들은 여성해방이라고 말한다"(Qutb, 1964: 139)라고 비판한다. 또한 교회를 "성적인 놀이터"(Irwin, 2001에서 재인용)로 묘사하며 "미국 소녀는 그녀의 몸이 얼마나 유혹적인 능력을 지녔는지 잘 알고 있다. 그녀는 풍만한 가슴과 엉덩이, 날씬한 허벅지, 매끈한 다리에 유혹하는 힘이 있다는 것을 알며, 그래서 이 모두를 가리지 않고 드러낸다"(Drehle, 2006에서 재인용)라고 서술했다.

12 Fischer(1994)에서는 미국의 1930년대를 포함해 출간 당시에 이르기까지 전화의 사회적 역사를 상세히 서술한다.

13 그림으로 재현된 포스터 이외에 그 밖의 다른 것들은 소더헤드(Sodahead) 블로그(http://sodahead. com/living/when-smoking-was-good-for-your-health-socially-acceptable/blog-63461)에서 볼 수 있다(검색일: 2011.6.12).

14 이러한 발전을 자세히 기록하고 있는 스테퍼니 쿤츠(Stephanie Coontz)의 『결혼의 역사(Marriage: A History)』(2005)는 "순종에서 친밀함으로, 또는 사랑은 어떻게 결혼을 정복했는가(From Obedience to Intimacy, or How Love Conquered Marriage)"라는 부제목을 달고 있다.

15 에로틱한 열정의 신체적 징후가 자연선택의 적응적 논리를 통해 이해될 수 있다는 점은 의심의 여지가 없다〔자세한 설명은 Fisher(2004)를 보고, 이 문헌에 대한 몇몇 과학적 기여에 관한 요약은 Young(2009) 참조. Frazzetto(2010)에서는 완전히 인공적인 설정의 온라인 연애조차 똑같은 설명적 도구들로 조명될 수 있다고 강조한다〕. 그러나 이것이 낭만적 관계가 신체 장기와의 유비로 가장 잘 이해될 수 있다는 뜻은 아니다.

16 예를 들어 DeSteno, Vadesolo and Bartlett(2006)에서는 질투 반응들이 자아 존중감에 대한 위협 때문에 촉구됨을 시사하는 실험적 증거를 보고한다. 이것이 증명하지는 않더라도 의미하는 바는 자아 존중감을 위협하는 정도에서 상황적 변이성은, 그렇지 않으면 비슷했을 관계의 역학에서 느껴지는 질투 정도에 영향을 미칠 가능성이 있다는 것이다. Hupka and Ryan(1990)에서의 보고에 따르면 92개 전(前) 산업사회들의 표본에서는 안정적 문화 규범의 현존이나 부재에 따라 질투 유발 상황에서 표명되는 남성의 반응들이 실질적으로 변하지만, 여성의 반응들은 그러한 규범들에 따라 두드러지게 달라지지 않는다.

17 Wasson(2010: 127~129). 오히려 덜 미묘하게, 파리의 통근자들을 위한 무료 잡지 ≪20분(20 Minutes)≫ 속 패션 브랜드 광고는 "남자 친구를 바꾸듯 패션을 바꿔라"라는 슬로건을 내걸었다 (2011년 3월 2일).

18 공간이 적어 여기서는 자세히 논의하기 어렵지만, 이것은 그러한 모형과 여러 방식으로 다른 관계들에도 똑같이 적용된다. 예를 들어 일반적으로 비평가들은 상업적 성을 더럽고 저속하다고 매도하며〔예컨대 Jeffreys(1997) 참조〕, 그것이 판매자의 실제 선택을 나타낸다는 점도 부인한다. 중요한 것은 이를 어떻게 상호 욕구에 근거한 이상적인 합의된 만남과 비교하는지가 아니라 어떻게 당사자들이 이용할 수 있는 현실적 대안들과 비교하는가다(비록 아동 성매매가 어른들 간의 상업적 성에 관련된 문제를 훨씬 넘어서는 문제들을 제기하더라도). 불행히도 여기서 다시, 합의된 만남을 둘러싼 법적 또는 사회적 제약들은 강제된 만남에 대한 조치를 취하는 데 더욱 어려움을 준다. 2007년 시카고 거리 성매매에 관한 어느 연구는 성매매 여성이 경찰에게 체포되는 것보다 그에게 무료로 성적 서비스를 제공했을 가능성이 더 높음을 보여주었다(Levitt and Venkatesh, 2007). 또한 법적 성인의 상업적 만남을 범죄화하는 것은 동의하지 않은 성인이나 아동에 대한 성범죄의 목격자일 가능성이 가장 큰 사람들과 경찰의 협동을 방해한다.

많은 민속지학이 고객과 성 판매자의 양편에서 성매매를 둘러싼 동기와 환경의 다양성을 강조한다. 최근 사례는 Clouet(2008), 온라인 조사에 근거한 증거는 Meston and Buss(2009: ch,8), 많은 사례와 포괄적인 논의는 Zelizer(2006) 참조. Ringdal(1997)에서는 성매매 제도가 서로 다른 여러 사회에 걸쳐 다양할 수 있었던 방법에 관해 자세한 역사적 설명을 펼친다. Edlund and Korn (2002)에서는 상업적 성의 많은 측면이 성 판매자가 그것을 경제적 선택으로 여기며 수행한다는 생각과 일치함을 보여주었다. 많은 독자가 부러워할 일이 아닐뿐더러, 많은 성 판매자가 이용할 수 있는 대안들도 부러울 만하지 않다.

그러나 레나 에들런드(Lena Edlund)와 에벌린 코른(Evelyn Korn)은 여성 성 판매의 단기적 유혹들에는 장기적 대가, 즉 관련 여성의 결혼 가망성 파멸이 따른다고 강조한다. 이러한 대가의 가능성은 다른 사람들보다 거리의 성 판매자에게 분명 훨씬 더 높다. 실제로 Clouet(2008)에서 서술된 파트타임 학생 성 판매자 상당수는 미래의 남편에게 그들의 이전 직업을 결코 밝힐 것 같지 않았으며, 자신이 부주의하지 않은 한 미래의 남편도 결코 알아차릴 것 같지 않았다. 전 세계 모든 문화에서 구애는 상대방의 성적 호의를 얻는 유인책으로서 한 당사자의(보통 항상 남성이 아니더라도) 실질적 현물 투자를 포함할 수도 있다. 그리고 이는 돈이 거래되지 않을 때조차 그렇기에 상업적 성과 비상업적 성의 경계들이 매우 흐릿할 수 있다는 점은 되새길 필요도 거의 없다. 이는 Zelier(2006)에서 강조하듯이 구애가 '단지' 상업적 성에 불과하다는 의미가 아니다. 오히려 각각의 교환 유형은 그것을 다른 것과 구별해주는 복잡한 태도, 규범, 예상과 더불어 온다. 이렇게 전적으로 독특한 영역들에 공통점이 전혀 없지는 않다. 말하자면 그것들은 가족 유사적이다. 상업적 성을 구별하는 것은 거래라는 사실 자체라기보다 거래의 단기적 본성과 노골적 특성일 것이다. 비슷한 이유들로 상업적 거래를 둘러싼 불편함이 자주 표출되는 또 다른 시장이 있다. 바로 인간 생식세포 시장이다. 자세한 인터뷰에 근거한 르네 아멜링(Rene Almeling)의 연구는 미국에서 양쪽 모두에게 보수가 지불됨에도 "정자 기부는 직업으로, 난자 기부는 선물로 간주된다"라는 점이 규범과 관습의 차이가 뜻하는 것임을 강조한다(Almeling, 2011: 168).

19 여성보다 남성이 직업 만족도와 삶의 만족도 간 상관관계가 더 높다는 증거가 있다(Della Giusta, Jewel and Kambhampati, 2011). 하지만 이 발견은 사회적 강화가 아닌 유전적 이유로 그러한 상관관계가 어느 정도까지 비롯되는지를 분명하게 말해주지 않는다. 외골수성을 지닌 개인들은 삶의 다른 측면들을 배제하고 그들의 직업에만 집중하는데, 외골수성의 변이성 정도에 유전적 근거들이 있을 수 있다. 이는 예컨대 자폐증이 여성보다 남성에게 훨씬 흔하다는 관찰과 양립한다〔Baron-Cohen(2003) 참조〕. 그러나 필자의 (비과학적) 인상에 따르면 언론은 매우 외골수적인 남성을 똑같이 외골수적인 여성보다 더 감탄하며 소개하는 것 같다. 언론의 가장 감탄스러운 인물 프로필은 "모든 것을" 관리하는 여성을 위한 곳이다. 반면 큰 집중력을 가지고 최소한 직업적인 단일 목적을 추구하는 여성의 프로필은 흔히 괴물이라는 암시를 내비친다. 부분적 예외는 충분히 일찍 은퇴해 가정 또는 두 번째 경력을 포함한 또 다른 목표들로 초점을 바꿀 수 있었던 여성 운동선수다. 만약 필자의 인상이 정확하다면 이는 남성이 덜 다양한 목적을 추구하는 경향에 사회적 조건화가 중요하게 기여한다는 의미일 것이다. 필자는 이것을 시험하는 세심한 연구를 확인하는 데 관심이 있다.

20 Apter(1995).

21 Fernández and Cheng Wong(2011)에서는 1935년에 태어난 여성과 그로부터 20년 후에 태어난

여성 간 교육과 경제활동 참여에 커다란 차이가 있음을 보고한다.

22 US Census Bureau(2011). 40대 후반과 50대 초반의 여성은 동년배 남성보다 학사 학위 이상의 교육을 받았을 가능성이 좀 더 많다. Lalanne and Seabright(2011)에서는 표본 속 여성이 남성보다 좀 더 교육받았다고 보고했다. 그러나 어떤 학위를 받았는지도 보수에서 중요한데, 남성은 재무와 공학에서 학위를 좀 더 많이 받는 듯하다.

23 아버지 육아휴직을 시도한 극히 적은 나라에서 그것이 어떻게 작동했는지에 대한 체계적 증거는 드물다. Bennhold(2010) 참조. 현재 아버지 육아휴직 조항들은 부모 간에 매우 비대칭적이다. 정기적으로 갱신되는 나라 간 비교들은 International Labor Organization(2011) 참조.

24 Cool, Fiva and Kirkebøen(2011) 참조. 이들은 육아휴직을 택하는 아버지의 유인을 실질적으로 증가시킨 1993년 노르웨이 개혁의 영향을 연구했다. 그들은 평균 학업 수행도, 가족 출산, 이혼율을 포함하는 다양한 변수에 그러한 법 조항이 끼친 영향은 본질적으로 무시해도 될 정도라고 밝힌다. 물론 이러한 발견들은 비교적 중요하지 않은 그 개혁의 본성을 반영할지도 모른다. 그러나 아이의 학업 수행도는 개혁 이전과 비교했을 때 아버지의 교육 수준에 즉각 반응했는데, 이는 아버지가 돌봄에 더욱 개입하게 되었음을 시사한다. 그들은 아이 양육을 위해 공급되는 어머니의 노동과 아버지의 노동이 상호 보완적이며, 따라서 아이를 돌보려고 아버지 휴가를 낸 경우에 어머니는 노동시간이나 소득을 줄이지 않을 가능성보다 줄일 가능성이 더 크다고 보고한다.

참고문헌

Abbott, Robert D., Lon R. White, G. Webster Ross, Helen Petrovitch, Kamal H. Masaki, David A. Snowdon and J. David Curb. 1998. "Height as a Marker of Childhood Development and Late Life Cognitive Function: The Honolulu-Asia Ageing Study." *Pediatrics*, 102, pp.602~609. doi:10.1542/peds.102.3.602.

Acton, William. [1857]2009. *The Functions and Disorders of the Reproductive Organs in Childhood, Youth, Adult Age and Advanced Life.* Facsimile ed. Charleston, SC: BiblioLife.

Adovasio, J. M., Olga Soffer and Jake Page. 2007. *The Invisible Sex: Uncovering the True Roles of Women in Prehistory.* New York: HarperCollins.

Aguilera, Michael Bernabé 2008. "Personal Networks and the Incomes of Men and Women in the United States: Do Personal Networks Provide Higher Returns for Men or Women?" *Research in Social Stratification and Mobility*, 26(3), pp.221~223.

Albanesi, Stefania and Claudia Olivetti. 2008. "Gender and Dynamic Agency: Theory and Evidence on the Compensation of top executives." Unpublished manuscript.

Almeling, Rene. 2011. *Sex Cells: The Medical Market for Eggs and Sperm.* Berkeley: University of California Press.

Almlund, Mathilde, Angela Lee Duckworth, James Heckman and Tim Kautz. 2011. *Personality Psychology and Economics.* Discussion Paper 5500, Institute for the Study of Labor, Bonn.

Alvarez, Helen. 2004. "Residence Groups among Hunter-Gatherers: A View of the Claims and Evidence for Patrilocal Bands." in Bernard Chapais and Carol M. Berman(eds.). *Kinship and Behavior in Primates.* New York: Oxford University Press.

Anderson, Simon and Andréde Palma. 2009. "Information Congestion." *Rand Journal of Economics*, 40, pp.688~709.

Andreoni, James and Lise Vesterlund. 2001. "Which Is the Fair Sex? Gender Differences in Altruism." *Quarterly Journal of Economics*, 116, pp.293~312.

Anscombe, E. L. 1976. "Contraception and Chastity." in M. D. Bayles(ed.). *Ethics and Population.* Cambridge, MA: Schenkman.

Apicella, C. L., A. Dreber, B. C. Campbell, P. B. Gray, M. Hoffman and Anthony C. Little. 2008. "Testosterone and Financial Risk Preferences." *Evolution and Human Behavior*, 29(6), pp.384~390.

Apicella, Coren L., Anna Dreber, Peter B. Gray, Moshe Hoffman, Anthony C. Little and Benjamin C. Campbell. 2011. "Androgens and Competitiveness in Men." *Journal of*

Neuroscience, Psychology and Economics, 4(1), pp.54~62.

Apter, Terri. 1995. *Working Women Don't Have Wives*. London: Palgrave Macmillan.

Ariely, Dan. 2008. *Predictably Irrational*. New York: HarperCollins.

Arnqvist, Göan and Locke Rowe. 2005. *Sexual Conflict*. Princeton, NJ: Princeton University Press.

Associated Press. 2007. "Bad Female Drivers? It's Just a Myth, New Analysis Finds." *St. Petersburg Times* (2007.1.19). www.sptimes.com/2007/01/19/Worldandnation/Bad_female_drivers_It.shtml.

Astur, Robert S., Maria L Ortiz and Robert J. Sutherland. 1998. "A Characterization of Performance by Men and Women in a Virtual Morris Water Task: A Large and Reliable Sex Difference." *Behavioural Brain Research*, 93, pp.185~190.

Aureli, Filippo and Frans B. M. de Waal(eds.). 2000. *Natural Conflict Resolution*. Berkeley: University of California Press.

Babcock, Linda and Sara Laschever. 2003. *Women Don't Ask: Negotiation and the Gender Divide*. Princeton, NJ: Princeton University Press.

Banks, Ralph Richard. 2011. *Is Marriage for White People? How the African American Marriage Decline Affects Everyone*. New York: Dutton Adult.

Barash, David P. and Judith Eve Lipton. 2001. *The Myth of Monogamy: Fidelity and Infidelity in Animals and People*. New York: Henry Holt.

Barber, Brad M. and Terrance Odean. 2001. "Boys Will Be Boys: Gender, Overconfidence, and Common Stock Investment." *Quarterly Journal of Economics*, 116, pp.261~292.

Barber, Elizabeth Wayland. 1994. *Women's Work: The First 20,000 Years*. New York: W. W. Norton.

Baron-Cohen, Simon. 2003. *The Essential Difference: The Truth about the Male and Female Brain*. New York: Basic Books.

Barrick, M. R. and M. K. Mount. 1991. "The Big Five Personality Dimensions and Job Performance: A Meta-analysis." *Personnel Psychology*, 44, pp.1~26.

Bateman, A. J. 1948. "Intrasexual Selection in Drosophila." *Heredity*, 2, pp.349~368.

Baumeister, Roy F. 2010. *Is There Anything Good about Men? How Cultures Flourish by Exploiting Men*. Oxford: Oxford University Press.

Baumeister, Roy F. and Kathleen D. Vohs. 2004. "Sexual Economics: Sex as Female Resource for Social Exchange in Heterosexual Interactions." *Journal of Personality and Social Psychology*, 8, pp.339~363.

Bawden, Tom. 2011.8.21. "Surge in Appointments of Female Board Members Shows Companies Heeding Compulsory Quota Threat." *Guardian*. http://guardian.co.uk/business/2011/aug/21/fears-quotas-more-women-boardroom.

Bebchuk, Lucian and Jesse Fried. 2004. *Pay without Performance: The Unfulfilled Promise of Executive Compensation*. Cambridge, MA: Harvard University Press.

Becker, Gary. 1971. *The Economics of Discrimination*. 2nd ed. Chicago: University of Chicago Press.

Béabou, Roland and Jean Tirole. 2006. "Incentives and Pro-social Behavior." *American Economic Review*, 96, pp.1652~1678.

Bennhold, Katrin. 2010.6.9. "In Sweden, Men Can Have it All." *New York Times*. http://nytimes.com/2010/06/10/world/europe/10iht-sweden.html.

Berardi, Nicoletta and Paul Seabright. 2011. *Network and Career Coevolution*. Discussion Paper 8632, Centre for Economic Policy Research, London.

Berggren, Niclas, Henrik Jordahl and Panu Poutvaara. 2006. "The Looks of a Winner: Beauty and Electoral Success." *Journal of Public Economics*, 94, pp.8~15.

Berman, Louis A. 2003. *The Puzzle: Exploring the Evolutionary Puzzle of Male Homosexuality*. Wilmette, IL: Godot.

Bertrand, Marianne. 2011. "New Perspectives on Gender." in Orley Ashenfelter and David Card(eds.). *Handbook of Labor Economics*, vol. 4b. Amsterdam: North-Holland.

Bertrand, Marianne and Sendhil Mullainathan. 2001. "Are CEOs Rewarded for Luck? The Ones without Principals Are." *Quarterly Journal of Economics*, 118, pp.901~932.

Bertrand, Marianne, Claudia Goldin and Lawrence F. Katz. 2010. "Dynamics of the Gender Gap for Young Professionals in the Financial and Corporate Sectors." *American Economic Journal: Applied Economics*, 2, pp.228~255. www.aeaweb.org/articles.php?doi:10.1257/app.2.3.228.

Beyer, Sylvia. 1990. "Gender Differences in the Accuracy of Self-Evaluations of Performance." *Journal of Personality and Social Psychology*, 59, pp.960~970.

Bilimoria, D. and S. K. Piderit. 1994. "Board Committee Membership: Effects of Sex-Based Bias." *Academy of Management Journal*, 37(6), pp.1453~1477.

Birkhead, Tim. 2000. *Promiscuity*. Cambridge, MA: Harvard University Press.

Blair, Clancy, David Gamson, Steven Thorne and David Baker. 2005. "Rising Mean IQ: Cognitive Demand of Mathematics Education for Young Children, Population Exposure to Formal Schooling, and the Neurobiology of the Prefrontal Cortex." *Intelligence*, 33, pp.93~106.

Boehm, Christopher. 1999. *Hierarchy in the Forest: The Evolution of Egalitarian Behavior*. Cambridge, MA: Harvard University Press.

Bond, J. R. and W. E. Vinacke. 1961. "Coalitions in Mixed-Sex Triads." *Sociometry*, 24, pp.61~75.

Bonein, Auréie and Daniel Serra. 2009. "Gender Pairing Bias in Trustworthiness." *Journal of*

Socio-economics, 38, pp.779~789.

Booth, Alison. 2009. *Gender and Competition*. Discussion Paper 4300, Institute for the Study of Labor, Bonn.

Booth, Alison and Patrick Nolen. 2009. "Choosing to Compete: How Different Are Girls and Boys?" Discussion Paper 7214, Centre for Economic Policy Research, London.

Borgerhoff Mulder, Monique. 1992. "Reproductive Decisions." in Alden Smith and B. Winterhalder(eds.). *Evolutionary Ecology and Human Behaviour*. New York: Aldine de Gruyter.

Bowlby, John. 1988. *A Secure Base: Clinical Applications of Attachment Theory*. London: Routledge.

Bowles, Hannah R., Linda Babcock and Lei Lai. 2007. "Social Incentives for Sex Differences in the Propensity to Initiate Negotiation: Sometimes It Does Hurt to Ask." *Organizational Behavior and Human Decision Processes*, 103, pp.84~103.

Bowles, Hannah R., Linda Babcock and Kathleen L. McGinn. 2005. "Constraints and Triggers: Situational Mechanics of Gender in Negotiation." *Journal of Personality and Social Psychology*, 89, pp.951~965.

Bowles, Samuel. 2009. "Did Warfare among Ancestral Hunter-Gatherer Groups Affect the Evolution of Human Social Behaviors?" *Science*, 324, pp.1293~1298.

Bowles, Samuel and Jung-Kyoo Choi. 2007. "The Coevolution of Parochial Altruism and War." *Science*, 318, pp.636~640.

Bowles, Samuel and Herbert Gintis. 1976. *Schooling in Capitalist America: Educational Reform and the Contradictions of Economic Life*. New York: Basic Books.

_____. 2011. *A Cooperative Species: Human Reciprocity and Its Evolution*. Princeton, NJ: Princeton University Press.

Bowles, Samuel, Herbert Gintis and Melissa Osborne. 2001a. "The Determinants of Earnings: A Behavioral Approach." *Journal of Economic Literature*, 39, pp.1137~1176.

_____. 2001b. "Incentive-Enhancing Preferences: Personality, Behavior, and Earnings." *American Economic Review*, 91, pp.155~158.

Boyd, Brian. 2012. *Why Lyrics Last: Evolution, Cognition and Shakespeare's Sonnets*. Cambridge, MA: Harvard University Press.

Brandt, Allan M. 2007. *The Cigarette Century*. New York: Basic Books.

Brown, W. M., L. Cronk, K. Grochow, A. Jacobson, K. Liu, Z. Popovic and R. Trivers. 2005. "Dance Reveals Symmetry Especially in Young Men." *Nature*, 438(22), pp.1148~1150.

Browne, Kingsley R. 2002. *Biology at Work: Rethinking Sexual Equality*. Brunswick, NJ: Rutgers University Press.

Bu, Nailin and Jean-Paul Roy. 2005. "Career Success Networks in China: Sex Differences in

Network Composition and Social Exchange Practices." *Asia Pacific Journal of Management*, 22(4), p.381.

Bureau of Labor Statistics. 2009. *Labor Force Participation of Women and Mothers, 2008.* www.bls.gov/opub/ted/2009/ted_20091009_data.htm#a.

_____. 2010. *Occupations with Similar Medians, but Differing Wage Variation, 2008.* www.bls.gov/oes/wage_discussions_table1.htm.

_____. 2011a. *Women at Work.* www.bls.gov/spotlight/2011/women/.

_____. 2011b. *Employed Persons by Detailed Occupation, Sex, Race, and Hispanic or Latino Ethnicity.* www.bls.gov/cps/cpsaat11.pdf.

_____. 2011c. *Women's Employment and Earnings by Industry, 2009.* www.bls.gov/opub/ted/2011/ted_20110216_data.htm.

_____. 2011d. *Occupational Employment Statistics.* www.bls.gov/oes/oes_arch.htm.

Burkart, J. M., S. B. Hrdy and C. M. van Schaik. 2009. "Cooperative Breeding and Human Cognitive Evolution." *Evolutionary Anthropology*, 18, pp.175~186.

Burt, Ronald S. 1998. "The Gender of Social Capital." *Rationality and Society*, 10, pp.5~46.

Buss, David M. 2003. *The Evolution of Desire: Strategies of Human Mating.* New York: Basic Books.

_____. 2004. *Evolutionary Psychology: The New Science of the Mind.* Boston: Pearson Education.

Caldwell, H. K. and W. S. Young. 2006. "Oxytocin and Vasopressin: Genetics and Behavioral Implications." in A. Lajtha and R. Lim(eds.). *Handbook of Neurochemistry and Molecular Neurobiology: Neuroactive Proteins and Peptides*, 3rd ed. pp.573~607. Berlin: Springer.

Campbell, Bernard G.(ed.). 1972. *Sexual Selection and the Descent of Man.* Chicago: Aldine.

Campbell, Karen E. 1988. "Gender Differences in Job-Related Networks." *Work and Occupations*, 15, pp.179~200.

Cádenas, Juan-Camilo, Anna Dreber, Emma von Essen and Eva Ranehill. 2011. "Gender Differences in Competitiveness and Risk Taking: Comparing Children in Colombia and Sweden." *Journal of Economic Behavior and Organization.* doi:10.1016/j.jebo.2011.06.008.

Carey, Benedict. 2011.5.21. "Need Therapy? A Good Man Is Hard to Find." *New York Times.*

Carroll, Sean. 2010. "The Making of the Fittest: The DNA Record of Evolution." in William Brown and Andrew C. Fabian(eds.). *Darwin.* Cambridge: Cambridge University Press.

Case, Anne and Christina Paxson. 2008. "Stature and Status: Height, Ability and Labor Market Outcomes." *Journal of Political Economy*, 116, pp.499~532.

Centorrino, Samuele, Elodie Djemai, Astrid Hopfensitz, Manfred Milinski and Paul Seabright.

2011. *Smiling Is a Costly Signal of Cooperation Opportunities: Experimental Evidence from a Trust Game.* Discussion Paper 8374, Centre for Economic Policy Research, London.

Chapais, Bernard and Carol M. Berman(eds.). 2004. *Kinship and Behavior in Primates.* New York: Oxford University Press.

Chaudhuri, Ananish. 2011. "Gender and Corruption: A Survey of the Evidence." Unpublished manuscript.

Chen, Y., P. Katusczak and E. Ozdenoren. 2009. "Why Can't a Woman Bid More Like a Man?" Working Paper 275, Center for Economic Research and Graduate Education, Economics Institute, Prague.

Chow, I. H. and I. Ng. 2007. "Does the Gender of the Manager Affect Who He/She Networks With?" *Journal of Applied Business Research*, 23, pp.49~60.

Clouet, Eva. 2008. *La prostitution éudiante.* Paris: Max Milo.

CNN Money. 2011. "Fortune 500: Women CEOs." http://money.cnn.com/magazines/fortune/fortune500/2011/womenceos/.

Cochrane, Gregory and Henry Harpending. 2009. *The 10,000-Year Explosion: How Civilization Accelerated Human Evolution.* New York: Basic Books.

Colom, Roberto, Luis Garcia, Manuel Juan-Espinosa and Francisco Abad. 2002. "Null Sex Differences in General Intelligence: Evidence from the WAIS-III." *Spanish Journal of Psychology*, 5, pp.29~35.

Cools, Sara, Jon H. Fiva and Lars Johannessen Kirkebøen. 2011. "Causal Effects of Paternity Leave on Children and Parents." Discussion Paper 657, Research Department, Statistics Norway, Oslo.

Coontz, Stephanie. 1992. *The Way We Never Were: American Families and the Nostalgia Trap.* New York: Basic Books.

Cooper, Michael. 2008.6.25. "No. 1 Faux Pas in Washington? Candor, Perhaps." *New York Times.*

Copeland, S. R., M. Sponheimer, D. J. de Ruiter, J. A. Lee-Thorp, D. Codron, P. J. le Roux, V. Grimes and M. P. Richards. 2011. "Strontium Isotope Evidence for Landscape Use by Early Hominins." *Nature*, 474, pp.76~78.

Cornwallis, Charlie K., Stuart A. West, Katie E. Dais and Ashleigh S. Griffin. 2010. "Promiscuity and the Evolutionary Transition to Complex Societies." *Nature*, 466, pp.969~972. doi:10.1038/nature09335.

Coyne, Jerry. 2009. *Why Evolution Is True.* New York: Penguin.

Crawley, Ernest. 1929. *Studies of Savages and Sex. Edited by Theodore Besterman.* London: Methuen.

Cronk, L., N. Chagnon and W. Irons(eds.). 2000. *Adaptation and Human Behaviour: An Anthropological Perspective.* New York: Aldine de Gruyter.

Croson, R. and U. Gneezy. 2009. "Gender Differences in Preferences." *Journal of Economic Literature*, 47(2), pp.1~27.

Crowell, Judith and Everett Waters. 2005. "Attachment Representations, Secure-Base Behavior and the Evolution of Adult Relationships." in Klaus Grossman, Karin Grossman and Everett Waters(eds.). *Attachment from Infancy to Adulthood.* New York: Guilford.

Cunningham, Michael R., Anita P. Barbee and Carolyn L. Pike. 1990. "What Do Women Want? Facialmetric Assessment of Multiple Motives in the Perception of Male Facial Physical Attractiveness." *Journal of Personality and Social Psychology*, 59, pp.61~72.

Daily, Catherine M., S. Trevis Certo and Dan R. Dalton. 1999. "A Decade of Corporate Women: Some Progress in the Boardroom, None in the Executive Suite." *Strategic Management Journal*, 20, pp.93~99.

Damasio, Antonio. 1994. *Descartes' Error: Emotion, Reason and the Human Brain.* New York: HarperCollins.

_____. 1996. "The Somatic Market Hypothesis and the Possible Functions of the Prefrontal Cortex." *Philosophical Transactions of the Royal Society, B: Biological Sciences*, 351, pp.1413~1420.

Darwin, Charles. 1856. Letter to J. D. Hooker(1856.7.13). Darwin Correspondence Project, http://darwinproject.ac.uk/darwinletters/calendar/entry-1924.html#backmark-1924.f2(검색일: 2011.6.19).

_____. [1859]1979. *The Origin of Species.* New York: Gramercy Books.

_____. [1871]1981. *The Descent of Man and Selection in Relation to Sex.* Introduction by J. T. Bonner and R. B. May. Princeton, NJ: Princeton University Press.

_____. [1872]1998. *The Expression of the Emotions in Man and Animals.* Introduction, afterword, and commentaries by Paul Ekman. Oxford: Oxford University Press.

Deary, Ian J., Paul Irwing, Geoff Der and Timothy Bates. 2007. "Brother-Sister Differences in the g Factor in Intelligence: Analysis of Full, Opposite-Sex Siblings from the NLSY 1979." *Intelligence*, 35, pp.451~456.

Della Giusta, Marina, Sarah Louise Jewell and Uma S. Kambhampati. 2011. "Gender and Life Satisfaction in the UK." *Feminist Economics*, 17, pp.1~34.

Desmond, Adrian and James Moore. 2009. *Darwin's Sacred Cause: Race, Slavery and the Quest for Human Origins.* London: Allen Lane.

Dessalles, Jean-Louis. 1999. "Coalition Factors in the Evolution of Non-kin Altruism." *Advances in Complex Systems*, 2, pp.143~172.

DeSteno, David, Piercarlo Vadesolo and Monica Y. Bartlett. 2006. "Jealousy and the Threatened

Self: Getting to the Heart of the Green-Eyed Monster." *Journal of Personality and Social Psychology*, 91, pp.626~641.

Devlin, B., Michael Daniels and Kathryn Roeder. 1997. "The Heritability of IQ." *Nature*, 388, pp.468~471.

de Waal, Frans B. M. 1982. *Chimpanzee Politics: Power and Sex among Apes*. New York: Harper and Row.

_____. 1989. *Peacemaking among Primates*. Cambridge, MA: Harvard University Press.

_____. 2001. *Tree of Origin: What Primate Behavior Can Tell Us about Human Social Evolution*. Cambridge, MA: Harvard University Press.

Diamond, Jared. 1987. "The Worst Mistake in the History of the Human Race." *Discover*, May. www.ditext.com/diamond/mistake.html.

Dohmen, Thomas, Armin Falk, David Huffman, Uwe Sunde, Jürgen Schupp and Gert G. Wagner. 2011. "Individual Risk Attitudes: Measurement, Determinants, and Behavioral Consequences." *Journal of the European Economic Association*, 9, pp.522~550.

Doniger, Wendy. 1999. *Splitting the Difference: Gender and Myth in Ancient Greece and India*. Chicago: University of Chicago Press.

_____. 2000. *The Bedtrick: Tales of Sex and Masquerade*. Chicago: University of Chicago Press.

_____. 2005. *The Woman Who Pretended to Be Who She Was*. New York: Oxford University Press.

Dougherty, C. 2005. "Why Are the Returns to Schooling Higher for Women Than for Men?" *Journal of Human Resources*, 40(4), pp.969~988.

"Down or Out: A Black Male Professor Kicks Up a Storm about Black Women and Marriage." 2011.10.5. *Economist*. www.economist.com/node/21532296.

Dreber, A. and M. Hoffman. 2010. "Biological Basis for Sex Differences in Risk Aversion and Competitiveness." Unpublished manuscript.

Dreber, A. and M. Johannesson. 2008. "Gender Differences in Deception." *Economics Letters*, 99, pp.197~199.

Dreber, A., E. von Essen and E. Ranehill. 2011. "Outrunning the Gender Gap: Boys and Girls Compete Equally." *Experimental Economics*, 14, pp.567~582.

Dreber, A., C. L. Apicella, D. T. A. Eisenberg, J. R. Garcia, R. Zamore, J. K. Lum and B. C. Campbell. 2009. "The 7R Polymorphism in the Dopamine Receptor D4 gene (DRD4) Is Associated with Financial Risk-Taking in Men." *Evolution and Human Behavior*, 30(2), pp.85~92.

Duckworth, Angela and Martin Seligman. 2005. "Self-Discipline Outdoes IQ in Predicting Academic Performance of Adolescents." *Psychological Science*, 16, pp.939~944.

Dunbar, Robin. 1992. "Neocortex Size as a Constraint on Group Size in Primates." *Journal of Human Evolution*, 20, pp.469~493.

Edlund, Lena and Evelyn Korn. 2002. "A Theory of Prostitution." *Journal of Political Economy*, 110(1), pp.1812~1814.

Ellison, Glenn and Ashley Swanson. 2010. "The Gender Gap in Secondary School Mathematics at High Achievement Levels: Evidence from the American Mathematics Competitions." *Journal of Economic Perspectives*, 24, pp.109~128.

Ellison, P. T. and P. B. Gray. 2009. *Endocrinology of Social Relationships*. Cambridge, MA: Harvard University Press.

Empson, William. 1984. *Collected Poems*. London: Hogarth Press.

Engel, C. 2011. "Dictator Games: A Meta Study." *Experimental Economics*, 14, pp.583~610.

Falk, Armin, Ingo Menrath, Johannes Siegrist and Pablo Emilio Verde. 2011. *Cardiovascular Consequences of Unfair Pay*. Discussion Paper 8463, Centre for Economic Policy Research, London.

Falkinger, Josef. 2007. "Attention Economies." *Journal of Economic Theory*, 133, pp.266~294.

_____. 2008. "Limited Attention as the Scarce Resource in Information-Rich Economies." *Economic Journal*, 118, pp.1596~1620.

Farrell, Warren. 1993. *The Myth of Male Power: Why Men Are the Disposable Sex*. New York: Simon and Schuster.

Fernádez, Raquel and Joyce Cheng Wong. 2011. "The Disappearing Gender Gap: The Impact of Divorce, Wages and Preferences on Education Choices and Women's Work." Discussion Paper 8627, Centre for Economic Policy Research, London.

Fessler, D. M. T. and K. J. Haley. 2003. "The Strategy of Affect: Emotions in Human Co-operation." in Peter Hammerstein(ed.). *Genetic and Cultural Evolution of Cooperation*. Cambridge, MA: MIT Press.

Fine, Cordelia. 2010. *Delusions of Gender: How Our Minds, Society and Neurosexism Create Difference*. New York: W. W. Norton.

Fischer, C. S. 1994. *America Calling: A Social History of the Telephone to 1940*. Berkeley: University of California Press.

Fisher, Helen. 2004. *Why We Love: The Nature and Chemistry of Romantic Love*. New York: Henry Holt.

Flynn, J. R. 2007. *What Is Intelligence?* Cambridge: Cambridge University Press.

Foreman, Jonathan. 2009.11.29. "Taking the Private Jet to Copenhagen." *Sunday Times*. http://women.timesonline.co.uk/tol/life_and_style/women/celebrity/article6931572.ece.

Forret, Monica L. and Thomas W. Dougherty. 2004. "Networking Behaviors and Career Outcomes: Differences for Men and Women?" *Journal of Organizational Behavior*, 25, pp.419~437.

Foucault, Michel. 1990. *A History of Sexuality*. New York: Vintage.

Fox, Stephen. 1984. *The Mirror Makers: A History of American Advertising and Its Creators*. Chicago: University of Illinois Press.

Frank, Robert. 1988. *Passions within Reason*. New York: W. W. Norton.

Frazzetto, Giovanni. 2010. "The Science of Online Dating." *EMBO Reports*, 11, pp.25~27. doi:10.1038/embor.2009.264.

Freeman, Derek. 1983. *Margaret Mead and Samoa: The Making and Unmaking of an Anthropological Myth*. Cambridge, MA: Harvard University Press.

Friebel, Guido and Paul Seabright. 2011. "Do Women Have Longer Conversations? Telephone Evidence of Gendered Communication Strategies." *Journal of Economic Psychology*, 32, pp.348~356. doi:10.1016/j.joep.2010.12.008.

Fryer, Roland and Steven Levitt. 2006. "Testing for Racial Differences in the Mental Ability of Young Children." NBER Working Paper 12066, National Bureau of Economic Research, Cambridge, MA.

Galef, Bennett G. 2008. "Social Infl uences on the Mate Choices of Male and Female Japanese Quail." *Comparative Cognition and Behavior Reviews*, 3, pp.1~12.

Gallagher, A. M. and J. C. Kaufman(eds.). *Gender Differences in Mathematics: An Integrative Psychological Approach*. Cambridge: Cambridge University Press.

Gambetta, Diego. 2009. *Codes of the Underworld: How Criminals Communicate*. Princeton, NJ: Princeton University Press.

Garcia, Guy. 1998. *The Decline of Men*. New York: HarperCollins.

Geary, David C., Scott J. Saults, Fan Lui and Mary K. Hoard. 2000. "Sex Differences in Spatial Cognition, Computational Fluency, and Arithmetical Reasoning." *Journal of Experimental Child Psychology*, 77, pp.337~353.

Gee, Henry, Rory Howlett and Philip Campbell. 2009. "Fifteen Evolutionary Gems." *Nature*, January. doi:10.1038/nature07740.

Geletkanycz, Marta, Brian Boyd and Sydney Finkelstein. 2001. "The Strategic Value of CEO External Directorate Networks: Implications for CEO Compensation." *Strategic Management Journal*, 22(9), pp.889~898.

Gesquièe, Laurence R., Niki H. Learn, M. Carolina M. Simao, Patrick O. Onyango, Susan C. Alberts and Jeanne Altmann. 2011. "Life at the Top: Rank and Stress in Wild Baboons." *Science*, 333, pp.357~360.

Gibson, Robert and Jacob Hölund. 1992. "Copying and Sexual Selection." *Trends in Ecology and Evolution*, 7, pp.229~232.

Giraudoux, Jean. 1997. *Suzanne et le Pacifique*. Paris: Grasset.

Giridharadas, Anand. 2007.12.26. "The Ink Fades on a Profession as India Modernizes." *New*

York Times.

Gneezy, U., M. Niederle and A. Rustichini. 2003. "Performance in Competitive Environments: Gender Differences." *Quarterly Journal of Economics*, 118, pp.1049~1074.

Gneezy, Uri and Aldo Rustichini. 2004. "Gender and Competition at a Young Age." *American Economic Review*, 94(2), pp.377~381.

Gneezy, U., K. L. Leonard and J. A. List. 2009. "Gender Differences in Competition: Evidence from a Matrilineal and a Patriarchal Society." *Econometrica*, 77(3), pp.909~931.

Goffman, Erving. 1963. *Stigma: Notes on the Management of Spoiled Identity*. Englewood Cliffs, NJ: Prentice-Hall.

Goldacre, Ben. 2009. *Bad Science*. London: HarperCollins.

Goldin, Claudia and Lawrence F. Katz. 2002. "The Power of the Pill: Oral Contraceptives and Women's Career and Marriage Decisions." *Journal of Political Economy*, 110(4), pp.730~770.

Goodall, Jane. 1986. "Social Rejection, Exclusion, and Shunning among the Gombe Chimpanzees." *Ethology and Sociobiology*, 7, pp.227~239.

Gouchie, Catherine and Doreen Kimura. 1991. "The Relationship between Testosterone Levels and Cognitive Ability Patterns." *Psychoneuroendocrinology*, 16, pp.323~334.

Grafen, Alan. 1990. "Biological Signals as Handicaps." *Journal of Theoretical Biology*, 144, pp.517~546.

Granovetter, Mark. 1973. "The Strength of Weak Ties." *American Journal of Sociology*, 78, pp.1360~1380.

Green, Eileen and Carrie Singleton. 2009. "Mobile Connections: An Exploration of the Place of Mobile Phones in Friendship Relations." *Sociological Review*, 57, pp.125~144.

Greenwood, Jeremy, Ananth Seshadri and Mehmet Yorukoglu. 2005. "Engines of Liberation." *Review of Economic Studies*, 72, pp.109~133.

Gregoric, Aleksandra, Lars Oxelheim, Trond Randoy and Steen Thomsen. 2010. "How Diverse Can you Get? Gender Quotas and the Diversity of Nordic Boards." Working Paper, Lund Institute of Economic Research, Lund.

GSMA/A. T. Kearney. 2011a. "Africa Mobile Observatory: Driving Economic and Social Development through Mobile Services." www.gsmworld.com/documents/African_Mobile_Observatory_Full_Report_2011.pdf.

_____. 2011b. "Asia Pacifi c Mobile Observatory: Driving Economic and Social Development through Mobile Broadband." www.gsmworld.com/documents/AP%20Mobile%20Observatory%20Full%20Report.pdf.

Güther, Christine, Neslihan Arslan Ekinci, Christiane Schwieren and Martin Strobel. 2010. "Women Can't Jump? An Experiment on Competitive Attitudes and Stereotype Threat."

Journal of Economic Behavior and Organization, 75, pp.395~401.

Gupta, Nabanita Datta, Andres Poulsen and Marie-Claire Villeval. 2005. "Male and Female Competitive Behavior: Experimental Evidence." Working Paper 1833, Institute for the Study of Labor, Bonn.

Gurven, Michael, Hillard Kaplan and Alfredo Zelada Supa. 2007. "Mortality Experience of Tsimane Amerindians of Bolivia: Regional Variation and Temporal Trends." *American Journal of Human Biology*, 19, pp.376~398.

Haidt, Jonathan. 2007. "The New Synthesis in Moral Psychology." *Science*, 316, pp.998~1002. doi:10.1126/science.1137651.

Halpern, D. F., C. P. Benbow, D. C. Geary, R. C. Gur, J. S. Hyde and M. A. Gernsbacher. 2007. "The Science of Sex Differences in Science and Mathematics." Psychological Science in the Public Interest, 8, pp.1~51.

Hamermesh, D. S. and J. E. Biddle. 1994. "Beauty and the Labor Market." *American Economic Review*, 84, 1174~1194.

Harcourt, A. H., P. H. Harvey, S. G. Larson and R. V. Short. 1981. "Testis Weight, Body Weight and Breeding System in Primates." *Nature*, 293, pp.55~57.

Harris, Adam and Ulrike Hahn. 2011. "Unrealistic Optimism about Future Life Events: A Cautionary Note." *Psychological Review*, 118, pp.135~154.

Hawkes, Kristen. 1991. "Showing Off : Tests of an Hypothesis about Men's Foraging Goals." *Ethology and Sociobiology*, 12, pp.29~54.

_____. 2004. "Mating, Parenting and the Evolution of Human Pair Bonds." in Bernard Chapais and Carol M. Berman(eds.). *Kinship and Behavior in Primates*. New York: Oxford University Press.

Hawkes, Kristen, James F. O'Connell and Nicholas Blurton Jones. 1991. "Hunting Income Patterns among the Hadza: Big Game; Common Goods; Foraging Goals and the Evolution of the Human Diet." *Philosophical Transactions of the Royal Society B: Biological Sciences*, 334, pp.243~251.

Hawkes, Kristen, James F. O'Connell, Nicholas Blurton Jones, Helen Alvarez and Eric L. Charnov. 2000. "The Grandmother Hypothesis and Human Evolution." in L. Cronk, N. Chagnon and W. Irons(eds.). *Adaptation and Human Behavior: An Anthropological Perspective*. New York: Aldine de Gruyter.

Hawkins, Jeff . 2004. *Intelligence*. New York: Henry Holt.

Hedges, Larry V. and Amy Nowell. 1995. "Sex Differences in Mental Test Scores: Variability and Numbers of High Scoring Individuals." *Science*, 269, pp.41~45.

Henazi, S. P. and L. Barrett. 1999. "The Value of Grooming to Female Primates." *Primates*, 40, pp.47~59.

Herrnstein, Richard and Charles Murray. 1994. *The Bell Curve: Intelligence and Class Structure in American Life.* New York: Free Press.

Hill, Kim and Magdalena Hurtado. 1996. *Ache Life History: The Ecology and Demography of a Foraging People.* Hawthorne, NY: Aldine de Gruyter.

Hill, Kim, Magdalena Hurtado and R. S. Walker. 2007. "High Adult Mortality among Hiwi Hunter-Gatherers: Implications for Human Evolution." *Journal of Human Evolution,* 52, pp.443~454.

Hines, Melissa. 2011. "Gender Development and the Human Brain." *Annual Review of Neuroscience,* 34, pp.69~88.

Hobbes, Thomas. 2008. *De Cive.* Kindle edition.

Hoffman, Moshe, Uri Gneezy and John A. List. 2011. "Nurture Affects Gender Differences in Spatial Abilities." *Proceedings of the National Academy of Sciences,* 108, pp.14786~14788.

Hooper, Paul L. 2011. "The Structure of Energy Production and Redistribution among Tsimane' Forager-Horticulturalists." PhD diss., University of New Mexico, Albuquerque.

Hrdy, Sarah Blaffer. 2009. *Mothers and Others: The Evolutionary Origins of Mutual Understanding.* Cambridge, MA: Belknap Press.

Hunt, Earl. 2010. *Human Intelligence.* Cambridge: Cambridge University Press.

Hupka, R. B. and J. M. Ryan. 1990. "The Cultural Contribution to Jealousy: Cross-Cultural Aggression in Sexual Jealousy Situations." *Behavior Science Research,* 24, pp.51~71.

Hyde, Janet Shibley and Marcia Linn. 1988. "Gender Differences in Verbal Ability: A Meta-Analysis." *Psychological Bulletin,* 104, pp.53~69.

Hyde, Janet S. and Janet E. Mertz. 2009. "Gender, Culture and Mathematics Performance." *Proceedings of the National Academy of Sciences,* 106, pp.8801~8807.

Ibarra, Herminia. 1997. "Paving an Alternative Route: Gender Differences in Managerial Networks." *Social Psychology Quarterly,* 60, pp.91~102.

Igarashi, Tasuku, Jiro Takai and Toshikazu Yoshida. 2005. "Gender Differences in Social Network Development via Mobile Phone Text Messages: A Longitudinal Study." *Journal of Social and Personal Relationships,* 22, p.691.

International Labor Organization. 2011. *Maternity Protection Database.* www.ilo.org/travail database/servlet/maternityprotection.

International Telecommunication Union. 2011a. *Fixed Internet Subscriptions.* http://itu.int/ ITU-D/ict/statistics/index.html.

_____. 2011b. *Key ICT Indicators for Developed and Developing Countries and the World (Totals and Penetration Rates).* http://itu.int/ITU-D/ict/statistics/at_glance/KeyTelecom. html.

Irwin, Robert. 2001.11.1. "Is This the Man Who Inspired Bin Laden?" *Guardian*. www.guardian. co.uk/world/2001/nov/01/afghanistan.terrorism3.

Jackson, Douglas N. and J. Philippe Rushton. 2006. "Males Have Greater g: Sex Differences in General Mental Ability from 100,000 17- to 18-Year-Olds on the Scholastic Assessment Test." *Intelligence*, 34, pp.479~486.

Jeanquart-Barone, Sandy. 1993. "Trust Differences between Supervisors and Subordinates: Examining the Role of Race and Gender." *Sex Roles*, 29, pp.1~11.

Jeffreys, Sheila. 1997. *The Idea of Prostitution*. Melbourne: Spinifex Press.

Johnson, W., A. Carothers and I. J. Deary. 2008. "Sex Differences in Variability in General Intelligence." *Perspectives on Psychological Science*, 3(6), pp.518~531.

_____. 2009. "A Role for the X Chromosome in Sex Differences in Variability in General Intelligence." *Perspectives on Psychological Science*, 4(6), pp.598~611.

Jorm, Anthony F., Kaarin J. Anstey, Helen Christensen and Bryan Rodgers. 2004. "Gender Difference in Cognitive Abilities: The Mediating Role of Health States and Health Habits." *Intelligence*, 32, pp.7~23.

Judson, Olivia. 2002. *Dr. Tatiana's Sex Advice to All Creation*. New York: Henry Hudson.

Kaplan, Hillard, Kim Hill, Jane Lancaster and A. Magdalena Hurtado. 2000. "A Theory of Human Life History Evolution: Diet, Intelligence, and Longevity." *Evolutionary Anthropology*, 9, pp.156~185.

Kaplan, Hillard, Kim Hill, A. Magdalena Hurtado and Jane Lancaster. 2001. "The Embodied Capital Theory of Human Evolution." in P. T. Ellison(ed.). *Reproductive Ecology and Human Evolution* (pp.293~317). Hawthorne, NY: Aldine de Gruyter.

Kaplan, Hillard, Paul Hooper and Michael Gurven. 2009. "The Evolutionary and Ecological Roots of Human Social Organization." *Philosophical Transactions of the Royal Society B: Biological Sciences*, 364, pp.3289~3299.

Keller, Joseph. 1928. *Belle de Jour*. Paris: Gallimard.

Klingberg, Torkel. 2009. *The Overflowing Brain: Information Overload and the Limits of Working Memory*. Oxford: Oxford University Press.

Knight, Jonathan. 2002. "Sexual Stereotypes." *Nature*, 415, pp.254~256.

Kocoska-Maras L., N. Zethraeus, A. Flöer Råestad, T. Ellingsen, B. von Schoultz, M. Johannesson and A. Lindé Hirschberg. 2011. "A Randomized Trial of the Effect of Testosterone and Estrogen on Verbal Fluency, Verbal Memory, and Spatial Ability in Healthy Postmenopausal Women." *Fertility and Sterility*, 95, pp.152~157.

Komisaruk, Barry R., Carlos Beyer-Flores and Beverly Whipple. 2006. *The Science of Orgasm*. Baltimore, MD: Johns Hopkins University Press.

Kosfeld, Michael, Markus Heinrichs, Paul J. Zak, Urs Fischbacher and Ernst Fehr. 2005.

"Oxytocin Increases Trust in Humans." *Nature*, 435, pp.673~676.

Kostyniuk, Lidia P., Lisa J. Molnar and David W. Eby. 1996. "Are Women Taking More Risks While Driving? A Look at Michigan Drivers." Proceedings from the Second National Conference on Women's Travel Issues, Baltimore, MD.

Kross, Ethan, Marc Berman, Walter Mischel, Edward Smith and Tor Wager. 2011. "Social Rejection Shares Somatosensory Representations with Physical Pain." *Proceedings of the National Academy of Sciences*, 108, pp.6270~6275.

Kuhn, Peter and Marie-Claire Villeval. 2011. "Do Women Prefer a Cooperative Work Environment?" Unpublished manuscript.

Kulich, Clara, Grzegorz Troianowski, Michelle K. Ryan, S. Alexander Haslam and Luc Renneboog. 2011. "Who Gets the Carrot and Who Gets the Stick? Evidence of Gender Disparities in Executive Remuneration." *Strategic Management Journal*, 30, pp.301~321.

Kunda, Ziva. 1990. "The Case for Motivated Reasoning." *Psychological Bulletin*, 108, pp.480~498.

Lalanne, Marie and Paul Seabright. 2011. "The Old Boy Network: Gender Difference in the Impact of Social Networks on Remuneration in Top Executive Jobs." Discussion Paper 8623, Centre for Economic Policy Research, London.

Ledford, Heidi. 2008. " 'Monogamous' Vole in Love-Rat Shock." *Nature*, 451, p.617.

Leduc, Claudine. 1992. "Marriage in Ancient Greece." in Pauline Schmitt Pantel(ed.). *A History of Women: From Ancient Goddesses to Christian Saints.* Cambridge, MA: Harvard University Press.

Lemish, Dafna and Akiba A. Cohen. 2005. "On the Gendered Nature of Mobile Phone Culture in Israel." *Sex Roles*, 52, pp.7~8.

Levitt, Steven D. and Sudhir Alladi Venkatesh. 2007. "An Empirical Analysis of Street-Level Prostitution." Unpublished manuscript.

Lindquist, Kristen A., Tor D. Wager, Hedy Kober, Eliza Bliss-Moreau and Lisa Feldman Barrett. 2011. "The Brain Basis of Emotion: A Meta-analytic Review." *Behavioral and Brain Sciences*, in press.

Lloyd, Elisabeth A. 2005. *The Case of the Female Orgasm: Bias in the Science of Evolution.* Cambridge, MA: Harvard University Press.

Low, Bobbi S. 2000. *Why Sex Matters: A Darwinian Look at Human Behaviour.* Princeton, NJ: Princeton University Press.

Lynn, Richard. 1999. "Sex Differences in Intelligence and Brain Size: A Developmental Theory." *Intelligence*, 27, pp.1~2.

Lynn, Richard and Paul Irwing. 2004. "Sex Differences on the Progressive Matrices: A Meta-analysis." *Intelligence*, 32, pp.481~498.

MacDonald, Ian, Bethany Kempster, Liana Zanette and Scott A. Macdougall-Shackleton. 2006. "Early Nutritional Stress Impairs Development of a Song-Control Brain Region in Both Male and Female Song-Sparrows Melospiza melodia at the Onset of Song Learning." *Proceedings of the Royal Society B*, 273, pp.2559~2564.

Manning, Alan and Farzad Saidi. 2010. "Understanding the Gender Pay Gap: What's Competition Got to Do with It?" *Industrial and Labor Relations Review*, 63(4), pp.681~698.

Manning, Alan and Joanna Swaffield. 2008. "The Gender Gap in Early-Career Wage Growth." *Economic Journal*, 118, pp.983~1024.

Marlowe, Frank. 2010. *The Hadza: Hunter-Gatherers of Tanzania*. Berkeley: University of California Press.

Marmot, Michael. 2004. *The Status Syndrome: How Social Standing Affects Our Heath and Longevity*. New York: Times Books.

Mather, Mark and Dia Adams. 2007. "The Crossover in Female-Male College Enrollment Rates." Population Reference Bureau. www.prb.org/Articles/2007/CrossoverinFemaleMaleCollege EnrollmentRates.aspx.

Mayhew, Daniel R., Susan A. Ferguson, Katharine J. Desmond and Herbert M. Simpson. 2003. "Trends in Fatal Crashes Involving Female Drivers, 1975–1998." *Accident Analysis and Prevention*, 35, pp.407~415.

Mayhew, Henry. [1861]1968. *London Labour and the London Poor*. Facsimile ed. New York: Dover Publications.

Mead, Margaret. [1928]1973. *Coming of Age in Samoa*. New York: American Museum of Natural History.

Meston, Cindy and David Buss. 2009. *Why Women Have Sex*. New York: Random House.

Mikulincer, Mario and Gail S. Goodman(eds.). 2006. *Dynamics of Romantic Love: Attachment, Cargiving and Sex*. New York: Guilford Press.

Milinski, Manfred. 2003. "Perfumes." in Eckart Voland and Karl Grammer(eds.). *Evolutionary Aesthetics* (pp.325~359). Berlin: Springer.

Miller, Geoffrey. 2000. *The Mating Mind: How Sexual Choices Shaped the Evolution of Human Nature*. New York: Anchor.

_____. 2009. *Spent: Sex, Evolution, and Consumer Behavior*. New York: Viking Penguin.

Milner, B., S. Corkin and H. L. Teuber. 1968. "Further Analysis of the Hippocampal Amnesic Syndrome: 14-Year Follow-Up Study of H. M." *Neuropsychologia*, 6, pp.215~234.

Mirrlees, James. 1997. "Information and Incentives: The Economics of Carrots and Sticks." *Economic Journal*, 107, pp.1311~1329.

Mobius, M. M. and T. S. Rosenblat. 2006. "Why Beauty Matters." *American Economic Review*, 96, pp.222~235.

Moore, Gwen. 1990. "Structural Determinants of Men's and Women's Personal Networks." *American Sociological Review*, 55, pp.726~735.

Müler, Gerrit and Erik Plug. 2006. "Estimating the Effect of Personality on Male-Female Earnings." *Industrial and Labor Relations Review*, 60, pp.3~22.

Muller, Martin N. and Richard W. Wrangham. 2009. *Sexual Coercion in Primates and Humans: An Evolutionary Perspective on Male Aggression against Females*. Cambridge, MA: Harvard University Press.

Nasscom. 2009. *Nasscom IT Industry Factsheet*. www.nasscom.in, accessed June 29, 2011.

Niederle, M. and L. Vesterlund. 2007. "Do Women Shy Away from Competition? Do Men Compete Too Much?" *Quarterly Journal of Economics*, 122, pp.1067~1101.

_____. 2008. "Gender Differences in Competition." *Negotiation Journal*, 24(4), pp.447~463.

Nishida, Toshisada. 1996. "Coalition Strategies among Adult Male Chimpanzees of the Mahale Mountains, Tanzania." in William C. McGrew, Linda F. Marchant and Toshisada Noshida(eds.). *Great Ape Societies*. Cambridge: Cambridge University Press.

Nyhus, Ellen K. and Empar Pons. 2005. "The Effects of Personality on Earnings." *Journal of Economic Psychology*, 26, pp.363~384.

OECD. 2011a. *Labour Force Statistics(Harmonised Unemployment Rates)*. Organisation for Economic Co-operation and Development. http://stats.oecd.org.

_____. 2011b. *Education and Training Statistics: New Entrants by Sex and Age*. Organisation for Economic Co-operation and Development. http://stats.oecd.org.

Ogilvie, Sheilagh. 2003. *A Bitter Living: Women, Markets, and Social Capital in Early Modern Germany*. Oxford: Oxford University Press.

_____. 2011. *Institutions and European Trade: Merchant Guilds, 1000-1800*. Cambridge: Cambridge University Press.

Owren, M.-J. and J.-A. Bachorowski. 2001. "The Evolution of Emotional Expression: A 'Selfish-Gene' Account of Smiling and Laughter in Early Hominids and Humans." in T. J. Mayne and G. A. Bonnano(eds.). *Emotions: Current Issues and Future Directions*. New York: Guilford Press.

Packer, C. and A. E. Pusey. 1983. "Adaptations of Female Lions to Infanticide by Incoming Males." *American Naturalist*, 121, pp.716~718.

Pandit, S. A. and C. P. van Schaik. 2003. "A Model for Leveling Coalitions among Primate Males: Toward a Theory of Egalitarianism." *Behavioral Ecology and Sociobiology*, 55, pp.161~168.

Pantel, P. S.(ed.). 1992. *A History of Women: From Ancient Goddesses to Christian Saints*. Vol. 1. Cambridge, MA: Belknap Press.

Parker, Kathleen. 2008. *Save the Males: Why Men Matter, Why Women Should Care*. New

York: Random House.

Pessoa, Fernando. 1987. *Le Gardeur de troupeaux, et les autres poèes d'Alberto Caeiro avec Poéies d'Alvaro de Campos.* translated by Armand Guibert. Paris: Gallimard.

Pinker, Steven. 2011. *The Better Angels of Our Nature: The Decline of Violence in History and Its Causes.* New York: Allen Lane.

Posner, Richard A. 1994. *Sex and Reason.* Cambridge, MA: Harvard University Press.

Power, Margaret. 2005. *The Egalitarians: Human and Chimpanzee; An Anthropological View of Social Organization.* New York: Cambridge University Press.

Qutb, Sayyid. 1964. *Milestones.* Cairo: Kazi.

Ramanujan, A. K.(edited and translated). 1985. *Poems of Love and War: From the Eight Anthologies and the Ten Long Poems of Classical Tamil.* New York: Columbia University Press.

Ramsden, Sue, Fiona M. Richardson, Goulven Josse, Michael S. C. Thomas, Caroline Ellis, Clare Shakeshaft, Mohamed L. Seghier and Cathy J. Price. 2011. "Verbal and Non-verbal Intelligence Changes in the Teenage Brain." *Nature*, 479, pp.113~116.

Reid, J. M., P. Arcese, A. L. E. V. Cassidy, S. M. Hiebert, J. N. M. Smith, P. K. Stoddard, A. B. Marr and L. F. Keller. 2005. "Fitness Correlates of Song Repertoire Size in Free-Living Song Sparrows(Melospizia melodia)." *American Naturalist*, 165, pp.299~310.

Ridley, Matt. 1993. *The Red Queen: Sex and the Evolution of Human Nature.* New York: Perennial, HarperCollins.

_____. 2004. *Nature via Nurture.* New York: HarperCollins.

Ringdal, Nils Johan. 1997. *Love for Sale: A World History of Prostitution.* New York: Grove.

Rosin, Hanna. 2010. "The End of Men." *Atlantic*, July-August.

Roughgarden, Joan. 2004. *Evolution's Rainbow: Diversity, Gender, and Sexuality in Nature and People.* Berkeley: University of California Press.

_____. 2009. *The Genial Gene: Deconstructing Darwinian Selfishness.* Berkeley: University of California Press.

Rushton, J. P. and A. R. Jensen. 2005. "Thirty Years of Research on Race Differences in Cognitive Ability." *Psychology, Public Policy and Law*, 11, pp.235~294.

Ryan, Christopher and Cacilda Jetha. 2010. *Sex at Dawn: The Prehistoric Origins of Modern Sexuality.* New York: Harper.

Ryan, Michelle K. and S. Alexander Haslam. 2005. "The Glass Cliff : Evidence that Women Are Over-represented in Precarious Leadership Positions." *British Journal of Management*, 16, pp.81~90.

Salgado, J. F. 1997. "The Five-Factor Model of Personality and Job Performance in the European Community." *Journal of Applied Psychology*, 82, pp.30~43.

Sapolsky, Robert. 2005. *Monkeyluv*. New York: Scribner.

Säve-Söerbergh, Jenny. 2011. *Are Women Asking for Low Wages? Gender Differences in Competitive Bargaining Strategies and Ensuing Bargaining Success*. Working Paper 2007:07, Swedish Institute for Social Research, Stockholm.

Scharlemann, J. P. W., C. C. Eckel, A. Kacelnik and R. K. Wilson. 2001. "The Value of a Smile: Game Theory with a Human Face." *Journal of Economic Psychology*, 22, p.617.

Schmitt, David P., Anu Realo, Martin Voracek and Jüi Allik. 2008. "Why Can't a Woman Be More Like a Man? Sex Differences in Big Five Personality Traits across 55 Cultures." *Journal of Personality and Social Psychology*, 94, pp.168~182.

Scotchmer, Suzanne. 2008. "Risk Taking and Gender in Hierarchies." *Theoretical Economics*, 3, pp.499~524.

Scott, Dow. 1983. "Trust Differences between Men and Women in Superior-Subordinate Relationships." *Group and Organization Studies*, 8, pp.319~336.

Seabright, Paul. 2009. "Continuous Preferences and Discontinuous Choices: How Altruists Respond to Incentives." *B.E. Journal of Theoretical Economics*, 9. doi:10.2202/1935-1704.1346.

_____. 2010. *The Company of Strangers: A Natural History of Economic Life*. Revised ed. Princeton, NJ: Princeton University Press.

Searcy, William A. and Stephen Nowicki. 2008. "Bird Song and the Problem of Honest Communication." *American Scientist*, 96, pp.114~121.

Sexton, Steven E. and Alison L. Sexton. 2011. "Conspicuous Conservation: The Prius Effect and the Willingness-to-Pay for Environmental Bona Fides." Unpublished manuscript.

Shih, M., T. L. Pittinsky and N. Ambady. 1999. "Stereotype Susceptibility: Identity, Salience and Shift s in Quantitative Performance." *Psychological Science*, 10, pp.80~83.

Silk, J. B. 2003. "Cooperation without Counting: The Puzzle of Friendship." in Peter Hammerstein (ed.). *Genetic and Cultural Evolution of Cooperation*. Cambridge, MA: MIT Press.

Silk, J. B., S. Alberts and J. Altmann. 2004. "Patterns of Coalition Formation by Adult Female Baboons in Amboseli, Kenya." *Animal Behavior*, 67, pp.573~582.

Simmons, Leigh W. 2001. *Sperm Competition and Its Evolutionary Consequences in the Insects*. Princeton, NJ: Princeton University Press.

Small, Deborah, Linda Babcock, Michele Gelfand and Hilary Gettman. 2007. "Who Goes to the Bargaining Table? The Influence of Gender and Framing on the Initiation of Negotiation." *Journal of Personality and Social Psychology*, 93, pp.600~613.

Smoreda, Zbigniew and Christian Licoppe. 2000. "Gender-Specific Use of the Domestic Telephone." *Social Psychology Quarterly*, 63, pp.238~252.

Smuts, Barbara. 1999. *Sex and Friendship in Baboons*, 2nd ed. Cambridge, MA: Harvard

University Press.

Soares, Rachel, Jan Combopiano, Allyson Regis, Yelena Shur and Rosita Wong. 2010. "2010 Catalyst Census: Fortune 500 Women Board Directors." New York: Catalyst, Inc. http://catalyst.org/publication/460/2010-catalyst-census-fortune-500-women-board-directors.

Sommer, Volker and Paul L. Vasey. 2006. *Homosexual Behavior in Animals: An Evolutionary Perspective.* Cambridge: Cambridge University Press.

Spence, Michael. 1974. *Market Signaling: Informational Transfer in Hiring and Related Screening Processes.* Cambridge, MA: Harvard University Press.

Stanford, Craig B. 1999. *The Hunting Apes: Meat-Eating and the Origins of Human Behavior.* Princeton, NJ: Princeton University Press.

Stearns, P. N. 2000. *Gender in World History.* London: Routledge.

Steckel, Richard and John Wallis. 2009. "Stones, Bones, Cities and States: A New Approach to the Neolithic Revolution." Unpublished manuscript.

Stendhal. [1830]1962. *Le rouge et le noir.* Paris: Éitions du Dauphin.

Sterelny, Kim. 2003. *Thought in a Hostile World.* Oxford: Blackwell.

_____. 2012. *The Evolved Apprentice.* Cambridge, MA: MIT Press.

Stevenson, Betsey and Justin Wolfers. 2009. "The Paradox of Declining Female Happiness." *American Economic Journal: Economic Policy,* 1, pp.190~225. doi:10.1257/pol.1.2.190.

Sukumar, R. and M. Gadgil. 1988. "Male-Female Differences in Foraging on Crops by Asian Elephants." *Animal Behaviour,* 36, pp.1233~1235.

Sutter, Matthias, Ronald Bosman, Martin G. Kocher and Frans van Winden. 2009. "Gender Pairing and Bargaining: Beware the Same Sex!" *Experimental Economics,* 12, pp.318~331.

Tannen, Deborah. 1990. *You Just Don't Understand: Women and Men in Conversation.* New York: HarperCollins.

_____. 1994. *Talking from 9 to 5: Women and Men at Work; Language, Sex and Power.* Virago Press.

Tanner, Michael and Bernard Williams. 1976. Comment on E. L. Anscombe, "Contraception and Chastity." in M. D. Bayles(ed.). *Ethics and Population.* Cambridge, MA: Schenkman.

Therborn, Göan. 2004. *Between Sex and Power: Family in the World, 1900−2000.* London: Routledge.

Thornhill, Randy and Steven W. Gangestad. 2008. *The Evolutionary Biology of Human Female Sexuality.* New York: Oxford University Press.

Tiger, Lionel. 1999. *The Decline of Males.* New York: St. Martin's.

Trivers, Robert L. 1972. "Parental Investment and Sexual Selection." in Bernard Campbell(ed.). *Sexual Selection and the Descent of Man.* Chicago: Aldine.

_____. 2000. "The Elements of a Scientific Theory of Self-Deception." *Annals of the New York*

Academy of Sciences, 907, p.114.

_____. 2011. *The Folly of Fools: The Logic of Deceit and Self-Deception in Human Life.* New York: Basic Books.

Tungate, Mark. 2007. *Adland: A Global History of Advertising.* London: Kogan Page.

Uller, Tobias and L. Christoffer Johansson. 2003. "Human Mate Choice and the Wedding Ring Effect: Are Married Men More Attractive?" *Human Nature*, 14, pp.267~276.

US Census Bureau. 2011. *Educational Attainment in the United States: 2010; Detailed Tables.* www.census.gov/hhes/socdemo/education/data/cps/2010/tables.html.

Valdesolo, Piercarlo and David DeSteno. 2008. "The Duality of Virtue: Deconstructing the Moral Hypocrite." *Journal of Experimental Social Psychology*, 44, pp.1334–1338.

van Schaik, Carel P. and Charles H. Janson(eds.). 2000. *Infanticide by Males and Its Implications.* Cambridge: Cambridge University Press.

van Schaik, C. P., S. A. Pandit and E. R. Vogel. 2004. "A Model for Within-Group Coalitionary Aggression among Males." *Behavioral Ecology and Sociobiology*, 57, pp.101~109.

_____. 2005. "Toward a General Model for Male-Male Coalitions in Primate Groups." in P. M. Kappeler and C. P. van Schaik(eds.). *Cooperation in Primates and Humans: Mechanisms and Evolution* (pp.151~171). Heidelberg: Springer.

Veblen, Thorstein 1915. *The Theory of the Leisure Class: An Economic Study of Institutions.* London: Macmillan.

Veyne, Paul. 1996. *Le pain et le cirque: Sociologie historique d'un pluralisme politique.* Paris: Seuil.

Visscher, Peter M., William G. Hill and Naomi R. Wray. 2008. "Heritability in the Genomics Era: Concepts and Misconceptions." *Nature Reviews: Genetics*, 9, pp.255~266.

von Drehle, David. 2006. "A Lesson in Hate." *Smithsonian*, February. http://smithsonianmag.com/history-archaeology/presence-feb06.html.

Wajman, Judy, Michael Bittman and Jude Brown. 2009. "Intimate Connections: The Impact of the Mobile Phone on Work/Life Boundaries." in Gerard Goggin and Larissa Hjorth(eds.). *Mobile Technologies: From Telecommunications to Media.* London: Routledge.

Wallner, B. and J. Dittami. 1997. "Postestrus Anogenital Swelling in Female Barbary Macaques: The Larger, the Better?" *Annals of the New York Academy of Sciences*, 807, p.590.

Walum, H., L. Westberg, S. Henningsson, J. M. Neiderhiser, D. Reiss, W. Igl, J. M. Ganiban, et al. 2008. "Genetic Variation in the Vasopressin Receptor 1a Gene(AVPR1A) Associates with Pair-Bonding Behavior in Humans." *Proceedings of the National Academy of Sciences*, 105(37), pp.14153~14156.

Wasson, Sam. 2010. *Fifth Avenue, 5 a.m.: Audrey Hepburn, Breakfast at Tiffany's and the Dawn of the Modern Woman.* New York: HarperCollins.

Weatherhead, Patrick J. and Raleigh J. Robinson. 1979. "Offspring Quality and the Polygyny Threshold." *American Naturalist*, 113, pp. 201~208.

Whitchurch, E. R., T. D. Wilson and D. T. Gilbert. 2010.12.17. "He Loves Me, He Loves Me Not." *Psychological Science*.

Wilder, J. A., Z. Mobasher and M. F. Hammer. 2004. "Genetic Evidence for Unequal Effective Population Sizes of Human Females and Males." *Molecular Biology and Evolution*, 21, pp. 2047~2057.

World Health Organization. 2011. Global Health Observatory Data Repository. www.who.int.

Wrangham, Richard. 2009. *Catching Fire: How Cooking Made Us Human*. New York: Basic Books.

Wrangham, Richard and Dale Peterson. 1996. *Demonic Males: Apes and the Origins of Human Violence*. Boston: Mariner.

Wrangham, Richard, James Holland Jones, Greg Laden, David Pilbeam and Nancy-Lou Conklin-Brittain. 1999. "The Raw and the Stolen." *Current Anthropology*, 40, pp. 567~594.

Young, Larry J. 2009. "Love: Neuroscience Reveals It All." *Nature*, 457, p. 148.

Yoshino, Kenji. 2006. *Covering: The Hidden Assault on Our Civil Rights*. New York: Random House.

Zahavi, Amotz. 1975. "Mate Selection: A Selection for a Handicap." *Journal of Theoretical Biology*, 53, pp. 205~214.

Zechner, Ulrich, Monika Wilda, Hildegard Kehrer-Sawatzki, Walther Vogel, Rainald Fundele and Horst Hameister. 2001. "A High Density of X-Linked Genes for General Cognitive Ability: A Run-Away Process Shaping Human Evolution?" *Trends in Genetics*, 17, pp. 697~701.

Zelizer, Viviana. 2006. "Money, Power and Sex." *Yale Journal of Law and Feminism*, 18, pp. 303~320.

찾아보기

지은이 _ 폴 시브라이트(Paul Seabright)

『낯선 사람들과의 동반: 경제생활의 자연사(The Company of Strangers: A Natural History of Economic Life)』
의 저자다. 현재 툴루즈 경제대학교의 교수이며, 올 소울즈 칼리지, 옥스퍼드 대학교, 처칠 칼리지, 케임브리지
대학교의 펠로를 역임했다.

옮긴이 _ 한정라

이화여자대학교에서 철학을 공부하고, 미국 미네소타 대학교에서 사회과학 방법론에 관심을 기울이며 철학
박사과정과 페미니즘 연구 과정을 수료했고, 부산대학교에서 과학학 협동과정 박사과정을 수료했다.

한울아카데미 1956

미묘한 전쟁
남녀의 갈등과 협력에 관한 보고서

지은이 폴 시브라이트 ㅣ 옮긴이 한정라 ㅣ 펴낸이 김종수 ㅣ 펴낸곳 한울엠플러스(주)
편집책임 최진희 ㅣ 편집 정경윤

초판 1쇄 인쇄 2017년 4월 11일 ㅣ 초판 1쇄 발행 2017년 4월 25일

주소 10881 경기도 파주시 광인사길 153 한울시소빌딩 3층
전화 031-955-0655 ㅣ 팩스 031-955-0656 ㅣ 홈페이지 www.hanulmplus.kr ㅣ 등록번호 제406-2015-000143호

Printed in Korea.
ISBN 978-89-460-5956-6 93470 (양장)
      978-89-460-6285-6 93470 (학생판)

* 책값은 겉표지에 표시되어 있습니다.
* 이 책은 강의를 위한 학생용 교재를 따로 준비했습니다. 강의 교재로 사용하실 때는 본사로 연락해주시기 바랍니다.